DES

HARAS DOMESTIQUES

EN FRANCE.

Ouvrages de M. HUZARD fils,

qui se trouvent chez le même libraire.

NOTICE sur les Chevaux anglais et sur les courses en Angleterre, in-8°. (*Mémoire de la Société royale et centrale d'agriculture*, année 1817). . . . . . : . Prix 6 fr. et 7 fr. 75 c.

NOTICE sur quelques races de chevaux, les haras et les remontes dans l'empire d'Autriche, in-8°. . . . 1 fr. 50 c. et 1 fr. 75 c.

DE LA GARANTIE et des vices redhibitoires dans le commerce des animaux domestiques; 2e. édition, in-12. 3 fr. et 3 fr. 75 c.

ESQUISSE de Nosographie vétérinaire, ou Abrégé de médecine vétérinaire, in-8°. . . . . 5 fr. et 6 fr.

DES Assemblées agricoles en Angleterre, in-8°. . . . 30 c. et 35 c.

NOTICE sur la Culture en rayons des Turneps ou Gros Navets, telle qu'on la pratique en Angleterre, in-8°., fig. 2 fr. et 2 fr. 50 c.

IMPRIMERIE DE Mme. HUZARD (NÉE VALLAT LA CHAPELLE),

rue de l'Éperon-Saint-André, N°. 7.

DES

HARAS DOMESTIQUES

EN FRANCE;

Par J.-B. Huzard fils,

Médecin-vétérinaire, Membre de la Société royale et centrale d'Agriculture et de la Société Philomatique de Paris; Membre-adjoint du Conseil de Salubrité, Correspondant de plusieurs Sociétés savantes des départemens et de l'Académie royale des Sciences de Turin.

PARIS,

Mme. HUZARD (NÉE VALLAT LA CHAPELLE),

LIBRAIRE, RUE DE L'ÉPERON-SAINT-ANDRÉ, N°. 7.

1829.

TABLE DES MATIÈRES.

CHAPITRE IV.

CHAPITRE V.

CHAPITRE VI.

DEUXIÈME PARTIE.

DES INSTITUTIONS ET DES ÉTABLISSEMENS PUBLICS DESTINÉS, OU A PROPAGER L'ÉLÈVE DES CHEVAUX, OU A AMÉLIORER LES RACES DE CES ANIMAUX.

CHAPITRE VII.

INTRODUCTION.

Les terres à labour ne donnant les bénéfices les plus grands qu'autant qu'un travail bien entendu et des engrais végétaux et animaux surtout renouvellent leur fertilité, il est de l'intérêt du cultivateur, dans les localités où ces engrais sont chers, d'avoir une partie du sol employée à nourrir des bestiaux. Dans des exploitations, les prairies naturelles fournissent ce moyen; dans d'autres, on est obligé de le chercher dans la formation de prairies artificielles ou dans la culture des racines, parce qu'il est rare que le cultivateur ait plus de bénéfice à acheter des fourrages qu'à les produire.

Si les animaux n'étaient destinés qu'à donner des fumiers, non seulement toute la portion du sol cultivée pour nourrir ces animaux serait, pour ainsi dire, inutile pour l'homme, mais encore toutes les dépenses de cette culture formeraient une somme à déduire des bénéfices du reste de l'exploitation.

Heureusement il n'en est pas ainsi : les animaux, outre les fumiers, donnent des produits d'une valeur quelconque, qui s'élèvent quelquefois assez haut pour que la portion de terre destinée à nourrir les bestiaux procure aussi un bénéfice. C'est à ce but du moins que les cultivateurs doivent toujours chercher à arriver.

Il en est même qui sont parvenus à se faire des races d'animaux assez précieuses pour que les bénéfices qu'ils en tirent soient supérieurs à ceux que donnent les terres arables destinées à tout produit autre que la nourriture du bétail. Ces exemples sont d'autant plus fréquens que l'agriculture est plus avancée : ils sont communs en Angleterre ; l'introduction des mérinos en France en a donné quelques uns dans notre pays.

Les animaux qu'on préfère ordinairement dans la culture en grand sont le gros bétail, les bêtes à laine et les chevaux; mais il est des cultivateurs, des herbagers principalement, qui prétendent qu'en France ces derniers, les chevaux, non seulement sont toujours moins avantageux à élever dans une exploitation que le gros bétail et les bêtes à laine, mais encore qu'ils sont toujours en perte, c'est à dire qu'ils ne peuvent jamais rapporter par leur valeur commerciale ce qu'ils coûtent à nourrir.

S'il en était ainsi, il serait nuisible pour le cultivateur d'élever des chevaux, et tout traité sur les haras deviendrait superflu; mais cette opinion n'est pas celle de tous, et n'est pas la mienne: je pense qu'elle n'est fondée que pour certaines localités, et que pour beaucoup d'autres elle est fausse; que si, par exemple, dans les riches pâturages d'engrais de la Normandie, ou dans d'autres semblables, on trouve plus de profit à engraisser des bœufs qu'à élever des chevaux, il n'en est pas de même dans les endroits où l'on ne fait qu'élever les uns ou les autres; que dans ces localités un poulain profite comme un bouvillon; que s'il faut attendre plus tard pour le vendre, et que s'il faut faire davantage de frais pour l'élever, sa plus grande valeur récompense de ce retard et de ces dépenses. Le nombre considérable de cultivateurs en Picardie, en Normandie, en Bretagne, en Poitou, en Auvergne, en Limousin, en Alsace, en Lorraine, qui font des chevaux, tendra toujours à me persuader qu'il est aussi avantageux au cultivateur de faire cette élève que de se livrer à l'éducation du gros bétail ou des bêtes à laine (1).

---

(1) Quand il s'agit d'élever des chevaux, c'est à dire de les faire naître et de les nourrir jusqu'à l'âge où ils doivent rendre des services, on est embarrassé de choisir une expression; nous n'en avons pas en français. Le mot *éducation,* qui sert pour les autres animaux, n'est pas bon pour le cheval, puisque, pour cet animal, il s'entend de l'instruction qu'on lui donne lorsqu'on le destine à un service. On me pardonnera donc d'avoir pris le mot *élève* déjà employé. Je lui ai donné le genre féminin pour mieux faire

Thaër, cet agriculteur praticien et théoricien, qui a si bien su calculer les chances de pertes et de bénéfices que présentaient les diverses industries agricoles, et qui est une autorité en pareille matière, a dit, dans son grand ouvrage, traduit par *Crud:* « Lorsqu'on a atteint » une fois une race très propre à l'agri- » culture, je suis persuadé qu'en élevant » soi-même des poulains sur une sole de » pâturage propre à ce but, dans quel- » ques cas même A L'ÉTABLE, on y trou- » vera du profit. » (*Principes raisonnés d'agriculture*, t. IV, p. 421.)

Quand on calcule par chiffres ce que coûte un cheval à élever, je crois qu'on peut en effet penser qu'il y a bénéfice à le faire; c'est à dire qu'il coûte à élever, jusqu'à l'âge de le vendre, moins cher

---

ressortir sa nouvelle signification. M. *Coquebert de Montbret* m'avait engagé à me servir, dans ce sens, du mot *ippotrophie*, je n'ai pas osé. Il m'avait donné un autre mot, celui d'*ippagogie*, pour indiquer l'éducation proprement dite du même animal.

qu'on ne le vendra à cet âge. C'est ce que je vais tenter d'établir ici, sans comparer toutefois cette élève avec celle des bêtes à cornes ou à laine, ni avec l'engraissement de ces deux espèces de bétail.

Pour rendre ces données plus simples, plus intelligibles, j'écarterai les nombreuses considérations accessoires qui se présentent, et

1°. Je supposerai que le cultivateur a calculé aussi approximativement que possible combien il devait consacrer de terres à la nourriture des bestiaux pour en obtenir toute la quantité de fumier dont il a besoin pour l'exploitation.

2°. J'adopterai le calcul fait par M. *de Dombasle*, que le millier pesant de fourrage sec de prairies artificielles coûte au cultivateur, terme moyen, dix-huit francs (1); c'est à dire que pour payer le

(1) *Annales de Roville*, 2e. livraison, page 137.

M. *Lullin de Châteauvieux* a adopté aussi cette estimation. (Voyez *Société d'amélioration des laines*, 7e. bulletin, page 7.)

M. *de Rainneville* estime même que le millier pesant de

loyer et tous les frais d'exploitation, il est obligé de tirer dix-huit francs du millier pesant du fourrage sec qu'il produit; que s'il n'en tire pas cet argent, il perd; qu'au contraire il gagne s'il en tire davantage; que par conséquent les chevaux, pour ne pas lui coûter, doivent avoir consommé les fourrages secs au moins au prix de dix-huit francs le millier pesant; ou autrement qu'ils doivent lui rembourser à ce prix, par leur vente, tout le fourrage qu'ils ont consommé, plus l'intérêt de l'argent avancé et leurs autres dépenses d'entretien.

3°. Enfin, je supposerai que les terres bien cultivées produisent en fourrages

---

fourrage sec revient à moins de quinze francs, puisqu'en disant que le foin consommé chez le cultivateur doit lui être soldé au minimum de quinze francs le cent de bottes de cinq kilogrammes, il donne à ce cultivateur cinq francs de bénéfice par cent de bottes; ce qui ne mettrait qu'à dix francs le coût du cent de bottes; mais il a oublié dans ses calculs de dépenses l'impôt foncier et l'intérêt de l'argent. (*Société d'amélioration des laines*, 8e. bulletin, page 10.)

verts ou en racines, sur une superficie donnée, la quantité correspondante de substance alimentaire qu'elles donnent en fourrages secs; c'est à dire que la même superficie qui aura donné un millier pesant de fourrages secs donnera, aux mêmes frais, une quantité de fourrages verts capable de nourrir un cheval pendant le même espace de temps.

On comprend que les données qui vont suivre ne peuvent être qu'approximatives, puisque les bases sur lesquelles elles reposent le sont elles-mêmes; mais pour les établir il fallait s'appuyer sur des points convenus, et c'est d'après ceux qui précèdent que je vais me guider: chacun verra ensuite quelles modifications importantes sa position particulière doit apporter à mes estimations.

En supposant que le poulain de six mois à un an mange dix livres de fourrages secs par jour, il consommera, pendant ces six mois, mille huit cent vingt livres de fourrages. En supposant qu'il mange le double par jour, pendant les deux années suivantes (1), il en consommera quatorze mille six cents, ou pendant les trois premières années, seize mille quatre cent vingt; ou, en argent, une somme de deux cent quatre-vingt-huit francs, à quelques francs près.

Pendant sa quatrième année, le cheval, quel qu'il soit, doit payer au moins, par son travail, ce qu'il coûte de nourriture: je ne la porte donc point en dépense (2).

Que l'on ajoute à ce coût des trois premières années dix francs pour la saillie de la jument, cinquante francs pour usure

---

(1) M. *de Dombasle* calcule que ses vaches laitières ne consomment que cette quantité. (*Annales de Roville*, 2e. livraison, page 145.)

Le comte *Depère* dit que, dans les jours de repos, un cheval de charrue peut être nourri avec quinze livres de foin et quinze livres de paille. (*Manuel d'agriculture*.)

(2) On verra plus loin, dans le cours de l'ouvrage, sur quoi je me fonde pour dire que le cheval, *quel qu'il soit*, doit travailler dans le cours de sa quatrième année.

de la jument, cent trente-deux francs pour nourriture de la jument pendant l'année de plénitude, trente francs de faux frais de gardien, cent cinquante francs d'intérêt du capital avancé, intérêt calculé à dix pour cent, on aura six cent soixante francs de frais, qui représenteront la valeur du poulain à l'âge de trois ans, ce qui paraîtra d'abord exorbitamment élevé, et hors de proportion avec le prix qu'on pourra vendre l'animal.

Mais si l'on fait attention que cette dépense est évaluée au maximum; que la quantité de dix livres de fourrages secs ou la quantité équivalente de fourrages verts est trop forte pour un poulain de six mois à un an; que celle de vingt livres de pareils fourrages pour un poulain d'un an à trois, qui ne travaille pas, et qui reçoit en hiver différentes pailles (1), est beaucoup trop considérable : si l'on

(1) Je n'ai pas porté et on ne porte pas ordinairement en dépenses ces différentes pailles, parce qu'en se transformant en fumier elles augmentent de valeur.

considère que des poulains de deux ans et demi sont souvent assez forts pour gagner leur nourriture, s'ils sont mis à un travail convenable; si l'on considère que l'intérêt de l'argent, calculé à dix pour cent, est calculé au maximum, et que dans la somme de cent cinquante francs les intérêts des intérêts, comptés par an, sont compris; qu'il ne faudrait porter l'intérêt du capital qu'à cinq pour cent, ce qui réduirait la somme de cent cinquante francs au dessous de celle de soixante-quinze; si l'on calcule que, dans le système d'élève que je crois devoir adopter, toute jument, même celle de race noble, quoique pleine, doit travailler si elle ne nourrit pas en même temps; qu'elle doit travailler également en nourrissant si elle n'est pas pleine, que par conséquent c'est encore une somme de cent trente-deux francs à déduire sur le prix du poulain : si l'on fait attention que l'usure de la jument, portée à cinquante francs par an, est également portée très haut, puisqu'on pourra la vendre à l'âge de huit à neuf ans pour le service, comme cela se pratique souvent dans les pays d'élève, avant qu'elle ait perdu de sa valeur; si l'on calcule que ce même cheval, en payant sa nourriture par son travail, en payant même au delà pendant le cours de sa quatrième année, augmente beaucoup de valeur, par la taille et la corpulence qu'il acquiert; enfin, si l'on fait attention que tout le travail de l'exploitation aura pu être fait par les animaux du haras, et que les bêtes de service étant devenues inutiles, les frais de leur entretien et ceux de leur renouvellement, qui sont considérables dans certaines localités où ce sont des chevaux qui font le service, pourront être presque nuls, alors on trouvera que ce même cheval qui paraissait avoir coûté six cent soixante francs à l'âge de trois ans n'aura pas réellement coûté plus de quatre cent cinquante à cinq cents francs à l'âge de quatre ans, âge où il devra valoir cinq cents francs au moins, s'il sort d'une bonne race, et s'il a été soigné convenablement. On pourra même penser qu'il aura été possible de lui donner du grain dans ses trois premières années, sans que son coût de cinq cents francs soit pour cela dépassé: mais j'ai mieux aimé, dans ce calcul, évaluer sa dépense au maximum que de la laisser au dessous de la réalité (1).

---

(1) En comparant l'emploi des chevaux à l'emploi des bœufs, comme animaux de service, on a avancé que les bœufs donnaient une grande économie, parce qu'après avoir servi ils se vendaient comme animaux de boucherie sans avoir perdu de leur valeur; tandis que celle des chevaux était réduite par l'âge. Cela est vrai pour presque toutes les localités où l'on n'élève point de chevaux, et pour celles où il n'y a point un grand commerce de ces animaux; mais, dans celles-ci, les travaux de l'agriculture se font généralement avec des poulains de trois à cinq ans, qui, en avançant en âge, gagnent de la valeur, au lieu d'en perdre: en sorte que le cultivateur les vend souvent plus cher après deux ou trois ans de service qu'il ne les a achetés.

Cela a lieu même dans quelques pays qui ne sont point des pays d'élève. Dans la Beauce et dans la Brie, les bons fermiers achètent des chevaux de quatre ans, qu'ils reven-

Mais si le millier pesant de fourrages, au lieu de revenir au cultivateur à dix-huit francs, ne lui revient qu'à seize francs, qu'à quinze francs, qu'à dix francs même, comme cela a lieu dans plusieurs parties de la France, et peut avoir lieu dans d'autres avec une culture mieux entendue (1); mais si le cheval,

---

dent à six ou sept ans, pour le service de Paris, le même prix qu'ils les ont payés et souvent plus cher : en sorte que l'entretien de leurs écuries, les pertes comprises, n'entre que pour une faible partie dans leurs dépenses.

L'avantage de la culture par les bœufs diminue encore lorsqu'on peut avoir à bas prix et à volonté des animaux de service, comme on le peut à Paris. Là, beaucoup de cultivateurs des environs viennent acheter des chevaux en mauvais état, pour faire les travaux de la saison, et ils les revendent aussitôt que ces travaux sont terminés : cette possibilité d'avoir à volonté des animaux de service, et de les revendre, aussitôt le travail terminé, à peu près le prix qu'ils ont coûté, prévient la nécessité de les nourrir des parties de l'année à ne rien faire et est une source d'avantages.

(1) Je n'ai point porté en déduction du coût du cheval le prix des fumiers qu'il donnait, parce que ce prix est censé porté en compensation de celui de la paille qu'on donne souvent en sus du fourrage, et même encore en diminution de celui du fourrage que l'animal consomme.

au lieu de pouvoir être vendu cinq cents francs, peut l'être six, sept ou huit cents, comme très fort cheval de trait, ou comme beau cheval de carrosse ; s'il peut même valoir douze ou quinze cents francs comme cheval de selle pour le marchand de Paris qui viendrait l'acheter, que l'on calcule alors les chances de bénéfice, et l'on verra si l'on a quelque intérêt à essayer d'élever des chevaux dans beaucoup d'exploitations agricoles où l'on n'en élève point.

Par rapport aux mauvais chétifs chevaux qu'on rencontre si communément chez les petits cultivateurs, il est bien plus facile d'établir qu'ils coûtent moins cher à élever que les prix qu'ils peuvent être vendus à l'âge de trois ans.

Dans les six premiers mois, l'animal ne coûte rien : depuis l'âge de six mois à un an et demi, il mange à peu près dix livres de fourrages secs par jour ; ce qui équivaut, d'après les calculs précédens, à soixante-quatre francs. Mais, comme à cet âge de dix-huit mois l'animal commence à travailler et à gagner ce qu'il coûte, il ne dépense plus rien et il n'a réellement coûté que cette somme de soixante-quatre francs et quelques faux frais de garde et de l'intérêt de la somme ci-dessus. Elle augmenterait, il est vrai, en raison des soins qu'on prendrait des poulains, si l'on voulait en prendre, et en raison du retard qu'on apporterait à soumettre ceux-ci au travail; mais aussi comme ce retard n'est jamais long, et comme le jeune animal acquiert plus de valeur par ce retard, la dépense n'excède pas sa plus-value; et en supposant qu'il ait coûté, à l'âge de trois ans révolus, cent cinquante à deux cents francs, il est rare qu'il ne puisse pas être facilement vendu cette somme: c'est même à cette dernière donnée qu'on arrive lorsqu'on cherche à calculer le coût de la plupart des chevaux communs qui sont élevés en France.

Comme aussi les frais à avancer sont

bien moins considérables et les pertes par conséquent infiniment moins sensibles, beaucoup de cultivateurs se contentent-ils d'élever de ces chevaux là où ils pourraient, avec plus de soins et de dépenses, en élever de plus précieux.

Si donc il est concevable, et s'il est de fait qu'il y ait des cultivateurs qui perdent à élever des chevaux, je ne crois pas que l'agriculture en masse y perde; je suis persuadé, au contraire, qu'elle y gagne et qu'elle pourrait y gagner plus qu'elle ne fait, si cette élève était conduite d'une manière mieux entendue.

Je vais plus loin: je crois que l'élève des chevaux serait un moyen de donner de la valeur à quelques propriétés qui n'en ont presque point, par rapport à leur étendue. En effet, quand on parcourt le centre de la France et quelques unes de ses provinces de l'ouest; quand on y rencontre des exploitations de deux cent cinquante à cinq cents hectares de terre d'assez bonne qualité, de la valeur de cent à cent cinquante mille francs, on est étonné qu'elles ne vaillent pas davantage; mais si on examine leur système agricole, cet étonnement cesse quand on voit que le produit en blé est souvent le seul de l'exploitation, et que celui des bestiaux y est presque nul. En supposant donc, ce que le cultivateur ne manque pas d'avancer, que l'élève des bêtes à laine n'y est pas avantageuse, à cause du bas prix où les laines sont tombées; en supposant encore qu'il dise qu'il en est de même de l'élève du gros bétail, ne serait-il pas d'un grand intérêt, pour lui, de chercher à élever de forts chevaux, dont la vente est assurée dans toutes les foires de campagne, dès l'âge de trois ans, de deux ans même, et le deviendrait certainement dans tout autre moment que celui des foires, quand le voisinage saurait qu'il y a annuellement plusieurs animaux à vendre dans l'exploitation?

Examinons donc un peu ce qui pourrait arriver si l'on adoptait ce parti dans un domaine du genre de ceux dont je viens de parler, d'une étendue de deux cent cinquante hectares.

Supposons qu'on prenne cent hectares pour les consacrer à cette élève, et qu'on les cultive dans ce but en fourrages, en légumineuses, en racines et en grains propres à la nourriture des chevaux et voyons si l'on ne peut pas nourrir sur cette partie de la propriété vingt jumens poulinières dont on élèverait les poulains jusqu'à trois ou quatre ans.

En comptant chaque jument et son poulain pour un, on devrait avoir vingt jumens poulinières, vingt poulains d'un à deux ans, et vingt poulains de trois à quatre ans; mais en supposant qu'il y ait, par an, cinq avortemens ou non-retenues, et cinq animaux morts ou à réformer, on n'aura que soixante-dix têtes à nourrir, ou un hectare quarante ares par chacune. Je pense que cette quantité en terrain d'une fertilité commune sera suffisante pour les entretenir largement, plus même les quinze ou seize poulains de l'année, qui ne sont pas comptés dans le nombre ci-dessus. Plusieurs auteurs ont avancé que cinquante ares par tête suffisaient pour donner ce résultat.

Je pense qu'il y aura, tous les ans, dix bêtes à vendre sur l'établissement, qui l'une dans l'autre, si l'on élève des chevaux de bonne défaite, vaudront bien cinq cents francs; ce qui fera, au plus bas, un revenu brut de cinq mille francs pour cette partie seule de l'exploitation. Ce serait, il est vrai, un bien faible produit, qu'absorberaient les frais de culture et d'élève: aussi n'est-ce pas isolément qu'il faut considérer la chose. Il faut penser que ce n'est qu'une annexe au reste de l'exploitation là où cette exploitation de deux cent cinquante hectares ne rapporte qu'un revenu très faible en raison de son étendue: il faut la considérer comme une branche sur laquelle on ne gagne rien peut-être, mais qu'il est indispensable de réunir au tout, ou qu'il faudrait remplacer par une autre, par l'élève des moutons ou des bêtes à cornes, par exemple, pour donner aux autres cultures, au moyen d'engrais suffisans, toute l'extension qu'elles doivent avoir, et pour faire produire ainsi à l'exploitation tout ce qu'elle doit produire.

Que l'on calcule donc ce qu'il en coûterait pour cultiver ces cent hectares lorsqu'on allierait leur culture à celle des cent cinquante autres; que l'on calcule que des poulinières ou des poulains feront les travaux de l'exploitation et paieront ainsi au moins leur nourriture; que l'on calcule la quantité et la valeur des engrais que donneront soixante-dix chevaux; que l'on calcule que ces engrais abondans, en améliorant progressivement le sol, annulent en partie les mauvais effets des intempéries des saisons, rendent les récoltes infiniment plus productives et plus sûres sans augmenter les frais de culture; que l'on calcule qu'en cultivant les cent cinquante hectares restans, même avec l'assolement triennal, on peut avoir cinquante hectares de blé, cinquante hectares d'avoine, et, à cause de l'abondance des engrais, cinquante hectares d'autres cultures, soit prairies artificielles, soit plantes sarclées cultivées en rayons, au lieu de cinquante hectares en jachères, et l'on verra si cette exploitation de la valeur de cent, supposons même de cent cinquante mille francs, ne rapportera pas au fermier qui la louerait de trois à quatre mille francs au plus, ou au propriétaire qui l'exploiterait lui-même un intérêt bien fort de son industrie et des capitaux qu'il emploierait à faire valoir le fonds.

J'ai cherché long-temps à établir positivement ces calculs, c'est à dire à les mettre en chiffres; mais il m'a paru impossible de le faire d'une manière satisfaisante; les localités se ressemblent si peu, que les calculs auraient été fautifs pour toutes : il aurait fallu les baser sur une expérience pratique positive, et cette expérience ne peut se faire qu'en un laps de temps très grand.

La présence d'un homme à un Ministère de l'Intérieur est de trop courte durée pour qu'un Ministre puisse essayer de donner à une personne les moyens de résoudre une question d'un si haut intérêt pour l'agriculture. Nos institutions s'opposeraient peut-être à ce qu'une propriété de l'État fût abandonnée presque sans contrôle à l'administration d'un individu pendant une vingtaine d'années, nécessaires pour arriver à cette solution. La munificence seule du Souverain, à laquelle la France doit déjà l'Institut royal agronomique de Grignon, pourra un jour donner à l'agriculture les moyens de faire une pareille expérience.

J'aurais voulu aussi établir par des chiffres l'avantage ou le désavantage que cette ferme, que l'on pourrait appeler *ferme à chevaux*, aurait sur une ferme à moutons, dans les localités où ces deux genres d'exploitation pourraient également réussir, je n'ai pu y parvenir : mais il est des localités où les bêtes à laine ont de la difficulté à prospérer ; il serait, sans contredit, avantageux alors d'y introduire l'élève des chevaux.

Qu'on n'oublie pas que je ne parle toujours que des exploitations où les prairies naturelles sont en très faible proportion et insuffisantes pour nourrir tout le bétail qu'on doit avoir pour produire les engrais nécessaires à la culture des terres : à plus forte raison, n'est-il pas question de ces exploitations composées en grande partie de pâturages à engraisser le gros bétail ; là, cette dernière spéculation est souvent hors de proportion pour les bénéfices avec toutes les autres, et l'élève du cheval, quand on veut l'y joindre, n'y peut entrer que comme un accessoire bien faible, ainsi qu'on le verra dans le corps de l'ouvrage.

D'après la manière de calculer que je

viens d'exposer, je ne penserai pas mettre les cultivateurs dans une fausse route en leur conseillant de se livrer davantage à cette branche de l'industrie agricole.

Je ne leur cacherai pas cependant qu'elle demande plus de soins, plus d'intelligence, plus d'étude peut-être que les autres; mais je crois qu'en s'y livrant avec persévérance et sagacité, ils en retireraient beaucoup plus. Ils ne savent pas encore assez que les chevaux de selle se paient jusqu'à mille écus à Paris, et qu'il est possible de les vendre quinze cents francs aux marchands; le bénéfice serait bien autre alors que celui que j'ai fait présumer. Ils ne savent pas encore que le climat n'oppose pas plus de difficultés à cette élève dans la plus grande partie de la France qu'en Angleterre, et qu'on peut créer chez nous les mêmes chevaux qui nous sont vendus si cher par nos voisins.

Enfin, je voudrais leur persuader, comme il n'y a aucune raison d'en douter, que si, dans le nord de l'Europe, la difficulté de cultiver la terre et l'humidité des nuits donnent de l'avantage à laisser en prairies une immense quantité de terres, pour y élever des bestiaux et des chevaux, en France l'élève de ces derniers, combinée dans une certaine proportion avec le reste des opérations agricoles, deviendrait aussi avantageuse en détail qu'elle l'est en grand dans le nord.

Cet intérêt de l'agriculture est immense, et s'il est bien compris, il peut être la cause d'une amélioration sensible, durable dans la grande culture, comme l'introduction des bêtes à laine fine en a déjà été une: l'élève du cheval ne pourra pas cependant donner des résultats aussi rapides, ce serait un faux calcul de l'espérer; mais, pour être moins sensible, l'amélioration qu'elle produira n'en sera pas moins réelle; elle sera même probablement plus durable, parce que l'élève des chevaux sera moins sujette à ces concurrences que la multiplication des bêtes à laine fine sur un vaste territoire étranger a amenées si subitement.

Quelque avantageuse que puisse être à l'agriculture l'élève des chevaux mieux entendue et plus répandue, elle le sera davantage à l'État, par une raison qui frappera bien plus les esprits.

On sait que la France ne trouve pas sur son territoire la quantité de chevaux dont elle a besoin, et qu'elle en achète un grand nombre à l'étranger pour le service de la selle, pour ses équipages de luxe, et même pour les postes et diligences de l'est et du midi. On sait que la plupart des chevaux de sa grosse cavalerie et même de sa cavalerie légère viennent du nord de l'Europe, et l'on ne peut pas se dissimuler que son indépendance, comme État, peut être compromise par le manque de chevaux dans une guerre prolongée avec les contrées qui lui en fournissent.

M. le comte *de la Roche-Aymon*, dans son *Traité de la cavalerie* récemment publié, à l'excellent article *Remonte*, a avancé qu'on trouverait en France suffisamment de chevaux pour remonter la cavalerie française, si l'on voulait momentanément diminuer un peu la taille qu'on exige pour chaque arme : je crois qu'à cet égard ses calculs sont bien fondés ; mais je pense que la France ne serait pas encore suffisamment pourvue de chevaux pour subvenir à la consommation d'une guerre active et prolongée : il n'y a pas encore long-temps qu'elle fut dans ce cas, et que son Gouvernement organisa des régimens de cavalerie (éclaireurs de la garde), pour la taille trop petite des chevaux qu'on était obligé d'employer. Combien donc ne serait-il pas avantageux de délivrer la France de la nécessité d'en acheter autre part que chez elle, et combien l'État ne doit-il pas, dans ce but, favoriser l'élève des chevaux? Une seconde raison doit encore l'y déterminer, c'est de diminuer l'exportation du numéraire que coûtent ces animaux, et qui, versé dans l'agriculture, serait une grande source d'améliorations agricoles et de richesses pour le pays.

Considérée sous ce nouveau rapport, l'extension de l'élève des chevaux devient un sujet important d'économie publique, et on ne saurait trop chercher les moyens de l'encourager en augmentant l'intérêt à s'y livrer. Quelque étrangère à la science pratique d'élever des chevaux que puisse paraître cette nouvelle étude, j'ai cru devoir m'en occuper, d'abord parce qu'elle peut conduire à des mesures administratives capables de faciliter beaucoup aux agriculteurs les moyens de se livrer avec fruit à la spéculation dont il s'agit; en second lieu, parce que dans le cas où quelques mesures déjà prises n'atteindraient pas le but, cette même étude en fera demander la réforme, ou même empêchera alors de s'adonner à une spéculation qui ne présenterait pas de chances suffisantes de succès.

L'élève des chevaux se trouvant dans

l'intérêt d'une partie des cultivateurs de la France, et en même temps dans celui de l'État, par conséquent l'intérêt particulier se trouvant d'accord avec l'intérêt général, il serait bien extraordinaire que l'élève des chevaux restât encore longtemps en France aussi arriérée qu'elle l'est. C'est dans l'espérance de concourir à ses progrès que j'ai écrit mon ouvrage. Une autre considération m'a encore porté à le rédiger, c'est que la plupart des auteurs qui ont traité le même sujet se sont occupés plutôt des haras que l'État avait ou devait avoir, et de la manière de conduire ces établissemens, que des haras des particuliers, et que les ouvrages des auteurs qui se sont occupés des haras dans l'intérêt de l'agriculteur, tels que celui de mon père d'abord, et ensuite ceux de *Pichard* et de *Barentin de Montchal* (sa traduction de l'ouvrage de *Brugnone*), sont épuisés.

C'est donc dans l'intérêt de l'agriculteur que j'ai envisagé mon sujet, persuadé que s'il n'y avait pas intérêt pour lui à élever des chevaux, il n'y en aurait pas pour l'État à l'engager à le faire, mais bien persuadé aussi qu'il y a réellement intérêt pour beaucoup d'agriculteurs à se livrer à cette industrie agricole, et que c'est faute de connaître assez les moyens de bien faire, qu'ils ne réussissent pas aussi lucrativement qu'ils le devraient.

Mon premier soin, dans ce but, a été de chercher à les mettre en état de juger si leur localité était ou n'était pas avantageuse à cette spéculation. J'ai pensé qu'il fallait surtout leur éviter des écoles qui découragent beaucoup plus de personnes que quelques succès ne peuvent en encourager.

L'élève des chevaux, considérée dans la convenance et dans l'intérêt de l'exploitation, est donc, dans mon ouvrage, une des principales questions à résoudre.

Dans toutes les sciences, il y a des points fondamentaux sur lesquels tous les esprits sont d'accord : on ne peut répéter, à cet égard, que ce qui a déjà été dit : heureux quand on peut le mieux dire, heureux quelquefois même quand on peut le répéter d'une manière aussi précise et aussi bonne ! J'ai dû me trouver dans le cas de ces redites : l'ouvrage de mon père m'a singulièrement servi alors, et j'ai copié textuellement quelques uns de ses articles, particulièrement dans les chapitres qui traitent du choix des étalons et des jumens, de la monte, de la gestation, de la mise-bas, de l'allaitement et des soins du poulain. J'ai pensé que les travaux scientifiques des pères pouvaient être reproduits avec orgueil par leurs enfans; mais pour qu'on ne puisse pas cependant me faire honneur de ce qui n'est pas de moi, j'ai indiqué ces passages par des guillemets.

A l'exemple de mon père, j'ai laissé de côté, autant que je l'ai pu, toute espèce d'explications physiologiques. J'ai pensé que ces explications seraient étrangères à la plupart des personnes auxquelles ce livre était destiné, qu'elles pourraient même en induire quelques unes en erreur. L'esprit humain n'est que trop porté à ces idées spéculatives qui semblent l'agrandir, qui l'agrandissent même, mais qui souvent le détournent de ce qui est plus positif. Ce n'est donc que dans des cas rares, et lorsque j'ai avancé des idées qui m'ont paru tout à fait nouvelles, que j'ai eu quelquefois recours à la physiologie pour les baser.

On ne rencontrera pas non plus dans mon ouvrage une partie que l'on s'attend peut-être à y trouver, d'autant plus que je suis vétérinaire; c'est d'une part la description des maladies qui se rattachent à la génération, à l'allaitement, et d'autre part de celles qui affectent les poulains en particulier. Je n'ai pas cru devoir m'en occuper, parce que je n'ai pas vu toutes les maladies dont je devrais parler, et surtout parce que je pense que la personne qui élèvera des chevaux fera bien mieux d'avoir un vétérinaire instruit et judicieux attaché à son exploitation, que de consulter un livre qu'elle ne sera peut-être pas en état de bien comprendre, et qui pourrait l'empêcher de s'adresser à l'homme capable de lui donner de bons secours. Les ouvrages de médecine vétérinaire en traitent, au reste, d'une manière générale, et on peut toujours avoir recours à eux.

Je me suis donc borné à l'élève du cheval.

On retrouvera dans ce travail des idées éparses dans quelques Notices que j'ai déjà publiées ; mais il était impossible de ne pas se répéter en traitant tout à fait la même chose : cependant on doit s'attendre à les trouver sous un nouveau point de vue dans un traité général et coordonné.

Par *haras*, j'ai entendu seulement la réunion d'un nombre, quel qu'il soit, de jumens destinées à la reproduction : je n'ai donc point compris sous ce nom, comme on le fait assez généralement, presque toutes les institutions publiques liées d'une manière ou d'autre à l'élève des chevaux.

J'insiste d'autant plus pour qu'on attache une idée précise au mot de *haras*, que, selon moi, il y a certaines de nos institutions de l'État, qui portent ce nom, qui sont au moins inutiles, soit pour propager, soit pour améliorer l'élève des chevaux. On conçoit quel inconvénient il y aurait à confondre les unes et les autres sous la même dénomination.

J'ajouterai encore que pensant que c'est par corruption qu'on emploie le mot *haras* pour désigner la localité qui nourrit les animaux, j'éviterai avec soin de m'en servir dans ce sens.

Cette qualification précise du mot *haras*, permettant de traiter à part d'abord tout ce qui a rapport aux haras proprement dits ou à l'élève du cheval, et ensuite également à part tout ce qui tient à l'administration, ou de séparer la science réelle de faire des chevaux de toutes les mesures qui ne sont qu'administratives ou d'encouragement de la part du Gouvernement, a jeté une grande précision dans mon travail ; et si je n'ai pu résoudre définitivement toutes les questions qu'il soulève, j'espère avoir réussi à présenter la plupart sous le véritable point de vue où elles doivent être examinées.

Mon ouvrage est le fruit de l'instruction que mon père m'a donnée, et des voyages qu'il m'a fait entreprendre dans le but de m'instruire particulièrement dans cette branche de la science agricole et de l'économie publique. C'est donc à lui que je dois l'hommage de tout ce qu'on pourra trouver de bon dans mon travail. Je serai heureux s'il peut lui prouver que j'ai profité de ses leçons et le récompenser de ses soins.

DES
HARAS DOMESTIQUES
EN FRANCE.

PREMIÈRE PARTIE.

HARAS DES PARTICULIERS.

CHAPITRE PREMIER.

DIFFÉRENTES ESPÈCES DE HARAS.

Les particuliers qui veulent se livrer à l'élève des chevaux ont généralement pour but l'augmentation du revenu des terres sur lesquelles ils forment des haras; mais ces terres ayant des modes de culture différens, suivant les localités, suivant les débouchés, et surtout suivant la population plus ou moins grande de la contrée, l'élève des chevaux varie en raison de ces différences, et les haras reçoivent diverses dénominations en raison de la manière dont cette élève y est conduite. On peut réduire, je crois, tous les haras des particuliers à trois espèces, qui sont:

des haras sauvages, des haras parqués, et des haras domestiques ou privés.

Haras sauvages.

Dans un domaine très vaste, presque sans culture, situé dans un pays peu peuplé et sans débouchés pour les produits qu'on pourrait y faire venir, on peut tenter d'avoir des chevaux à l'état sauvage, c'est à dire abandonnés à eux-mêmes toute l'année, et se nourrissant des seuls produits que le sol fournit sans le secours de l'homme. Le revenu que le propriétaire retire d'un pareil haras consiste dans un nombre de poulains qu'il fait prendre tous les ans, et qu'il vend à des marchands pour les dresser et les revendre ensuite, ou qu'il fait dresser lui-même pour les vendre après leur éducation. La reproduction est abandonnée aux seules lois de la nature; l'homme n'intervient d'aucune manière dans le haras; il n'y manifeste son pouvoir que pour s'emparer des jeunes animaux dont il a besoin, en forçant leur troupeau à s'acculer dans des enclos disposés exprès, et où il choisit et saisit, au moyen de lacets, ceux qu'il destine au service et à la vente.

Si l'on trouve quelques uns de ces haras sauvages dans la Russie, dans l'Asie, dans les Amériques et dans les îles de Taïti et de Cuba, on n'en trouve plus dans les États bien peuplés, en France surtout. Il n'y a pas dans notre pays de propriétés assez grandes, assez incultes, assez privées de population et de moyens de débouchés pour qu'on les abandonne à des haras sauvages. Les chevaux qu'on rencontre dans les marais de la Camargue, ainsi que dans quelques parties des landes de Bordeaux, ne peuvent même être regardés comme des chevaux sauvages, puisqu'ils sont tous employés, pères, mères et produits, à certaines époques de l'année, au dépiquage des grains particulièrement, et puisque l'homme intervient dans la reproduction en en écartant les individus qui lui déplaisent.

Qu'on ne croie pas même que les haras sauvages soient assez productifs pour qu'on puisse trouver un avantage marqué à en avoir dans un pays peu peuplé. Une foule de désavantages doivent les faire reléguer dans ceux qui sont presque inhabités. Ainsi :

1°. Dans les contrées septentrionales, pendant les hivers froids et longs, les animaux manquent souvent de nourriture; et l'action du froid, jointe à cette privation, fait périr les animaux d'une constitution faible, qui ne peuvent plus disputer aux autres la petite quantité de nourriture que la terre présente encore. Beaucoup d'animaux, sans souffrir même du manque de nourriture, sont assez fortement affectés du froid pour que le désir de l'accouplement ne se développe chez eux que tard, vers l'été : il en résulte que les poulains viennent tard l'année suivante, qu'ils ne peuvent acquérir avant l'hiver des forces convenables pour résister à ses intempéries; qu'ils deviennent malingres, chétifs, et qu'ils meurent.

2°. Dans ces haras, les vices héréditaires ne peuvent être extirpés.

3°. Une maladie épizootique se déclare-t-elle, on est obligé de la laisser cesser d'elle-même : on ne peut pas même employer les secours nécessaires contre les maladies qui attaquent les individus en particulier, et l'on est bien plus embarrassé encore relativement aux maladies contagieuses, qui, insensiblement, se propagent tellement qu'il ne reste d'autre moyen que de détruire tous les animaux du haras, si la maladie ne le fait pas elle-même, pour en remettre d'autres.

4°. Les chevaux sauvages, habitués au grand air, ne peuvent que difficilement supporter le régime des écuries; ils y tombent promptement malades, et les maladies ont une issue funeste.

5°. Le caractère sauvage des chevaux les rend

plus difficiles, plus hargneux, plus dangereux pour ceux qui les dressent, pour ceux qui les emploient, et il est dans la nature des animaux élevés dans cet état de conserver ces défauts après l'éducation. Il faut donc que leurs cavaliers ou leurs conducteurs soient bien bons, pour prévenir toutes les fantaisies que les animaux ont de se livrer à leur mauvais naturel. Il n'est même pas rare, quand on croit avoir dressé un de ces chevaux, de ne posséder qu'un animal dont l'obéissance momentanée est seulement faiblesse ou maladie.

6°. Mais le grand désavantage de ces haras, c'est qu'au moment où les pâturages sont abondans les animaux en dévastent et ruinent une plus grande partie qu'ils n'en consomment; tandis que, pendant le reste de l'année, ils ont besoin d'une étendue immense de terrain pour trouver la nourriture dont ils ont besoin.

Il résulte de tous ces inconvéniens d'abord que les haras sauvages ne fournissent pas, sur une étendue donnée de terrain, autant d'animaux que les autres haras; ensuite que les animaux, étant toujours d'un caractère difficile, restent d'une valeur plus que médiocre; enfin, en résumé, que ces haras donnent très peu de revenus.

Haras parqués.

Tous les inconvéniens attachés aux haras sauvages ont fait chercher d'autres moyens d'élever des chevaux. On a distribué les animaux en différens lots, et on a fait garder chaque lot à part, afin de ne pas exposer les haras à se perdre en totalité dans le cas d'une maladie épizootique et surtout d'une contagion : on a mis à profit la nécessité de diviser ainsi les animaux en troupes, pour les empêcher de vaguer en liberté et de ruiner plus d'herbages qu'ils ne pouvaient en consommer, en les faisant conduire successivement sur différentes portions du sol; ce qui a bientôt conduit, pour rendre la garde des animaux plus facile, à enclore, autant que possible, chacune de ces portions, et à en faire pour ainsi dire autant de parcs : d'où est venu aux haras dirigés d'après cette autre méthode le nom de *haras parqués.*

Une fois les soins de l'homme donnés à l'élève des animaux, il a fallu consacrer une partie du sol à la nourriture des gardiens : cela a nécessité la division des terres, d'une part, en pâtures pour les animaux durant la belle saison; d'autre part, en prairies récoltées pour fournir aux animaux la nourriture pendant le temps où la terre refuse la quantité nécessaire d'alimens; et enfin en terrains destinés à la nourriture des gardiens: bientôt même on a compris qu'il était avantageux de donner du grain aux animaux dans certaines circonstances, et on a destiné une quatrième partie du sol à être cultivée pour fournir ces grains.

Dès lors la direction d'un haras est devenue une occupation qui demandait de l'intelligence et même beaucoup d'études préliminaires; celle de l'agriculture était indispensable: aussi dans quelques pays où il se trouve beaucoup de haras parqués, en Allemagne par exemple, il y a une profession particulière connue sous le nom de *maître de haras*.

La science du maître de haras consiste à élever le plus grand nombre possible de chevaux, et ensuite à élever les plus beaux et les meilleurs, afin d'augmenter, de ces deux manières, les revenus de l'établissement. Après la distribution économique des terres, c'est à dire après leur division proportionnelle en pâtures, en prairies récoltées, en prairies artificielles, en terres à grain et même à racines, le moyen de parvenir à la production la plus grande possible d'animaux est d'éloigner les causes d'accidens: il consiste à tenir séparés non seulement ceux de sexe différent, mais encore ceux d'âges divers, parce que les animaux les plus avancés, les plus forts, battent souvent les plus jeunes, les fatiguent, les privent même d'une partie de leur nourriture et empêchent ainsi leur développement; il consiste encore dans un autre soin, celui d'accoutumer de bonne heure les jeunes animaux à l'homme, afin qu'ils s'en laissent approcher, toucher, et qu'au moment de leur éducation, ou d'une maladie, ils soient moins farouches, plus confians, plus traitables.

La connaissance des moyens d'améliorer les races est le seul chemin pour arriver au second but, celui d'avoir les productions les plus précieuses. Cette connaissance est même plus spécialement la science du maître de haras; elle est indispensable à toute personne qui veut élever des chevaux, et c'est l'objet dont nous nous occuperons le plus particulièrement dans cet écrit.

D'après ce qui précède, on doit voir que j'appelle *haras parqué* une propriété agricole consacrée, pour ainsi dire, tout entière à l'élève du cheval, c'est à dire disposée de manière que tout se rapporte à cette élève, pour la conduire aussi loin que possible; dans laquelle propriété la vente des poulains devient le revenu presque unique de l'exploitation, et où les autres produits, quand on en obtient, sont accessoires. C'est ainsi qu'on voit, dans beaucoup d'endroits, des fermes disposées tout entières pour l'engrais des bestiaux, et où les produits en argent ne se font presque seulement que sur la vente de ceux-ci. C'est ainsi qu'on a vu des exploitations rurales dirigées tout entières à élever des bêtes à laine, et où le prix des toisons faisait presque l'unique revenu de l'établissement.

Les haras parqués sont encore très nombreux en Europe. Suivant que l'élève des chevaux y est plus ou moins bien soignée, ils ont reçu encore différens noms, en Allemagne surtout: tels sont ceux de haras demi-sauvages, de haras demi-parqués, etc. Il en existe en Espagne, en Italie, en Russie et dans toute l'Allemagne. J'en ai vu en Hongrie qui rapportaient plus que tout autre mode d'exploitation des terres, celui du feu comte Witzai entre autres (1).

Je ne crois pas qu'il en existe en Angleterre, au moins je n'y en ai point vu: ils sont, dans le cas où il y en aurait, en si petit nombre, qu'on peut dire qu'ils font des exceptions dans la manière ordinaire d'y élever les chevaux.

Il n'y en a point en France. Serait-il avantageux, dans quelques localités de notre patrie, de faire de pareils haras? C'est une question qu'il n'est

---

(1) Voyez *Notice sur quelques races de chevaux, sur les haras et les remontes* dans l'empire d'Autriche; par *Huzard* fils. Brochure in-8.

pas facile de résoudre, et qui ne pourrait l'être que par des essais bien entendus. Je ne donnerai donc pas le conseil à un propriétaire de convertir une terre en haras parqué ; ou bien il faudrait que ce propriétaire fût très riche, surtout que la propriété qu'il y consacrerait donnât peu de revenus, qu'elle fût dans le cas de celles dont j'ai parlé, page 17 et suivantes, et qu'enfin il eût un maître de haras bien instruit.

Ces raisons m'empêcheront de m'occuper de l'administration d'un haras parqué, et je me contenterai de renvoyer à l'ouvrage de *Brugnone*, ou à la traduction qu'en a faite *Barentin de Montchall*, ou bien encore à la traduction française de l'ouvrage de *Hartman*, publiée par mon père.

Haras domestiques ou privés.

S'il est des contrées où le peu de population permet de livrer de grandes étendues de terrain à la formation de haras sauvages ou de haras parqués, il en est d'autres où une population considérable, en réclamant la plus grande partie du sol pour la production des matières premières de la nourriture, des vêtemens, du logement et des diverses industries de l'homme, donne à celui qui cultive un tout autre intérêt, et ne lui laisse la facilité de se livrer à l'élève des chevaux que quand il la croit plus avantageusement liée aux cultures adoptées dans son exploitation que celle des autres animaux domestiques.

Il a alors un certain nombre de jumens qui, soit qu'elles travaillent, soit qu'elles ne travaillent pas, donnent des poulains : il a soin, dans le premier cas, d'organiser les travaux de manière à ce que les jumens ne puissent être fatiguées, et même de manière à ce qu'elles ne soient pas obligées de travailler dans les derniers momens de la grossesse, et dans les premiers de la mise-bas. D'autres cultivateurs, au lieu d'avoir des jumens poulinières, se contentent d'acheter et d'élever des poulains d'un certain âge, pour les revendre après quelque temps à un âge plus avancé.

Ce sont ces petits haras qu'on appelle *haras privés* ou *haras domestiques*, parce que les animaux élevés en petit nombre dans des enclos resserrés, dans des cours, dans des écuries, dans la maison enfin (*domus*), sont continuellement sous les yeux de l'homme et s'habituent tellement à recevoir de lui leur nourriture, qu'ils sont, pour ainsi dire, dès leur naissance, des animaux aussi domestiques que leurs facultés le leur permettent. L'animal est, à mesure qu'il avance en âge, dressé aux services auxquels il doit un jour être employé, et cette éducation est presque faite sans coûter de soins spéciaux à l'agriculteur.

Ce genre de haras a aussi ses inconvéniens: l'animal, privé, pendant son jeune âge, d'un exercice libre, nécessaire au développement de ses forces, n'acquiert pas toute la vigueur, toute la rusticité de tempérament que la liberté dans les pâturages en plein air donne ordinairement à ceux d'une bonne constitution; il est plus sujet aux maladies et a généralement une vie plus courte.

Comme ce sont ces haras qui existent, on peut dire exclusivement en France, comme ils y sont peut-être les seuls avantageux, et comme une élève bien entendue peut remédier presque complétement aux inconvéniens qu'ils présentent, toutes les questions soulevées dans ce travail et relatives à l'élève des chevaux se rapportent spécialement à ce genre de haras. Comme c'est aussi pour la France en particulier que j'ai écrit, on ne devra pas oublier en le lisant que mes conclusions se rapportent à la France, et non à d'autres contrées: je dirai seulement que toutes les règles à suivre pour avoir de bonnes races dans un haras privé sont applicables dans un haras parqué, que la seule différence entre ces établissemens est dans la manière de les gouverner ou dans leur administration.

CHAPITRE II.

DANS QUELLES EXPLOITATIONS RURALES EST-IL POSSIBLE, OU MÊME AVANTAGEUX D'AVOIR UN HARAS DOMESTIQUE ?

C'est l'intérêt seul du cultivateur, ai-je déjà dit, qui doit le décider à élever des chevaux : l'essentiel pour celui qui veut s'adonner à cette élève est donc de savoir d'abord si son exploitation lui permet de réussir, ensuite si la réussite sera avantageuse pour lui. C'est de l'examen de ces deux questions que je vais m'occuper dans ce chapitre; les moyens d'exécution viendront ensuite.

ARTICLE PREMIER.

DANS QUELLES EXPLOITATIONS EST-IL POSSIBLE D'AVOIR UN HARAS DOMESTIQUE ?

Partout où le cheval trouve une nourriture convenable, il peut vivre : ainsi on le rencontre sous la zone torride et dans les pays froids, dans les pays humides et dans les pays secs. C'est un de ces animaux, comme le bœuf et le chien, que l'homme transporte et multiplie partout avec lui dans les régions du globe où ils n'existent point.

Cette faculté de l'animal de pouvoir vivre sous tous les climats, avec les nourritures variées qui s'y rencontrent, donnerait déjà une grande probabilité de la possibilité de l'élever dans les localités très limitées des diverses exploitations agricoles, si un raisonnement assez simple et ensuite l'expérience n'en venaient donner la certitude. En effet, quand on voit que les chevaux de travail peuvent parcourir le temps de leur existence dans toutes les exploitations rurales où ils sont suffisamment bien nourris, on ne trouve pas de raison plausible de penser qu'ils ne puissent être élevés dans ces mêmes exploitations, si on emploie les moyens convenables pour réussir. L'expérience vient confirmer ce raisonnement, et tous les jours on voit l'élève du cheval réussir dans des fermes entièrement différentes les unes des autres, sur celles même où l'on ne se rappelait pas, par tradition, cette élève. Je me contenterai de citer à l'appui les exemples de M. *Isambert*, à Saint-Peravy-Espreux (Loiret) (1), qui fait cette élève depuis plus de vingt ans avec avantage dans une ferme où elle n'avait jamais peut-être été essayée; de M. *Laroche*, fermier à Grisy, près Brie-Comte-Robert, qui

---

(1) *Mémoires de la Société royale et centrale d'agriculture, année* 1827, t. I., p. 164.

est parvenu à faire, je ne dis pas cependant que ce soit avec bénéfice, de charmans chevaux de selle avec des jumens communes de labour boulonnaises ou bretonnes, dans un pays où l'on ne pense pas qu'il soit même possible d'avoir des jumens, à cause de l'emploi général des chevaux entiers; enfin, celui donné par Monseigneur le Dauphin, qui a fait créer un haras de chevaux anglais de premier sang, à Guarché, près de Saint-Cloud.

Certainement la localité exercera une influence sur les animaux; mais cette influence pourra être modifiée par les soins de l'homme au point d'être presque annulée : plusieurs articles de cet ouvrage sont consacrés à faire voir comment. C'est même par erreur que l'on a dit que les localités avaient fait les races actuelles. Ces races ont été créées principalement par la domesticité ou par les soins divers dont elle a fait entourer les animaux. La preuve de ce que j'avance est que toutes les races actuellement existantes disparaîtraient si elles étaient abandonnées en haras sauvages pendant quelques générations, puisque cet effet a eu lieu en Amérique, presque dès la première, à l'égard des chevaux européens. Mais la preuve la plus convaincante, c'est que l'on élève des races totalement différentes sur le même sol, dans les mêmes localités, je dirai dans les mêmes écuries, comme cela a lieu dans presque tous les États autrichiens, dans beaucoup de comtés en Angleterre et dans quelques provinces de France; c'est enfin qu'on élève la même race dans des localités toutes différentes, par exemple qu'on élève la race des chevaux nobles anglais dans les marais du Lincoln et sur les plateaux secs et calcaires du Suffolk et du Norfolk.

Le climat, qui est une des principales causes de la diversité que l'on trouve entre les localités, est modifié tellement lui-même par les soins de l'homme, par rapport aux chevaux en particulier, que la race des chevaux anglais nobles s'est propagée rapidement dans l'Amérique septentrionale, qu'elle se propage sur plusieurs points de l'Europe; que depuis long-temps les Anglais ont cette même race de chevaux dans leurs îles de l'Amérique, même dans la presqu'île de l'Inde et depuis peu dans la Nouvelle-Hollande, sous des climats opposés.

Il résulte, il me semble, évidemment de tous ces faits qu'il est possible d'élever des chevaux sous tous les climats, dans toutes les localités même.

Déjà, avant moi, des écrivains se sont occupés à faire voir qu'en France on pourrait élever autant de chevaux qu'on voudrait, et que même, à cause de la variété de son climat et de son sol, elle était aussi propre que tout autre État de l'Europe à élever avec facilité toutes les races de chevaux.

J'espère même que ce que je viens de dire suffira pour convaincre qu'on pourra élever, dans quelque localité que ce soit, telle race qu'on voudra. Seulement, avant d'entreprendre cette élève, il faudra calculer sur quelles exploitations on peut la faire avec quelque avantage.

ARTICLE II.

DANS QUELLES EXPLOITATIONS EST-IL AVANTAGEUX D'AVOIR UN HARAS DOMESTIQUE?

Dans toutes les fermes à labour, et même dans presque toutes les exploitations, on a besoin de fumier : les animaux de service ne suffisent pas pour produire celui qui est nécessaire, et c'est ce besoin, ai-je dit, qui force à faire marcher de front l'élève ou l'engrais des bestiaux avec les diverses cultures.

Il faut donc des animaux pour donner du fumier ; l'objet le plus important serait de savoir dans quelles exploitations il pourrait être avantageux de préférer l'élève des chevaux à l'élève ou à l'engrais des bêtes à cornes et à laine. En attendant qu'on puisse donner quelque chose de positif à cet égard, je vais essayer de montrer dans quelles exploitations il peut être avantageux de faire l'élève du cheval, comme l'est dans beaucoup l'élève ou l'engrais des autres animaux.

Dans des exploitations il y a des prairies naturelles, dans d'autres il n'y en a point. Dans les exploitations à prairies naturelles, ces prairies se divisent en trois classes : 1°. celles qui, étant toujours en pâtures, servent à engraisser les animaux de boucherie, et qu'on appelle *prairies grasses, prés d'embouche;* 2°. celles qui, étant toujours également en pâtures, ne servent pas à engraisser, mais sont employées seulement à nourrir les animaux, pour leur donner de l'âge et de la taille, et sont assez généralement nommées *prairies sèches;* 3°. enfin celles qui sont mises en coupes annuelles et qui servent à faire du foin.

Dans les exploitations à prés d'embouche, l'élève des chevaux, dans certaines proportions, est généralement avantageuse. Voici l'extrait d'un Mémoire imprimé, adressé au Gouvernement, en 1790, par des propriétaires du département de l'Orne (1), et que mon père a déjà cité dans

---

(1) *Mémoire sur la nécessité de conserver les haras, particulièrement dans la province de Normandie, pré-*

son *Instruction sur l'amélioration des chevaux en France.*

« Le commerce des bœufs tient le premier
» rang : celui des chevaux, plus précieux, mais
» moins étendu, n'occupe que le second, et est
» absolument nécessaire au commerce des
» bœufs. On ne ferait pas une combinaison
» avantageuse si on ne joignait aux bœufs un
» nombre de chevaux dans la proportion d'un
» cheval sur dix bœufs; les motifs de cette pro-
» portion sont pris dans la nature des choses.

» Les herbages produisent différentes qua-
» lités d'herbes; il en est que les bœufs refu-
» sent et que les chevaux mangent, etc.: il en
» résulte que, dans un herbage peuplé de bêtes
» à cornes seulement, il y aurait une perte réelle
» d'herbe. On y remédie en faisant manger cette
» herbe par des chevaux, et l'expérience a appris
» qu'un cheval suffit pour manger le refus de
» dix bœufs. Ainsi un herbage de cent bœufs
» ne peut être mangé à profit qu'en y joignant
» dix chevaux, pour consommer le refus des
» cent bœufs (1). »

---

senté, etc., in-4°. Alençon, 1790. — Le système de ces haras n'était que celui des gardes étalons.

(1) Non seulement c'est un avantage d'agir ainsi, mais dans quelques cas c'est une nécessité, par la raison que les

Il résulte évidemment de cette donnée que l'élève des chevaux est plus qu'avantageuse dans ces sortes d'exploitations, qu'elle y est nécessaire. On sent qu'elle sera d'autant plus lucrative qu'elle sera faite avec plus de soin, et que les animaux qui en proviendront seront plus précieux.

---

plantes refusées par les bœufs montent en graines, se multiplient beaucoup plus que les autres, et finissent par être trop nombreuses dans le pâturage.

On cite cependant des prés d'embouche où l'on ne met pas de chevaux et qui conservent pour ainsi dire éternellement leur réputation. On m'a dit, dans quelques endroits, qu'on ne mettait point de chevaux dans ces prés, parce que le pied de ces animaux y faisait du dégât en s'enfonçant dans le sol humide, et en y produisant des espèces de trous où les plantes pourrissaient : une autre raison qu'on a avancée à cet égard, c'est que les excrémens de ces animaux nuisaient au pâturage ; qu'outre la place occupée par les excrémens, et où il ne venait point d'herbe, le pourtour de cette place se garnissait d'herbe d'une autre nature, à laquelle les animaux ne touchaient point.

J'ajouterai cependant ici en contradiction avec cette dernière opinion que, dans un *Mémoire sur les chevaux normands*, qui me fut adressé par M. *Cailleux*, vétérinaire du dépôt des remontes à Caen, ce vétérinaire dit que, dans quelques herbages humides, sujets à se couvrir d'eau pendant l'hiver, la fiente du cheval est un engrais qui fertilise singulièrement le sol. Cette contradiction pourrait peut-être s'expliquer en ce que, dans le premier cas, le

Des nourrisseurs habiles dans l'élève du cheval dépassent de beaucoup la proportion en chevaux qui est indiquée plus haut; ils aiment mieux, dans certaines localités, élever un plus grand nombre de poulains et engraisser moins de bœufs. Tout le monde sentira combien le nombre des chevaux peut varier en raison des autres facilités que présentera l'exploitation pour cette élève.

Mais les prés ne sont pas tous des prés d'embouche, c'est à dire qu'ils n'ont pas tous la propriété d'engraisser les bestiaux pour la boucherie d'une manière aussi lucrative pour le nourrisseur : ils servent alors, ai-je dit, à nourrir seulement les jeunes animaux ou à augmenter leur taille, leur poids, leur âge. Presque partout en effet ce n'est pas dans les mêmes localités où l'on élève le jeune bétail qu'on engraisse le bétail plus âgé; en sorte que ce n'est le plus souvent qu'après avoir passé dans deux

---

excrémens restent en masse, tandis que, dans le second, ils sont divisés par les inondations.

La détérioration que la multiplicité de certaines plantes fait éprouver à quelques pâturages devient très évidente, si on ne place dans ces pâturages que des moutons ou des chevaux. Ces plantes envahissent tellement la terre, qu'on est obligé de les faire arracher ou de faire défricher le sol entièrement.

ou trois mains, et par deux ou trois localités, où il n'a fait que prendre de l'âge, de la taille, et donner du fumier, que le bétail arrive chez l'engraisseur.

L'élève du cheval n'est pas moins avantageuse dans les exploitations qui possèdent des prés de cette qualité, parce que ces prés, quand ils ne sont pas marécageux, étant presque toujours meilleurs pour les chevaux, on peut y abandonner, comme c'est l'usage encore presque partout, les animaux en liberté, une grande partie de l'année. Tandis que les chevaux laissés dans des prés d'embouche deviennent trop massifs, trop pesans, et perdent ainsi une partie de leurs formes et de leur valeur, et tandis que, par ces raisons, les cultivateurs sont presque forcés à s'en tenir aux chevaux de trait, ou tout au plus aux chevaux d'attelage, à moins qu'ils ne veuillent s'astreindre, pour avoir des chevaux plus nobles, à nourrir à l'écurie les animaux une grande partie de l'année; au contraire, dans les localités où les pâturages sont de la seconde qualité, les races les plus précieuses conservent leurs formes; elles grandissent sans *s'empâter*, sans se charger de poils longs et grossiers, et le cultivateur peut, sans crainte de les voir dégénérer, choisir les plus distinguées.

L'avantage d'élever des chevaux n'est pas aussi certain dans les exploitations où l'on a l'habitude de faucher les prairies naturelles, soit parce que le foin est trop rare dans le pays et très cher par conséquent, soit parce que les prairies ne sont point encloses, et qu'il serait trop dispendieux d'y donner des gardiens aux animaux, soit parce que, par toute autre raison, le pâturage serait une mauvaise opération, qui ne donnerait pas le même bénéfice que la récolte des foins. Dans de pareilles exploitations, comme dans celles où il n'y a que des prairies artificielles, les bêtes à laine sont généralement à présent les animaux qui, avec quelques vaches laitières, donnent les fumiers dont on a besoin pour les cultures.

Cependant il est de ces fermes où l'on élève encore des chevaux.

Dans les unes, qui sont tenues par des cultivateurs pauvres ou routiniers, où le système de la vaine pâture est le moyen sur lequel ceux-ci comptent pour nourrir les animaux une partie de l'année, c'est seulement pour remplacer les bêtes de service qu'ils élèvent des poulains, et les animaux y sont toujours de très médiocre qualité et de peu de valeur.

Dans les autres, qui sont bien tenues, où les terres arables de l'exploitation sont pour la plupart encloses, et où le cultivateur compte sur leur produit pour nourrir ses chevaux, il fait cette élève pour en vendre les productions; et s'il n'a pas établi par des calculs positifs le bénéfice qu'il en tirait, il faut cependant qu'il ait senti qu'il en avait, pour qu'il persévère de successeur en successeur dans cette opération. En France, ce sont les fortes races de chevaux de trait qu'on élève généralement dans ces sortes d'exploitations, parce que, dès l'âge de deux ans révolus, ces animaux, déjà en état de rendre des services, ne font qu'une dépense que leur travail couvre entièrement; ou parce qu'à cet âge, quand on les vend, ils donnent un bénéfice que, dans beaucoup de localités, n'aurait pas donné l'élève du gros bétail ou du nombre de bêtes à laine équivalent pour consommer la même quantité de nourriture.

Ce qui a empêché d'établir des calculs comparatifs à cet égard, c'est la difficulté de les bien baser; c'est qu'ils ne peuvent pas être identiques pour les exploitations même les plus semblables, dont chacun des cultivateurs tire parti d'une manière toujours un peu différente de celle de son voisin.

Quant à l'objection que dans certaines localités on ne trouve pas à vendre un poulain de deux ans, et qu'il serait trop dispendieux de le conduire dans une foire éloignée; que par conséquent, cet animal, qui vaudrait trois cents francs, par exemple, dans tout autre lieu, n'a point de valeur dans celui où il a été élevé, c'est une objection. Je ne la crois pas solidement basée cependant, mais enfin elle peut l'être; et l'agriculteur doit la faire entrer en ligne de compte. Plus loin, j'espère faire voir qu'il est possible de mettre fin à cet état de choses là où il existe, en créant de nombreuses foires de chevaux.

Il est évident néanmoins, d'après l'intérêt que trouvent actuellement à élever des chevaux les exploitans des fermes de l'espèce de celles dont nous venons de parler, que cet intérêt existe au moins partout où l'on peut vendre les poulains à un bon prix, et que cet intérêt serait bien augmenté si on pouvait substituer des chevaux d'un prix élevé à ceux d'un moindre. J'ajouterai que l'herbe des prairies naturelles est loin d'être indispensable à l'élève des chevaux; qu'on peut fort bien nourrir ces animaux et les élever avec toute autre espèce de fourrage: il faut seulement savoir remplacer la nourriture que donnent ces prairies par une autre, et en particulier par celle que donnent les prairies artificielles; il faut savoir surtout dispenser ces sortes de nourriture d'une manière convenable.

Les fermes situées auprès des grandes villes ont un avantage si général à vendre la plus grande partie de leurs foins, de leur paille, de leurs grains de toute espèce, que l'élève des bestiaux y serait presque toujours une perte pour les cultivateurs. L'engrais du gros et du menu bétail n'y est avantageux que dans peu de localités, et les vaches même n'y donnent de profit que par la valeur excessive du lait. Dans de pareilles situations, il n'y a pas lieu à élever des chevaux avec économie.

Il est un genre d'exploitation agricole différent de ceux dont je viens de parler, ce sont les fermes où il se trouve une certaine quantité de landes sans culture. Je ne parle point ici de ces landes qu'une activité raisonnée défricherait et mettrait en bon rapport, je parle de ces landes recouvertes d'un à deux pouces de terre végétale seulement, dont la culture et peut-être même la plantation seraient infructueuses, qui ne peuvent être irriguées, et qui, au printemps et à l'automne, donnent cependant une quantité d'herbes trop courtes pour être fauchées, mais qu'il est, par cette raison, avantageux de faire consommer sur place. Là, il serait peut-être contraire aux intérêts du cultivateur qu'il se livrât à l'élève des chevaux. Cette herbe courte, fine, fournit une excellente pâture aux bêtes à laine ; ces bêtes y vivent et y prospèrent, tandis que les poulinières et les poulains y dépériraient : il peut donc être plus avantageux de conserver pour la nourriture des bêtes à laine, pendant l'hiver, les fourrages que le reste de l'exploitation peut et doit fournir. De cette manière, les landes qui ne donneraient aucun bénéfice sont avantageusement utilisées. Les chevaux n'y trouveraient que de l'espace pour courir et y dévasteraient inutilement l'herbage qui nourrit les bêtes à laine sans frais une partie de l'année.

Dans les exploitations appelées *laiteries*, *fruiteries*, où tous les soins sont dirigés vers la fabrication des fromages, je pense qu'on pourrait élever des chevaux dans les pâturages des vaches avec le même avantage qu'il y a à le faire dans les pâturages à bœufs. Il est difficile d'avoir des données suffisantes pour savoir s'il serait avantageux de diminuer les vaches pour y substituer un nombre proportionnel de jumens poulinières et de poulains. C'est une opération qui changerait la nature de l'exploitation, et qui ne se ferait pas, je pense, sans difficultés et sans pertes. Le cultivateur devrait donc bien réfléchir avant de l'entreprendre.

L'élève des chevaux est particulièrement avantageuse chez le cultivateur qui possède deux ou trois domaines à quelque distance l'un de l'autre, parce qu'alors, à certaines époques, il peut changer de place les poulains et même les poulinières, pour les faire revenir ensuite à leur premier poste. Ces petites émigrations sont très favorables : elles préviennent une foule de maladies en soustrayant pour un temps les animaux à des influences qu'on ne peut quelquefois pas deviner. Sous ce rapport, plus les localités sont éloignées et différentes, plus elles sont profitables.

Dans la plupart des exploitations, il n'est pas toujours facile au cultivateur, quoique ses champs soient bien enclos, de disposer sa localité de manière à pouvoir y garder en même temps des jumens poulinières et des poulains de différens âges; mais il est rare, ou qu'il ne puisse pas avoir des jumens poulinières et leurs poulains jusqu'à l'âge de six mois à un an, ou, sans posséder de poulinières, qu'il ne puisse garder quelques poulains un certain temps : c'est même ce que beaucoup aiment mieux faire dans les pays d'élèves quand la multiplicité des foires rend les achats et les ventes faciles.

Ce sont des poulains alors, en place de bêtes à cornes, qui convertissent le fourrage en fumier et en un produit (le cheval) d'une vente plus avantageuse que le fourrage lui-même.

Certains cultivateurs achètent les poulains

de l'année et les revendent ensuite au moment où ces jeunes animaux sont propres à travailler.

D'autres n'achètent les poulains qu'à un âge plus avancé, à celui auquel ces animaux peuvent travailler, à trois ans par exemple, et ils les revendent à cinq ans. Comme pendant cette époque de leur vie les poulains paient leur nourriture par leur travail et par leur fumier, il en résulte que le cultivateur a souvent en bénéfice l'accroissement de valeur que l'âge donne à l'animal.

En agissant de l'une ou de l'autre manière, au lieu d'avoir à soigner dans la ferme des jumens poulinières, des poulains ou pouliches qui ne travaillent point et des poulains ou pouliches capables de travailler, on n'a plus qu'à soigner un seul genre d'animaux : les soins deviennent moins nombreux, moins compliqués, plus faciles, et la réussite plus certaine. Ce sont des espèces de haras domestiques, qui sont assez lucratifs quand ils sont bien conduits ; malheureusement trop peu de cultivateurs comprennent ce genre de spéculation.

Les cultivateurs qui s'y adonnent débarrassent ceux qui ont des poulinières de leurs poulains à un âge où ces derniers cultivateurs en sont souvent très embarrassés ; et l'élève du cheval se divise ainsi en deux ou trois branches qui, étant exercées séparément par diverses personnes, doivent être mieux conduites. Il s'opère une division du travail pour ainsi dire semblable à celle qui a lieu pour diverses autres branches d'industrie.

Je conseillerai d'autant plus au cultivateur qui veut s'adonner à l'élève des chevaux de bien faire attention à ce genre de spéculation, qu'il est beaucoup plus facile d'en calculer les chances, et qu'il doit singulièrement contribuer à étendre l'élève du cheval en général en servant les intérêts de ceux qui ont des jumens pour faire des poulains. Cet intérêt général a été si bien compris déjà, qu'une circulaire ministérielle du 20 mars 1820 avait dit que la France devait être divisée en contrées qui font naître les chevaux et en contrées qui les élèvent. Malheureusement le Gouvernement ne peut rien pour cela, et la circulaire aurait montré un but infiniment plus facile à atteindre, si elle avait dit en *exploitations*, au lieu de dire en contrées.

Quelques personnes ont cru et avancé qu'il n'était point avantageux aux possesseurs de petites exploitations d'élever des chevaux. Certes, il ne serait pas lucratif à ces cultivateurs d'acheter des fourrages pour faire cette élève; mais quand leur exploitation est assez grande pour leur fournir la nourriture convenable, quand elle est disposée par enclos et pourvue de bonnes écuries, ils peuvent encore s'y livrer avec fruit. C'est même quelquefois dans de pareilles exploitations que les poulains, mieux soignés, deviennent les meilleurs chevaux. Ce qui détourne de cette élève, c'est que les pertes ou seulement les accidens sont trop sensibles pour l'éleveur.

Que celui qui est dans une pareille exploitation ne regarde pas cependant les communaux et le droit de vaine pâture comme un moyen de nourrir ses animaux; jamais, et on s'en convaincra dans le cours de cet ouvrage, avec un pareil système, il n'élèverait des animaux qui pussent l'indemniser de ses peines.

CHAPITRE III.

QUELLE RACE FAUT-IL CHOISIR?

Le cultivateur qui, après s'être convaincu qu'il pouvait espérer du profit de l'élève des chevaux, veut s'y livrer, doit donner toute son attention à choisir la race; mais pour connaître celle qu'il pourra le mieux faire prospérer chez lui, il faut qu'il sache ce qu'on entend par races; comment elles se forment et se conservent;

et enfin quelles sont les races françaises ou étrangères que l'on recherche le plus: c'est ce dont nous allons nous occuper d'abord, avant de parler du choix proprement dit.

ARTICLE PREMIER.

CE QUE C'EST QU'UNE RACE, MANIÈRE DONT ELLE SE FORME ET SE CONSERVE.

En histoire naturelle, une race est une subdivision de l'espèce ou une variété: en économie rurale, c'est une grande famille d'animaux distingués par un assemblage de caractères qui se sont agglomérés sous certaines influences, soit naturelles, soit dépendantes de la domesticité; caractères qui se conservent tant que ces mêmes influences subsistent, mais qui peuvent se séparer au contraire quand celles-ci cessent d'être les mêmes, pour se grouper d'une autre manière et former de nouvelles races.

Ces caractères sont la taille, la couleur et les formes du corps; il s'en faut qu'ils soient invariables dans les individus de la même race; mais s'ils ont des degrés, s'ils sont plus ou moins extensibles, plus ou moins prononcés, cette propriété a des extrêmes, et c'est la moyenne entre les extrêmes qui forme les caractères vrais de la race.

Les causes de la diversité des races sont: 1°. la loi naturelle par laquelle les descendans ressemblent au père et à la mère; et 2°. l'influence des alimens, de la localité et de la domesticité.

§ 1. *Loi naturelle, par laquelle les descendans ressemblent au père et à la mère.*

S'il était prouvé qu'il y eût eu primitivement plusieurs races de chevaux, on comprendrait facilement comment, d'après la loi que je viens de citer, il existerait plusieurs races de chevaux domestiques; mais comme on pense au contraire généralement qu'il n'y a eu qu'une seule race primitive de ces animaux, il pourra paraître singulier d'abord qu'une loi qui veut que les produits ressemblent au père et à la mère soit la cause d'une dissemblance dans les produits, ou la cause de la diversité des races. Quelques mots suffiront cependant, je pense, pour faire disparaître cette espèce de contradiction.

A. — Je viens de dire que, dans la réunion d'animaux qui formaient une race, il en était qui possédaient les caractères distinctifs de la race à un point extrême, et qui formaient pour ainsi dire des exceptions dont il était souvent difficile à l'homme de se rendre compte: il résultera évidemment de la loi que je viens de citer que, si deux individus, mâle et femelle, formant ces exceptions, c'est à dire possédant les caractères extrêmes d'une race, sont accouplés pour la génération, leurs descendans devront posséder, si toutefois d'autres influences ne viennent pas contrarier celle de l'accouplement, les caractères extrêmes de la race de laquelle ils sortiront; et que si ces descendans sont accouplés ensuite entre eux seuls sous des influences favorables, ils donneront naissance à une série d'animaux qui auront pour caractères moyens ou ordinaires les caractères extrêmes de la race de laquelle ils seront sortis, ou, en d'autres termes, qui formeront une nouvelle race. On conçoit de cette manière comment, en supposant même qu'il n'y ait point eu plusieurs races primitives de chevaux, il a pu s'en créer ensuite un certain nombre, surtout par la domesticité. On comprend également qu'il est des limites aux extrêmes où peuvent arriver ces caractères, extrêmes qu'il n'est pas possible de franchir: par exemple qu'il est certaine taille dans les chevaux qu'il n'est pas probable que de nouvelles races puissent dépasser, quelques soins qu'on apporterait à le tenter. Il en est de même pour les autres caractères.

La nature animée paraît avoir été circonscrite

dans des limites dont elle ne sort pas sans devenir improductive.

B. — Un second résultat de cette loi est que, si on prend pour les accoupler deux animaux de races totalement différentes, et formées, je suppose, de la manière dont il vient d'être question ci-devant, on aura généralement une production qui ne ressemblera entièrement ni au père, ni à la mère, mais qui aura des traits de ressemblance avec l'un et avec l'autre en même temps, et qui, en fait, sera un animal avec des caractères nouveaux. Cet animal, accouplé avec des animaux provenant d'accouplemens semblables à celui dont il est sorti, donnera certainement naissance à des animaux semblables à lui, différens de son père et de sa mère, et produira par conséquent une race nouvelle.

J'ai dit que cet effet avait lieu généralement, et non pas toujours; en effet, il est une exception à cette règle. Il est des individus qui exercent une telle influence dans la génération que leurs produits leur ressemblent toujours beaucoup plus qu'à l'autre parent, nous verrons plus loin dans quel cas on peut prévoir jusqu'à un certain point ce résultat; le plus souvent cette prévision est impossible. Dans le cas même où un des animaux exerce une influence bien plus grande sur la production, celle-ci diffère néanmoins toujours un peu de l'ascendant qui exerce cette influence remarquable, et à peine doit-on, je crois, regarder cet accident comme une exception dans la règle dont il s'agit.

Il arrive aussi quelquefois que les caractères du père et de la mère entrent dans une combinaison telle que l'on a de la peine à discerner, dans la progéniture, les caractères des races maternelle et paternelle. La formation d'un type nouveau est alors tout à fait patente.

C. — Il résultera encore de la même loi que si on accouple des femelles d'une race avec un mâle d'une race différente, et que si on prend les produits femelles de ces accouplemens pour les réunir de nouveau avec leur père ou avec d'autres mâles de sa race; il en résultera, dis-je, qu'on changera petit à petit la race des femelles en celle des mâles, *et vice versâ*, si on opère par les femelles au lieu d'opérer par les mâles. Ce changement pourra avoir lieu complétement à la longue, si d'autres influences de nourriture et de localité, influences que nous allons examiner, ne le contrarient point; mais il pourra arriver, si on cesse de renouveler le type que l'on veut régénérer, que le changement ne s'effectuera pas complétement, et qu'il se formera, comme dans le cas précédent, une nouvelle race: elle approchera seulement d'autant plus de celle à laquelle on aura voulu arriver, que l'on aura renouvelé plus souvent le type régénérateur.

D. — Enfin, un fait que les éleveurs qui examinent attentivement ce qui passe sous leurs yeux confirmeront, qui selon moi dérive de la même loi, et qui, s'il ne contribue pas à faire de nouvelles races, influe au moins dans leur formation, est que les caractères qui distinguent les races deviennent d'autant plus constans, d'autant plus difficiles à faire disparaître par de nouvelles influences, que la race s'est conservée la même pendant une plus longue suite de générations: ces caractères de races se perdent au contraire d'autant plus vite, d'autant plus facilement, que la race est plus nouvelle.

On conçoit facilement que des caractères transmis pendant plusieurs générations aient plus de stabilité, mêlés dans un accouplement avec ceux qui sont nouvellement formés, et qu'ils ne prédominent dans le résultat de cet accouplement.

Cette différence fait qu'il y a des races qui sont très difficiles à faire disparaître, à changer, et d'autres races qui sont moins stables, bien plus faciles à changer ou à convertir en une autre.

Une race nouvelle qui diffère peu de la race de laquelle elle est sortie est appelée quelquefois une *sous-race*. Il est possible que cette sous-race devienne plus nombreuse, plus répandue que la race première. La tradition seule est alors le moyen de distinguer la race de la sous-race. Cette distinction entre race et sous-race, au reste, ne devient de quelque importance pour l'éleveur que parce qu'elle lui fait présumer une facilité plus ou moins grande à convertir une race en une autre.

On concevra, en effet, d'après ce qui précède, que le changement d'une race en une autre par les mâles, par exemple, marchera d'autant plus vite que les étalons seront d'une race plus ancienne, et que les jumens seront de races nouvellement créées; qu'elle marchera au contraire d'autant plus doucement que les étalons seront d'une race plus nouvelle, et les jumens d'une race plus ancienne : voilà pourquoi (pour citer un seul exemple de ce fait remarquable entre mille et propre à l'espèce chevaline), pourquoi, dis-je, la race arabe égyptienne a fait toujours de petits chevaux dans nos climats, par les premiers accouplemens; ce qui a détourné malheureusement de continuer ces accouplemens pendant plusieurs générations.

Tels sont les premiers moyens que l'homme a empruntés à la nature pour faire la plus grande partie des diverses races de chevaux; je vais passer à quelques autres d'un ordre différent.

§ 2. *Influence des alimens, de la localité et de la domesticité.*

Ces nouvelles causes de la multiplicité des races sont moins saisissables aux sens ; mais elles n'en sont pas moins agissantes cependant, et elles méritent autant, comme on va le voir, de fixer l'attention.

Quoique la diversité des localités et des climats fasse varier la nourriture, et qu'il paraisse par conséquent plus dans l'ordre de commencer par l'examen des influences exercées par cette diversité, je parlerai néanmoins des alimens d'abord, parce qu'ils agissent plus immédiatement, plus sensiblement même sur l'économie animale, et parce que l'influence de la localité et du climat étant principalement due à celle des alimens, il y aura peu de chose à dire de ceux-là lorsque nous connaîtrons les influences produites par ceux-ci.

Des alimens.

Abondance des alimens. Dans les contrées où la nourriture est abondante, où les animaux en trouvent autant qu'ils peuvent en consommer, surtout où cette nourriture, par la prévoyance de l'homme, abonde constamment, sans qu'il y ait des saisons de disette, là les races sont généralement grandes et étoffées. C'est ainsi qu'on trouve de grands chevaux dans la plupart des provinces de l'Angleterre, de l'Allemagne; dans le nord-ouest de la France, dans la Franche-Comté, dans la Suisse, et généralement dans tous les autres lieux où les pâturages sont nombreux, où l'homme a l'habitude de nourrir abondamment les animaux l'hiver comme l'été.

Dans les régions, au contraire, où la nourriture est peu abondante, ou bien où elle ne l'est qu'une partie de l'année, et où l'homme n'a pas le soin ou la facilité de conserver assez de fourrage pour en fournir toujours la même quantité aux animaux, là les races sont petites ou médiocres. Ainsi, dans les tribus errantes des Arabes et des Tartares; dans presque toutes les contrées de l'Afrique où l'on trouve des chevaux, même dans les États barbaresques, les races sont petites généralement; et quand leur taille est moyenne, leur corpulence est peu prononcée, et les formes sont sveltes, dégagées, rarement athlétiques. Ainsi, dans l'Angleterre encore; dans les provinces montueuses, telles que le Cornouailles, le Devon, le pays de Galles, où les pâturages des montagnes sont très maigres, et où le cultivateur n'a pas soigné l'élève des chevaux, on trouve de très petites races. Ainsi, dans les pays féodaux du nord et de l'est de l'Europe, les chevaux des paysans sont petits, parce que, s'ils ont une nourriture assez abondante au printemps, cette nourriture devient insuffisante pendant le reste de l'année. Tels sont les chevaux des paysans serfs polonais, russes, hongrois, transylvanais; enfin, en France on trouve également de petits chevaux dans toutes les localités où l'élève mal entendue de ces animaux les laisse souffrir, une grande partie de l'année, du manque de nourriture, ou au moins d'une bonne nourriture; car il en est des races qui sont privées de celle-ci comme de celles qui n'en reçoivent qu'une trop petite quantité.

Ce qui prouve la réalité et même l'énergie de cette influence de la nourriture d'une manière évidente, ce sont les localités dans lesquelles on trouve en même temps de grandes races et des races petites, chétives. Ainsi, dans la Hongrie, dans la Pologne, dans la Russie, les chevaux des haras des propriétaires du sol sont souvent de grands et forts chevaux, tandis que ceux des paysans sont, sur le même sol, dans la même localité, de petits chevaux. La différence vient presque uniquement de l'abondance de la nourriture pour les uns pendant toute l'année, et de sa pénurie pour les autres pendant les trois quarts du temps. Sans aller chercher si loin des exemples, ne voyons-nous pas tous les jours chez nous, le paysan pauvre élever un chétif cheval à côté du riche propriétaire ou fermier, qui en élève de très forts et de très distingués?

Nature des alimens. Le genre de nourriture n'a pas moins d'influence que l'abondance et la disette. Une nourriture, qui, sous un grand volume, contient peu de substance nutritive comme l'herbe des prairies mangée en vert en abondance pendant une grande partie de l'année, et remplacée ensuite par le foin, soit des prairies naturelles, soit des prairies artificielles, fourni aussi en abondance, donne assez généralement aux animaux des formes matérielles, un tempérament lymphatique, des crins épais, du poil aux extrémités, une peau épaisse, etc.

Il y a cependant, avons-nous déjà dit, une différence entre les prairies; les unes sont appelées *prairies grasses, prés d'embouche,* les autres *prairies sèches.* Dans les premières, qui sont généralement humides, les herbes sont plus grandes, plus fortes, on y trouve une grande quantité de plantes étrangères à la famille des graminées, que les bœufs mangent, mais que les chevaux refusent; le foin qui en provient est toujours aussi d'une qualité inférieure; il contient des tiges ligneuses que les chevaux rejettent en partie. Dans les autres, au contraire, les herbes sont fines, les graminées y forment presque exclusivement la masse du pâturage; le foin en est de première qualité et est très appété par les bestiaux de toute espèce. C'est dans les premières, où les bestiaux s'engraissent promptement, que les chevaux prennent des formes empâtées, des mouvemens lourds; que leur peau se couvre de poils grossiers, longs, qu'elle s'épaissit même; et que les animaux perdent souvent une partie de leur feu, de leur vivacité. On n'élevera certainement pas de races nobles dans ces prairies, tant que l'herbe qui y croît et les foins qui en proviennent formeront la masse annuelle et principale des alimens donnés aux animaux : des soins extrêmes pourraient seuls contrebalancer ces influences. Tels sont, en Normandie, quelques pâturages du Cotentin; tels sont la plupart de ceux de la vallée d'Auge; tels sont quelques uns de ceux du Nivernais, de l'Auvergne, etc.; tels sont une partie des gras pâturages de la Hollande. J'ai vu en Autriche, en 1822, des poulains de race anglaise de premier sang ressembler à des chevaux de trait dans les gras pâturages du haras de Kopschan, près de Hollitsch, sur les bords de la Morave; ils ne reprenaient leurs formes de chevaux de selle qu'après une année de séjour dans les écuries impériales à Vienne. Enfin j'ai vu, dans les marécages de la rive droite du Sénégal, des chevaux maures ou barbes avec du poil aux extrémités, comme en ont ici nos races les plus communes.

Les pâturages secs et les foins qui en proviennent ne produisent pas un effet semblable. Si les animaux qui les consomment ont une grande taille, et si quelques uns y prennent de l'embonpoint, ils n'y changent pas de tournure d'une manière marquée : si même la nourriture que ces pâturages fournissent devait apporter quelques modifications sous ce rapport, ce ne pourrait être qu'au bout de plusieurs générations, et les plus petits soins ou la plus légère modification dans le régime suffiraient alors pour empêcher cet effet de se produire.

Les pâturages gras se trouvent le plus communément dans les plaines et les vallées, et les pâturages secs sur le penchant des coteaux et des montagnes ; ce n'est pas sans de nombreuses exceptions cependant : la nature géologique du sol influe pour quelque chose sur la nature des pâturages. Les terres argileuses qui conservent constamment une certaine humidité ; celles qui, sans être argileuses, ont un sous-sol de cette nature, quelle que soit d'ailleurs leur position, donnent le plus souvent des pâturages gras ; tandis que les terres légères, calcaires ou siliceuses, fraîches sans être humides, donnent des prés de nature contraire, très bons quand ils sont bien cultivés.

La France possède une quantité immense de ces derniers dans la Normandie, la Bretagne, le Poitou, l'Anjou, le Limousin, la Navarre, l'Auvergne, les Ardennes, l'Alsace, la Lorraine, la Franche-Comté.

Si quand l'herbe des prairies est peu abondante; si, après la saison des herbages passée, la nourriture de l'animal se compose de graines céréales distribuées avec abondance, mais d'une manière convenable dès le jeune âge, on a alors les races les plus nobles; et suivant que les soins sont bien entendus, c'est à dire suivant qu'une nourriture verte, qui facilite, comme je l'ai déjà dit, la croissance et la haute stature, est donnée en certaines proportions et à certaines époques; suivant que le climat est favorable au développement de la taille; suivant que les soins de l'homme tendent, par le choix des animaux employés à la génération, à élever la stature ou à la maintenir dans une proportion moyenne, on a en grandes races la race anglaise, la race mecklembourgeoise, la race persane, l'antique race limousine, et en petites races la race arabe, la race maure, la race turque, etc. C'est dans les races nobles qu'on trouve particulièrement une énergie, une vigueur extraordinaires; elles sont propres à presque tous les services, et peuvent remplacer à peu près toutes les autres races.

Seules, elles ont l'avantage de pouvoir fournir ces courses longues et rapides qu'exigent certains services d'une civilisation très avancée, comme ceux de la guerre et de la chasse: services moins utiles que les autres, il est vrai, mais qui sont beaucoup plus prisés, parce qu'ils satisfont des besoins momentanés plus grands, des plaisirs ou des passions.

Je ne m'étends pas davantage sur ce sujet, sur lequel je serai forcé de revenir à diverses reprises.

De la localité.

Les influences de la localité sont celles produites par le sol et le climat; elles sont tellement liées, on peut dire même tellement identiques, qu'il n'est guère possible d'en parler séparément.

Dans l'état sauvage, le cheval n'occupe point de localité. Cet animal, qui vit en troupes nombreuses qui consomment beaucoup de pâturages, change souvent de localités, et ses émigrations sont subordonnées aux saisons. Dans celles de la sécheresse, il habite les lieux humides, où la végétation se soutient assez pour lui fournir de la pâture. Dans les saisons pluvieuses, il cherche de nouvelles terres; il se tient sur les terrains secs élevés, qui lui donnent alors de quoi l'alimenter suffisamment : on peut donc dire qu'il habite des zones de pays et non des localités.

Dans la domesticité, au contraire, le cheval est consigné dans un lieu dont il ne peut sortir, et qui exerce continuellement sur lui ses influences. Nous avons vu que la principale était celle de la nourriture, et nous avons examiné quels effets chaque sorte produisait; il est inutile de revenir sur cet objet.

Mais il en est une autre que la localité exerce directement sur l'animal vivant, elle provient de l'humidité ou de la sécheresse. Dans les localités où l'air est chargé d'humidité, soit par le voisinage de la mer, soit par celui de grands lacs, soit par l'humidité constante du sol, soit par la position de celui-ci dans les montagnes ou dans les vallées, on a observé que les animaux sont généralement plus grands, plus volumineux, plus massifs. Leur peau est plus épaisse, plus dure, plus chargée de poils; ces poils sont plus gros, plus rudes; les animaux ont généralement moins d'énergie, c'est à dire que leurs forces s'épuisent plus vite; en moins de mots ils approchent davantage d'un tempérament lymphatique. C'est, comme l'on voit, à peu près la même influence que celle exercée par les pâturages gras et humides.

Si le climat est en même temps un peu froid, c'est à dire si la température est peu élevée pendant la belle saison, alors vous avez les chevaux de la plus forte taille, et en même temps les moins énergiques, les plus lymphatiques. Tels sont surtout les chevaux de la Flandre et de la Hollande. Là, toutes les causes sont réunies pour former les grands et forts chevaux les plus communs: pâturages gras et abondans, foins de médiocre qualité, graines céréales généralement rares, ce qui en empêche l'emploi pour l'élève des chevaux; sol souvent humide, climat très humide et d'une température peu élevée: aussi les chevaux nourris dans ces pays sont-ils les plus éloignés des formes et des qualités des races nobles. Si dans quelques localités il s'en trouve cependant de propres à former des animaux de carrosse et de selle, il faut attribuer ces exceptions aux soins de l'homme, qui, comme nous allons le voir, peuvent presque entièrement modifier toutes ces influences.

La température très chaude ou très froide, prolongée une grande partie de l'année, modifie singulièrement cependant les effets d'une localité humide: ainsi, dans le nord et sous les tropiques, où l'on trouve souvent encore des pâturages très gras et très abondans; où il se trouve des localités et des climats très humides, on ne rencontre pas de grandes races de chevaux, comme dans les pays tempérés : les races du pays sont tout au plus des races moyennes. Si les Anglais ont introduit dans l'Inde leur belle race de chevaux de noble sang, et s'ils ont pu, jusqu'à présent, lui conserver la même taille, il est très probable qu'ils ne sont parvenus à ce résultat que par des soins extrêmes dans la manière dont ils les élèvent et les nourrissent, que parce que leur race étant déjà très ancienne, elle ne dégénère pas facilement, et peut-être que parce qu'ils ont soin de la renouveler de temps en temps par des importations nouvelles. En effet, ces animaux ne conservent que difficilement leur taille dans les Antilles anglaises, tandis qu'ils l'ont conservée très bien dans la plupart des provinces nord des États-Unis. Il semble probable que, sous les climats très chauds et très froids, les déperditions que la chaleur et le froid produisent sur les animaux pendant une grande partie de l'année préviennent les croissances extraordinaires, et arrêtent la stature dans des limites bornées. Dans les localités tempérées, au contraire, mais surtout dans celles qui sont en même temps humides, où la déperdition cutanée est presque nulle, où l'air inspiré étant presque aussi chargé d'humidité que l'air expiré, la déperdition pulmonaire est presque insensible, les races prennent les constitutions lymphatique et musculaire et ces grandes dimensions qui les font remarquer; tandis que les constitutions nerveuse et sanguine sont celles qui prédominent dans les localités des tropiques et des pôles. On en aura des exemples frappans si l'on compare les races arabe et barbe pour le midi, les races irlandaise et de la Russie pour le nord, avec les races flamande, picarde et anglaise.

On a cru remarquer que, dans les localités où le sol était montueux, les races y acquéraient plus de souplesse, plus d'adresse, plus de légèreté, et par conséquent plus d'agrément dans les allures; ce qui rendait ces localités préférables pour les chevaux de race noble.

Il résultera évidemment de ce qui précède que les localités sèches, sous un climat tempéré, seront les plus convenables à l'élève des grandes races de chevaux nobles, quand une nourriture convenable pourra être distribuée aux animaux.

Je finirai en ajoutant que les localités humides ont la propriété de donner aux chevaux de forts et de larges sabots; ce qui est encore un défaut pour les races nobles: c'en est même un pour les races conmmunes quand ce défaut est porté loin, et surtout quand, outre son ampleur, la corne est d'une qualité mauvaise. Certaines localités sont, en particulier, désavantageuses sous ce dernier rapport : on ne doit pas vouloir y élever des races nobles, races dans lesquelles il est si important que les sabots soient très bons. Heureusement ces localités sont rares; mais il était essentiel d'avertir qu'il en existait.

De la domesticité.

Nous venons de dire que la nourriture était ce qui exerçait le plus d'influence sur les races de chevaux; que l'influence de la localité venait même, en grande partie, de la nature de la nourriture: il ne sera pas difficile maintenant de faire voir que la domesticité a bien plus d'action encore, puisqu'en asservissant l'animal à l'homme elle laisse celui-ci maître de donner la nourriture de qualité et en quantité qu'il juge convenables, et qu'elle le met à même de modifier les autres influences par les soins journaliers, par les abris, et surtout par des mélanges de races dans les accouplemens.

La première preuve de cette influence immense de la domesticité, c'est que les grandes races de chevaux sont artificielles, qu'elles n'existent point dans la nature. En effet, les chevaux qui sont redevenus sauvages en Amérique ne sont point de grands chevaux, ne sont même pas de moyens chevaux. Malgré l'abondance et la bonté des pâturages qu'y ont trouvés les premier-nés à l'état de liberté, ils ont diminué de taille, et cependant les chevaux espagnols, qui leur ont donné naissance, n'étaient déjà pas de très grands chevaux. La couleur même de la robe change au bout de quelque temps de liberté, et elle disparaît toujours dans les produits des animaux qui sont redevenus sauvages, pour faire place à une couleur presque unique, un peu plus ou moins foncée, qu'on trouve peu dans les individus des races domestiques, et qui est un bai clair lavé avec une raie plus foncée sur la ligne médiane supérieure du corps. Au dire des voyageurs, les haras tout à fait sauvages, qui existent encore dans le nord de l'Asie, ne sont également composés que d'individus de moyenne taille; et le cheval sauvage de l'Asie, si toutefois on peut le regarder comme le type premier du cheval domestique, ce qui est très douteux, est un animal de petite taille.

Ce n'est que dans les haras parqués qu'on commence à trouver des animaux de grande taille; mais déjà la domesticité exerce son influence sur les animaux: leur nombre limité n'est jamais assez considérable pour que la nourriture soit en trop petite quantité. Des ennemis extérieurs ne viennent point tourmenter les animaux et les forcer à fuir. Dans l'hiver et dans la saison des sécheresses, une nourriture additionnelle vient ordinairement suppléer à celle qui manque. Des abris mettent souvent les animaux hors des atteintes les plus vives du climat; enfin l'homme ne laisse pour la reproduction que ceux qui lui plaisent, et exerce ainsi une influence immense sur les produits.

Mais c'est dans les haras privés que l'influence de la domesticité se fait le plus sentir. L'homme, par son industrie, par ses calculs, par l'art admirable de cultiver la terre, est parvenu à faire vivre sur un espace donné une quantité bien plus considérable d'animaux que celle qui y vivrait dans l'état d'inculture; mais, pour arriver là, il a fallu que les animaux fussent des esclaves soumis à tous ses caprices; et ses caprices, en lui faisant adopter sur un point telle conformation accidentelle, et en l'engageant à rechercher de préférence pour la reproduction les animaux qui avaient cette conformation, ont créé peu à peu une foule de races dont les unes ont disparu, et dont d'autres, actuellement existantes, disparaîtront aussi pour faire place à de nouvelles.

Ainsi, dans un endroit on a préféré telle couleur, tandis qu'autre part on en a choisi une autre: de là la diversité des couleurs. Ainsi, les besoins de l'homme lui ayant rendu les gros et forts chevaux utiles, on s'est occupé, dans les localités les plus favorables à l'ampleur de la taille, à faire ces animaux; tandis que dans les endroits où la localité et le mode de culture ne permettaient pas d'avoir aussi facilement de ces variétés ou races de chevaux, on s'est contenté d'en faire de moins hauts, de moins forts, ou bien l'on s'est appliqué à les faire plus légers, plus propres à des allures rapides. Enfin, des manières de voir, des préjugés ont fait croire que telle forme était préférable à telle autre, et les soins mis à conserver et à reproduire ces formes ont amené des différences remarquables entre les animaux.

Ainsi, je ne doute pas que c'est aux soins que les Anglais donnent à leurs chevaux qu'ils doivent attribuer en partie la finesse de la peau et des crins de leur race anglaise, ainsi que la netteté que l'on remarque dans la partie inférieure des extrémités. Le bouchonnement répété deux fois par jour, des couvertures mises presque continuellement sur l'animal, l'habitude, dans beaucoup d'écuries, non seulement de nettoyer et de sécher avec le plus grand soin les extrémités, mais encore de les entourer de bandes de flanelle ou de toute autre étoffe, ont contribué bien certainement à donner à cette race les qualités que je viens de relater, et qui la distinguent en particulier des autres races aussi grandes et aussi fortes. Ils contribueraient à les donner à toutes autres s'ils étaient continués sur plusieurs générations successives.

Si l'on fait attention maintenant que les influences de la nourriture et de la localité sont peu diversifiées, pendant que les soins apportés par l'homme sont presque partout différens et par conséquent modifiés de mille manières, on ne pourra pas ne pas attribuer à ces soins la multiplicité des races et à la domesticité la plus grande influence dans leur formation.

Et en réfléchissant que les meilleures races comme les plus mauvaises sont le produit des soins, de l'intelligence, ou de l'incurie et de l'ignorance de l'homme; en réfléchissant que la même localité voit de belles et mauvaises races; que partout où on l'a voulu, on a fait de bonnes races dans des localités différentes, on en tirera cette conclusion importante, c'est que l'homme peut faire de bonnes races partout, quand il voudra s'en donner la peine: il s'agira seulement de connaître les règles à suivre pour arriver à ce but.

On a déjà pu, d'après ce qui précède, deviner les principes de ces règles; mais pour en faire l'application au choix de la race à introduire sur l'exploitation, il est indispensable de connaître quelles sont les races de chevaux actuelles, particulièrement celles que nous possédons en France, parce qu'elles sont le plus à notre portée : je vais m'en occuper. Si le cultivateur ne s'en contente pas, s'il en veut d'autres, j'examinerai plus loin par quelles races il peut avoir intérêt à les remplacer.

En parlant de ces races, j'aurais bien voulu être dispensé d'en faire la description, ainsi que je m'en suis abstenu jusqu'à présent par rapport à toutes celles dont j'ai parlé ; mais comme il n'est guère possible de se faire entendre sans cela, parce que des personnes pourraient par un nom entendre une race différente de celle que j'aurais voulu mentionner ; comme aussi j'ai peut-être quelque manière particulière de voir et de comprendre ces races, j'ai cru qu'il importait d'entrer dans quelques détails à leur égard.

ARTICLE II.

RACES ACTUELLES DE CHEVAUX ÉLEVÉES EN FRANCE.

Tous les chevaux qu'on trouve en France peuvent être divisés en quatre sections :

1°. En chevaux qui, par leur petite taille, leur pauvre conformation, fournissent tous ces chevaux chétifs de presque nulle valeur, qu'on voit généralement chez les petits cultivateurs, et qui servent à tous les usages;

2°. En chevaux propres au trait seulement, ou à aller presque toujours au pas;

3°. En chevaux propres à ces services qui exigent le trot accéléré, tels que le service des postes et des diligences;

4°. Enfin, en chevaux qu'on appelle de *races nobles*, dont les individus, selon leurs qualités, selon la race dont ils sortent, sont propres à la selle, aux attelages, et dont les moins bons, les moins élégans peuvent encore faire la plupart des services que font les chevaux des races communes.

§ 1. *Races de chevaux de peu de valeur.*

Je ne parlerai point en détail des races de chevaux qui composent cette section. Ces races se trouvent le plus généralement dans les pays de petite culture, dans les pays de vignes, dans les bois chez les charbonniers, là où la vaine pâture et les communaux donnent le moyen de les nourrir presque sans dépenses. Le propriétaire n'a aucun soin de la jument pleine; il la met au travail jusqu'à la mise-bas sans s'inquiéter si le genre de travail sera nuisible au poulain : aussi celui-ci ne peut-il devenir un bel animal; il reste petit, chétif, et quoique utile encore dans sa localité par les différens travaux qu'il fait, il ne mérite pas la peine de fixer l'attention de celui qui veut se livrer à l'élève des chevaux. Ces races le méritent d'autant moins qu'elles sont anciennes, qu'elles seraient longues à améliorer, à grandir surtout (page 73 *D.* —), et que toute autre race est par conséquent préférable pour former un haras. Plusieurs auteurs ont cependant proposé des plans pour leur amélioration.

On aura bien conçu, par ce qui précède, que l'amélioration des races de chevaux, dans un pays comme la France, ne sera possible qu'autant qu'elle sera en rapport avec les systèmes d'agriculture; qu'elle ne pourra s'effectuer chez les petits cultivateurs malaisés, qui laisseront toujours leurs animaux dans un état de misère, et que par conséquent les tentatives du Gouvernement pour améliorer ces races en masse devront toujours être infructueuses, parce qu'il lui est impossible aussi de faire changer la position du cultivateur: je n'en parlerai donc que pour dire qu'elles doivent être totalement négligées.

§ 2. *Races de chevaux propres au trait seulement.*

La France possède trois races principales de ces chevaux; la race boulonnaise, la race franche-comtoise et la race poitevine: toutes trois sont bonnes, et je n'en connais pas à l'étranger qui vaillent mieux que la première. Une race qui lui est semblable existe en Angleterre; elle est, il est vrai, aussi belle et aussi bonne, mais je ne la crois pas préférable; elle sort évidemment de la même souche. La race boulonnaise se rencontre dans toute la Picardie et la haute Normandie: le commerce en porte même des individus jusque sur quelques points de la rive gauche de la Seine, dans la basse Normandie; elle a un mètre soixante-deux centimètres (cinq pieds) de hauteur; beaucoup d'individus dépassent cette taille; les masses musculaires sont prononcées, surtout à la croupe, où elles forment le plus souvent ce qu'on appelle une croupe double, c'est à dire divisée dans son milieu par un sillon longitudinal plus ou moins profond; l'encolure est très forte, ce qui fait paraître cette partie courte; elle porte une crinière double, c'est à dire tombant de chaque côté de l'encolure; le tissu cellulaire est abondant, ce qui rend les formes empâtées; la peau est lâche, souvent épaisse; les crins sont forts, épais, peu longs; la tête est grosse, chargée de ganaches, de chair et de crins; les yeux sont petits, les extrémités fortes, chargées de crins; la couleur est variable, suivant les cantons. Dans les uns, les cultivateurs recherchent les chevaux sous poil rouan-vineux; dans d'autres, ils préfèrent ceux de couleur baie; enfin, dans d'autres, on trouve plus particulièrement des chevaux gris, et gris pommelé. Voici ce qui se passe par rapport à la répartition de cette race sur le sol où on la rencontre; je le dois en grande partie à M. *Roup*, vétérinaire du haras d'Abbeville.

La plupart des poulains sont faits dans les départemens de la Somme, du Pas-de-Calais et du Nord, où se trouvent les jumens poulinières: de là ils se répandent par le commerce, depuis l'âge d'un an, dans la Seine-Inférieure, dans cette partie du département de l'Eure qui est sur la rive droite de la Seine, et dans les départemens de l'Oise, de l'Aisne, de Seine-et-Marne et même de Seine-et-Oise; le commerce s'assortit des couleurs que l'on recherche dans chaque canton et les y amène. Les plus lourds, les plus grands viennent des départemens du Nord et du Pas-de-Calais, et se répandent dans l'Aisne et l'Oise; les plus légers viennent du département de la Somme, et se répandent dans la Seine-Inférieure, dans Seine-et-Oise et Seine-et-Marne.

Néanmoins les départemens de la Seine-Inférieure, de l'Oise, de l'Aisne et de l'Eure possèdent un certain nombre de jumens poulinières et élèvent des poulains, mais en petit nombre, relativement à ceux qu'ils reçoivent.

Dans ces quatre derniers départemens, les poulains sont élevés et employés d'abord à l'agriculture; mais une grande partie en est achetée ensuite par les marchands de Paris, à l'âge de cinq ans et au delà pour le service de la Capitale et du roulage.

Comme le régime auquel ils sont soumis dans ces départemens n'est pas le même; comme aussi les poulains venant du Pas-de-Calais et du Nord sont plus forts, il en résulte une différence dans les animaux; leur aspect, leur tournure, leurs formes même ne sont pas tout à fait semblables, quoiqu'ils proviennent d'une même race, et ils ont reçu, en raison de cette différence, deux noms à Paris: ceux qui viennent des départemens de l'Oise et de l'Aisne sont appelés *chevaux picards*, ceux qui viennent de la Seine-Inférieure sont appelés *chevaux du pays de Caux*. Les premiers, nourris en grande partie de foin et de fourrages artificiels, et déjà d'une variété plus grande, sont plus lourds, plus massifs; ils ont la peau plus épaisse, plus chargée de poils; ils ont les éminences osseuses et musculaires plus empâtées, moins distinctes. Les autres, au contraire, qui viennent de pays où l'on est dans l'habitude de nourrir davantage avec du grain (de l'avoine), sont plus sveltes; ils ont la peau moins épaisse, les poils moins longs; ils ont les extrémités plus nettes, les éminences osseuses plus senties et la tête particulièrement moins forte et plus gentille;

cette différence est si saillante que beaucoup d'individus de ces derniers sont achetés pour le service des diligences, et pourraient être compris dans les chevaux de la troisième section.

Nous voyons ici une preuve bien manifeste de l'influence que le genre de la nourriture donnée dans le moment de la croissance exerce sur les animaux. Non seulement cette influence produit la différence que nous venons d'indiquer par rapport aux formes extérieures, entre les chevaux élevés en Picardie et ceux élevés en Normandie; mais encore elle en produit une sur leur tempérament et sur leur santé. Les marchands de Paris le savent fort bien, et c'est pour cette raison qu'ils désignent souvent les chevaux venant de la Picardie sous la qualification de *chevaux du mauvais pays* (1), tandis qu'ils appellent les autres *chevaux du bon pays ;* en vain cherche-t-on d'autres causes de cette diversité dans les animaux de la même race, que la différence de la nourriture qu'ils reçoivent dans le jeune âge.

Les chevaux boulonnais ont un développement hâtif: dès l'âge de dix-huit mois, deux ans au plus, ils sont déjà très forts, et ils peuvent travailler de manière à payer les frais de leur

---

(1) Cette dénomination est encore plus particulièrement appliquée aux chevaux qui viennent de la Flandre.

nourriture. Aussi les vend-on déjà de trois à quatre cents francs, prix qui procure un très bon bénéfice au nourrisseur.

Relativement à cette race, on pourrait donc diviser les cantons où on la trouve en ceux qui la font naître et en ceux qui l'élèvent. On observera cependant que partout dans ces mêmes cantons on trouve à côté l'un de l'autre des cultivateurs qui élèvent des chevaux et des cultivateurs qui les font naître, des cultivateurs même qui font l'un et l'autre.

J'insiste exprès sur ce fait pour faire voir que l'opération que j'ai conseillée, de se livrer exclusivement ou à faire naître des chevaux, ou seulement à en élever depuis un âge jusqu'à un autre âge, est une opération qui doit souvent présenter des avantages, puisque, pour la race dont il s'agit, elle se fait presque de province à province.

La race franc-comtoise est moins forte, moins étoffée: elle est plus longue de corps; elle a l'encolure moins épaisse, moins chargée de crins; les extrémités, qui sont aussi moins garnies de crins, paraissent moins fortes; elles sont moins empâtées, plus sèches; les muscles de la croupe sont moins saillans, tandis que les os des hanches le sont davantage; les épaules et l'encolure sont moins chargées de chairs; la tête est aussi moins volumineuse et plus sèche. La race est de couleur baie le plus ordinairement, elle est évidemment moins musculeuse, moins robuste que la race boulonnaise: aussi est-elle payée moins cher quand les animaux sont égaux sous les rapports de la taille et des autres qualités. Les poulains peuvent travailler d'aussi bonne heure que ceux de la race boulonnaise. Les cultivateurs qui voudraient encore élever cette race y trouveraient certainement un bon bénéfice; ils devraient cependant, selon moi, s'ils avaient à choisir, prendre de préférence la race boulonnaise, quoiqu'un peu de soins puisse rendre la race franc-comtoise sinon supérieure, du moins égale.

Il y a des variétés ou sous-races dans la race franc-comtoise; je ne les connais pas assez pour en parler comme je l'ai fait par rapport aux deux principales variétés de la race boulonnaise, et par rapport aux causes qui y donnent lieu.

La race poitevine est aussi une très forte race. Elle est moins connue que les deux autres, parce que l'usage presque exclusif qu'on fait des femelles dans le Poitou pour élever des mulets fait qu'on ne livre annuellement à l'étalon que le nombre des mères dont on a besoin pour le renouvellement de ces mères, et que les mulets qui sortent du pays ne peuvent donner dans les provinces où ils sont transportés aucune idée des formes de la race. Les caractères qui la distinguent sont d'avoir la tête à peu près carrée, beaucoup mieux faite que celle de la race boulonnaise, d'avoir des extrémités fortes, chargées de crins; un coffre extrêmement ample; le poitrail, la croupe larges; une charpente osseuse grande, garnie en même temps de masses musculaires très distinctes, très saillantes : elle est lourde et d'un tempérament lymphatique; la couleur baie y domine; les yeux sont généralement petits et mauvais. Elle se distingue de la race franc-comtoise en ce qu'elle est plus lourde, plus massive; elle se distingue de la race boulonnaise par sa tête mieux faite, mais encore en ce que les principales parties du corps (*les quartiers*, comme disent les Anglais) sont pour ainsi dire saillantes et accolées les unes aux autres, et non liées et fondues entre elles pour faire une sorte d'ensemble; cette race, quoique inférieure aussi à la race boulonnaise, n'en serait cependant pas moins une bonne race de trait, si des soins convenables lui étaient donnés. Je ne doute même pas qu'un cultivateur qui éviterait en l'élevant toutes les causes de détérioration que M. *Bouin*, vétérinaire du dépôt de Saint-Maixent, a si bien signalées dans son *Mémoire sur la cécité*,

n'en fasse une race égale à la race boulonnaise et par conséquent d'un excellent débit. Je ne sais pas s'il en existe des sous-races.

§ 3. *Races de chevaux propres aux postes et aux diligences.*

Quoique plusieurs races françaises puissent entrer dans ce paragraphe, il en est une si supérieure aux autres que je ne parlerai presque que d'elle ; c'est la race bretonne ou percheronne (1) : sa force, sa dureté à la fatigue la rendent en effet, pour le service du trait accéléré, tel que le service des diligences et des postes, la meilleure de toutes celles de France, et je n'en connais pas à l'étranger qui puissent y être comparées. J'ai entendu souvent dire à des Anglais, connaisseurs en chevaux, que s'ils n'avaient pas assez de chevaux nobles pour les services des diligences et des postes, ils n'auraient rien de mieux à faire que d'introduire chez eux la race bretonne.

(1) On verra plus loin que beaucoup de poulains bretons sont amenés dans le Perche pour y être élevés, que quelques pouliches y restent et y deviennent poulinières ; tandis que les poulains, après y être restés quelque temps, sont revendus ensuite ; ce qui fait que c'est la même race en général, quoiqu'il y ait beaucoup d'individus métisés qui diffèrent nécessairement les uns des autres.

La couleur la plus ordinaire est le gris clair tacheté et truité : la taille est d'un mètre quarante-huit à cinquante-cinq centimètres : son corps est moyen en grosseur : sa tête est carrée, sèche, à chanfrein droit, avec des éminences osseuses un peu fortes ; elle n'est pas chargée de tissu cellulaire comme celle de la race boulonnaise ; les joues en sont charnues cependant : les yeux sont assez grands ; l'encolure est un peu forte, un peu chargée de crins et souvent à crinière double ; les épaules sont assez sèches à la partie supérieure, mais un peu chargées de chairs à la partie inférieure sur le bras ; la croupe est musculeuse, souvent double, courte ; la queue est grosse, attachée bas, ayant des crins grossiers ; les extrémités sont fortes, mais sèches ; les articulations du genou et du jarret sont nettes, point empâtées comme dans la race boulonnaise ; mais la partie inférieure de l'extrémité, à partir du milieu du canon, est commune, chargée de poils, quoique moins cependant que la race précédente.

Quoiqu'il y ait dans chaque race des individus de toutes les constitutions, de tous les tempéramens, cependant il est des races où une espèce de tempérament peut dominer. Ainsi, tandis que le tempérament lymphatique domine dans la race boulonnaise, surtout dans la variété dite *picarde,* le tempérament sanguin domine dans la race bretonne; elle est, sous ce rapport, plus svelte, plus ardente que l'autre, et sa tête carrée, plus légère, moins chargée; ses yeux, plus grands, lui donnent une espèce de gentillesse qui la fait aisément reconnaître. Un seul défaut doit lui être reproché, c'est d'avoir des pieds dont le sabot, d'une ampleur en rapport avec la taille, est cependant mal conformé et pas aussi bon qu'il serait à désirer. C'est un défaut, qu'un peu de soin dans le choix des animaux employés à la reproduction et dans le régime ferait disparaître en grande partie.

Je pense que cette race est une des plus anciennes races françaises; beaucoup de vieilles gravures la représentent évidemment, et souvent, ce qui pourra paraître étonnant actuellement, comme servant au service de la selle.

Je suis porté à croire encore que cette race a la même origine que la race boulonnaise. Les différences sont trop peu sensibles et les ressemblances avec les individus de cette dernière élevés avec du grain trop multipliées pour laisser une autre idée. Quelques unes des vieilles gravures dont je viens de parler peuvent laisser douter de laquelle des deux races étaient les chevaux qu'elles représentent: la race boulonnaise aura été plus grandie que l'autre par des influences locales, et surtout par les soins de l'homme.

Il n'est pas étonnant qu'aux quinzième et seizième siècles des cavaliers armés de toutes pièces, qui pesaient quelquefois le double de nos cavaliers actuels, se soient servis des plus forts chevaux de ces deux races, plus capables que ceux des races moins musculeuses de faire avec un poids énorme les évolutions du combat de l'épée, ou de soutenir le choc du combat de la lance (1).

---

(1) Il paraît que cette race ou celle dont elle sortait était autrefois la plus répandue : non seulement on la reconnaît dans la plupart des livres français de cavalerie des seizième et dix-septième siècles ; mais on la trouve encore dans ceux publiés dans cet espace de temps dans les Pays-Bas et aussi dans une grande partie de l'Allemagne et même dans quelques livres italiens. Il est malheureux, je crois, que le désir d'avoir d'autres chevaux ait empêché de continuer à cette race les soins qui l'avaient singulièrement améliorée. Il serait peut-être encore avantageux d'avoir une histoire de son origine et des modifications qu'elle a subies. Ce serait une suite de faits qui pourraient servir à indiquer les moyens de la rétablir dans son ancienne splendeur, et de la rendre propre à porter nos cuirassiers.

L'ouvrage intitulé, *Diversarum gentium armatura equestris*, petit in-4°., de 1576, apporte une preuve à peu près sûre de ce que j'avance. L'auteur, *Abraham de Bruin*, en y dessinant les cavaliers des diverses nations, donne à

Il ne m'est pas aussi facile d'indiquer les lieux où la race bretonne se trouve plus particulièrement, les renseignemens qui me sont parvenus et mes voyages ne m'ont pas aussi bien instruit. Il s'en trouve dans divers endroits de la Bretagne, dans le Perche, dans le Maine et je crois même sur la rive gauche de la Loire, dans Maine-et-Loire et dans la Vendée. Ils sont amenés poulains dans la Sarthe, dans Eure-et-Loir, jusque dans l'Eure, et concurremment avec les boulonnais dans Seine-et-Oise et dans Seine-et-Marne. C'est dans le Maine, dans le Perche et dans quelques cantons de la Normandie que les marchands vont les acheter à l'âge de cinq ans pour les revendre aux maîtres de postes et aux entrepreneurs de diligences. On m'a assuré qu'un certain nombre de poulains de cette race passaient même sur la rive droite de la Seine, et s'élevaient avec les boulonnais dans le pays de Caux.

Cette race est d'une bonne valeur; les individus se vendent toujours bien à tout âge, et

---

chacun les races de chevaux qu'ils montaient. Les chevaux d'Asie y sont bien reconnaissables, à leur légèreté, des chevaux d'Europe presque tous faits comme nos chevaux de trait actuels; on voit que ce ne sont pas des chevaux de convention que le peintre a dessinés. La figure 8 représente même un cheval qui ressemble beaucoup à notre race boulonnaise actuelle.

comme ils travaillent de très bonne heure, ainsi que ceux des races boulonnaise et franc-comtoise, leur dépense de nourriture se borne à un court espace de temps. La multiplicité des postes et des diligences depuis la paix, multiplicité qui va toujours en augmentant, assure aux éleveurs de cette race un débit constant, et comme elle est moins difficile à faire que les races plus fortes, comme de légers défauts, qui ne diminuent point son service, ne diminuent point sa valeur, elle est sous tous les rapports très avantageuse pour le cultivateur qui veut élever des chevaux.

Dans l'immense émigration de chevaux bretons qui se fait vers Paris, il en doit rester une partie dans les lieux qu'ils traversent, et il doit se faire des croisemens fréquens entre eux et les chevaux de ces différens lieux. Ces croisemens, s'ils étaient suivis régulièrement, formeraient de nouvelles races probablement; mais comme ils sont faits sans système arrêté; comme les individus qu'ils donnent ne sont jamais d'une aussi bonne défaite que la race-mère dont il est ici question, il en résulte un nombre d'individus, considérable il est vrai, mais de formes et de tournure si variables, qu'ils ne créent jamais de sous-races. Il serait impossible, je crois, d'en donner une histoire à peu près passable ; je m'y arrêterai d'autant moins qu'elle serait à peu près inutile.

Il est dans la Bretagne plusieurs autres races de chevaux communes dont j'ai vu des individus et qui sont excellentes encore, à cause de leur rusticité ; mais les unes sont assez mal faites, petites et ne sortent pas de la Bretagne ; les autres, plus grandes, mieux faites, fournissent encore quelques chevaux de diligences, mais la manie de vouloir fournir aux cultivateurs des étalons de carrosses, sous prétexte d'améliorer leurs races, dégoûte les éleveurs sans donner lieu à aucun résultat avantageux. Cette erreur de vouloir améliorer les chevaux de trait par de grands chevaux de carrosse tient à un fait qu'on n'a pas assez observé, c'est que les jumens de telle race que ce soit paraissent toujours plus distinguées que les mâles, en sorte qu'on est porté à leur donner un mâle d'une race qu'on croit supérieure : il en résulte pour nos chevaux de trait ces mauvais métis dont j'ai parlé, et au lieu d'une race qui pourrait aller toujours en s'améliorant si elle était bien suivie, on n'a rien : j'aurai lieu de revenir sur ce sujet.

§ 4. *Races de chevaux nobles.*

Si les races de chevaux propres au carrosse et

à la selle ont été nombreuses autrefois en France, il s'en faut qu'elles le soient actuellement. Cela tient à deux causes principales : la première, c'est qu'alors on n'était pas si difficile ; on se bornait principalement à avoir de bons chevaux, et le luxe des équipages consistait plutôt dans les harnais et la manière dont les chevaux étaient tenus que dans les chevaux eux-mêmes. La seconde raison est que la mode s'étant ensuite attachée à une seule race on a rejeté toutes les autres. Il est arrivé de là qu'elles sont tombées de prix, qu'on les a négligées ou qu'on s'est efforcé de les changer par des croisemens, dans le but d'arriver aux formes de la race recherchée. Cela a été poussé si loin en France que, par rapport aux chevaux de carrosse, il n'y a plus que la Normandie qui en possède une race particulière distincte; mais elle est une des plus belles.

Elle a des formes arrondies, gracieuses; elle est bien proportionnée; je veux dire par là qu'il existe entre toutes les diverses parties du corps des proportions telles que, la tête exceptée, on ne peut pas dire que telle partie soit forte ou petite. La taille est d'un mètre cinquante à soixante-deux centimètres, et la plupart des individus formeraient de beaux chevaux de grosse cavalerie; quelques uns des plus légers monteraient même des officiers : la tête de cette race est cependant généralement trop forte et mal conformée : elle est étroite ; le chanfrein en est un peu busqué, les yeux petits, les ganaches étroites, les lèvres grosses, la peau épaisse, et chargée de poils peu fins ; elle est en un mot commune. Ce même défaut se remarque dans les extrémités qui ont trop de poils à la partie inférieure et qui ont une peau épaisse et un tissu cellulaire sous-cutané abondant ; en sorte que les pâturons, les boulets, les canons même ne sont pas aussi secs, aussi nets qu'il serait à désirer. Ces défauts sont rachetés par l'élégance du port, par la rondeur des formes, par celle de la croupe, surtout par la position de la queue, généralement bien attachée et bien portée, et enfin par la franchise du pas et du trot.

La couleur générale est le bai de différentes nuances, mais avec des taches blanches en tête et des balzanes aux extrémités. Quand ces balzanes n'existent pas, la partie postérieure des canons est assez souvent d'une couleur lavée, grisâtre, moins foncée que la partie antérieure ; caractère qui se rencontre aussi dans quelques races du nord de l'Europe, sans que pour cela celles-ci aient autant de balzanes que la race normande.

Telle est cette race, la seule race de chevaux

de carrosse que nous possédions actuellement; car si l'on trouve encore des chevaux propres au carrosse dans le Poitou, dans l'Alsace et la Lorraine, ce sont en grande partie des descendans isolés des étalons de races différentes des dépôts de Saint-Maixent, d'Angers, de Strasbourg et de Rosière; descendans qui sont tous bien différens entre eux, et qui, provenant de toutes sortes de métissages sans suite, ne forment encore ni races ni sous-races, et ne donnent même pas seulement l'espérance d'en voir se former plus tard de supérieures à la race normande. Ces espèces d'exceptions ne méritent donc pas que nous nous y arrêtions.

Parmi les chevaux de la race normande de carrosse il s'en trouve qui pourraient être employés, ai-je déjà dit, au service de la selle; mais les défauts de cette race et aussi un tempérament généralement froid les font rejeter et ont fait préférer pour ce service d'autres races, particulièrement la race anglaise, dont l'ardeur, la rapidité, l'élégance de la tête et la netteté des extrémités sont si supérieures.

C'est un malheur : les chevaux normands, quand ils sont élevés au grain, sont bons; ils ont long-temps fourni la plus grande partie des chevaux de selle qui se consommaient en France, et les cultivateurs, qui les vendaient un bon prix, s'adonnaient à en élever pour ce service. La race normande se divisait alors en deux variétés ou même en deux races, l'une plus forte, propre au carrosse, celle dont j'ai parlé et qui s'élevait plus particulièrement dans les gras pâturages du Cotentin; l'autre, plus légère, moins grande, à allures plus rapides, qui se trouvait peut-être en plus grande masse dans les environs d'Alençon : on l'appelait, à cause de cela, *race de la plaine d'Alençon*, tandis que l'autre était appelée *race de la plaine de Caen*, des lieux où les marchands de Paris allaient les acheter.

Il n'en est plus ainsi maintenant, la race de la plaine d'Alençon, qui est passée de mode, a été métisée de toutes les façons par des chevaux arabes, persans, anglais, mecklembourgeois, et elle a disparu sans laisser aucun autre type à sa place : c'est donc en vain qu'on chercherait dans le pays un type distingué de chevaux de selle. On y trouve beaucoup de chevaux jolis, beaux même, provenant du haras du Pin, mais non pas un type particulier. On commence surtout à y rencontrer des métis anglo-normands qui se vendent comme chevaux anglais à Paris, et qui, suivant leurs qualités, servent à la selle ou au carrosse.

Le Limousin, la Navarre, l'Auvergne et la Lorraine fournissent des chevaux nobles de selle qui viennent des étalons arabes, barbes, persans et anglais qu'on a mis dans les dépôts d'étalons de Pompadour, de Tarbes, de Pô, d'Aurillac, de Rosières; mais ces chevaux sont petits généralement, ils sont lents à croître; il faut par conséquent les attendre long-temps avant de les faire travailler, et par malheur leur petite taille étant hors de mode, ils sont d'un prix peu élevé: ils n'offrent donc pas autant de chances de bénéfices aux cultivateurs, que ceux des autres races que je viens d'examiner. Ils ne forment même pas de race réelle, ils sont encore trop différens de formes entre eux.

Les causes qui ont fait disparaître les races de chevaux de carrosse de nos provinces, la Normandie exceptée, et que j'ai indiquées au commencement de ce paragraphe, ont été plus influentes encore pour la disparition des races de chevaux de selle: ce n'est pas en France, d'après ces faits, que l'on peut choisir le type d'une race de chevaux propres à ce service.

Le cultivateur qui voudra former un haras de chevaux des races actuellement existantes en France ne pourra donc choisir qu'entre les races boulonnaise, bretonne, poitevine et normande de carrosse: s'il veut former une race de selle, il faut qu'il prenne le type d'une race étrangère, *ou qu'il se décide à en créer une.* Voyons cependant, avant d'indiquer les considérations qu'il doit avoir en faisant le choix d'une race, s'il ne trouvera pas à l'étranger des races, soit de trait, soit de carrosse, meilleures que les races françaises, et s'il est des races de chevaux de selle toutes faites d'un excellent débit qu'il puisse adopter sans être obligé d'en créer une.

ARTICLE III.

RACES ÉTRANGÈRES.

Les mêmes raisons qui m'ont fait assurer que sur toutes les exploitations on pouvait élever des chevaux me font penser qu'on peut y élever telle race que l'on voudra, les races étrangères comme les races françaises, et qu'on peut les y conserver au moyen de soins convenables, sinon sans qu'il s'opère quelques changemens dans les formes, du moins sans que ces changemens puissent être considérables et puissent influer beaucoup sur la bonté et sur la valeur pécuniaire des individus. Le tout, je le répète, est de calculer quelle race de chevaux la localité et l'intelligence des personnes chargées de cette besogne permettent de choisir.

Première section. J'ai déjà dit qu'il ne fallait pas prendre de petites mauvaises races, même dans l'espérance de les améliorer; il est donc inutile de nous occuper des races étrangères qui ne pourraient entrer que dans la première section.

Deuxième section. Les pays étrangers ne fournissent, à ma connaissance, en forts chevaux de trait propres à faire partie de ma seconde section, qu'une race égale à la race boulonnaise, c'est une anglaise qui lui ressemble beaucoup et qui probablement vient de la même souche; mais elle est peu nombreuse et elle est chère : on la voit à Londres chez les brasseurs plus particulièrement; elle est d'un gris pommelé ou miroité; elle a les formes musculaires et un peu lymphatiques de la race boulonnaise; elle a cependant la tête mieux faite, en ce que cette partie est moins grosse ou moins chargée de chairs. Ce serait la seule race, je crois, que l'on pût adopter de préférence.

Si je formais en France un haras de chevaux de cette section, je m'en tiendrais néanmoins à la race boulonnaise, dont l'acquisition serait moins dispendieuse, et qui pourrait être très facilement amenée au même degré d'amélioration.

Une autre race anglaise de trait, celle des chevaux noirs, si commune à Londres et si connue de tout le monde, est inférieure à notre race boulonnaise, et je n'en parlerai point.

Je ne vois point ailleurs de chevaux de trait

qui puissent être comparés à ceux des deux races anglaise et française.

Troisième section. Par rapport aux races de la troisième section, je ne pense pas qu'on trouve nulle part de meilleurs chevaux de postes et de diligences que ceux de la race bretonne; je ne pense pas que le cultivateur français puisse même en élever dans la plupart des exploitations avec moins de soins et de difficultés, puisqu'il ne s'agit presque que de leur donner suffisamment de la nourriture, et les soins ordinaires de santé; nulle n'est en même temps d'une défaite plus certaine à un bon prix. C'est donc encore cette race que j'indique à celui qui voudra élever des chevaux de cette troisième section.

Mais dans la *quatrième section*, les pays étrangers fournissent une foule de races de chevaux soit de selle, soit de carrosse, et le choix peut paraître plus difficile; je ne pense pas cependant qu'il y ait à balancer: une race offre des avantages si supérieurs qu'elle doit être choisie de préférence à toutes les autres. Je vais tâcher de faire comprendre sur quelles raisons je base cette préférence.

Le service de la selle, considéré sous le rapport de l'amusement, exige seulement des chevaux légers, faciles à conduire et sur lesquels on soit doucement porté. Beaucoup de races peuvent donner de pareils chevaux, et les races arabe, turc et andalouse sont sans contredit les meilleures sous ce rapport; mais le cheval de selle ne sert pas à l'agrément seulement, il est des circonstances telles que celles de chasses et de combats, où l'on exige de lui la plus grande vélocité et la plus grande force. Comme cette vélocité et cette force ne se trouvent que très rarement dans les petites tailles, on a sacrifié volontiers l'agrément d'être porté doucement à l'utilité d'avoir un cheval plus vite, plus fort, *de plus d'abattage*. La taille élevée a été recherchée dans les chevaux de selle, d'abord par ceux qui en avaient réellement besoin, et ensuite par ceux-là même à qui elle était tout à fait inutile, par ceux qui ne montent à cheval que pour leur plaisir: leur amour-propre leur aurait reproché de n'avoir point un cheval aussi grand, aussi beau, car l'idée de beauté s'attache toujours à ce qui est grand, que ceux pour qui c'était réellement un besoin. L'usage des carrosses et leur multiplicité toujours croissante ont pour beaucoup contribué aussi à faire rechercher les grands chevaux: on a voulu des animaux qui pussent servir en même temps aux deux usages ou au moins qui, dans le cas où ils ne seraient pas propres à la selle, pussent être bons pour le carrosse.

La mode des grands chevaux de selle s'est donc établie et est devenue un besoin réel général; il n'est pas rare d'en voir à présent d'aussi forts, d'aussi élevés que des chevaux d'attelage. Toutes les petites races, quelque bonnes, quelque agréables qu'elles soient, ont été laissées de côté et sont tombées à peu de valeur commerciale : les grandes races ont seules pu être vendues un bon prix.

Mais les grands chevaux ont rarement les qualités du cheval de selle. Il est résulté de cet état de choses que la race d'une taille élevée, qui a été reconnue pour avoir le plus de ces qualités, ou, en d'autres termes, pour donner le plus de chevaux propres à la selle, a acquis de la célébrité, est devenue la seule à la mode, et d'un prix supérieur : c'est la race anglaise qui jouit de ces avantages relativement à la taille ; et sur un nombre donné de produits c'est réellement dans cette race que l'on trouve le plus de grands et de bons chevaux de selle. Cela tient à des causes que je développe dans la seconde partie de cet ouvrage, et dont j'ai déjà dit quelque chose dans mes précédens écrits, au système des courses de chevaux.

Quoique de toutes les grandes races de chevaux de selle la race anglaise soit préférée, elle donne cependant proportionnellement, comparée aux petites races, moins de chevaux capables de ce genre de service. Il s'en trouve donc toujours un grand nombre qu'il faut employer autrement : leur grande taille et en même temps leurs formes à la mode et leur énergie les rendent les chevaux d'attelage les plus beaux, les plus recherchés, les plus chers; en sorte qu'ils sont encore plus payés que les autres chevaux de carrosse.

Quelques cultivateurs anglais, dans des localités moins propres à l'élève du cheval de selle qu'à celle du cheval de carrosse, se sont même adonnés à faire de préférence des sous-races de chevaux de carrosse : tels sont les cultivateurs du Lincolnshire en particulier. Les chevaux qui sortent de leurs exploitations sont certainement ceux qui à la plus forte taille réunissent le plus d'énergie et de brillant. Il est résulté de ces diverses causes que les chevaux anglais sont les plus recherchés, soit pour la selle, soit pour le carrosse, et que partout en Europe les riches en possèdent. On peut même dire qu'ils n'en veulent plus d'autres pour la selle. Aussi les marchands les leur font-ils payer un prix infiniment supérieur à celui qu'on donne des chevaux de toute autre race.

Si le cultivateur français veut élever des chevaux de selle, s'il veut élever des chevaux de carrosse autres que ceux de la race normande, je ne vois donc pas de race à préférer par lui à la race anglaise : elle lui offre une foule d'avantages incontestables, que je vais récapituler.

Le premier, c'est que ces chevaux, si le cultivateur s'adonne plus particulièrement à l'élève des chevaux de selle, seront assez grands pour former des chevaux d'attelage ou au moins de cabriolet quand ils ne seront pas propres au service de la selle. Un second, c'est que le climat étant peu différent de ce qu'il est dans une grande partie de la France, on est sûr qu'il n'influera pas sur les individus transportés en France d'une manière assez marquée pour tendre à produire une dégénération rapide dans la race. Un autre, c'est que la race est ancienne déjà et qu'on n'a pas peur de la voir dégénérer facilement. Enfin c'est qu'on sait comment elle s'est formée par l'introduction de chevaux d'Orient en Angleterre, et que par cette raison on peut y mélanger sans la détériorer, c'est à dire sans risquer de la rendre décousue, du sang oriental, pourvu qu'il soit pur, et que les animaux soient grands et bien choisis. Les Anglais sont même si fiers de ce qu'ils appellent leurs chevaux de pur sang qu'ils prétendent qu'ils sortent des chevaux arabes les plus nobles sans aucun mélange : ils disent qu'ils sont parvenus à les grandir petit à petit par les influences du climat, de la nourriture et du régime le plus approprié à faire des animaux de selle, grands, forts et légers.

Il faut convenir en effet que les formes du cheval anglais répondent à cette haute idée : ils ont, comme les races d'Orient, la peau fine, la couleur de la robe lustrée ; ils ont peu de crins et les crins comme les poils sont doux et soyeux ; leurs membres ou extrémités sont très secs, presque sans tissu cellulaire sous-cutané, sans longs poils : en sorte que les tendons, les éminences osseuses et même les vaisseaux s'y dessinent très bien : dans les plus nobles, la peau est sur ces parties presque aussi fine que sur le reste du corps ; leur tête est très sèche, et dans quelques individus plus jolie, sous ce rapport, que celle de certaine race d'Orient ; elle est un peu longue cependant ; le chanfrein en est droit, carré ; les yeux grands ; les oreilles longues, bien placées et la peau d'une finesse extrême ; les éminences osseuses de toutes les parties du corps sont bien prononcées : il en est souvent de même des masses musculaires ; enfin, comme dans toutes les bonnes races, l'ensemble en est agréable, bien proportionné.

Il s'y trouve néanmoins quelques particularités qui servent à la faire distinguer de toutes les autres races. Ainsi la poitrine est généralement très haute et les épaules, qui recouvrent cette partie, participent de cette hauteur : elles sont en même temps très inclinées en arrière, c'est à dire qu'elles s'approchent plus de la ligne horizontale que dans les autres races; ce qui prolonge le garrot en arrière, raccourcit le dos et fait paraître l'encolure plus longue. La croupe est presque horizontale; les avant-bras, les cuisses et les jambes sont très forts, et plus longs généralement que dans la plupart des races; les canons sont au contraire plus courts; les articulations des genoux et des jarrets sont remarquables par leur ampleur et leur netteté; les boulets sont ronds, bien faits, très distincts des parties environnantes; enfin la queue est attachée haut, peu garnie de crins, et les sabots sont très bien faits.

Les sous-races qu'on a formées pour le carrosse ne sont pas aussi distinguées; elles le sont généralement cependant d'une manière remarquable, par rapport aux races étrangères de carrosse; elles ont sur-tout la tête plus légère et les extrémités moins chargées de crins, moins empâtées de tissu cellulaire et recouvertes d'une peau plus fine, ce qui les rend, sous ce rapport, encore supérieures à notre race normande.

En rendant à la race anglaise toute la justice

qui lui est due, il ne faut pas oublier qu'il est quelques autres races de chevaux dans le Mecklembourg et le Hanovre qui en approchent par les formes et par le mérite; elles doivent cette amélioration à un système d'élève du cheval bien entendu, et en grande partie aussi à ce qu'on y a souvent mélangé du sang oriental et du sang anglais: mais l'amélioration produite sous ce rapport n'est pas générale comme dans presque toute l'Angleterre (il n'est question ni de l'Écosse ni de l'Irlande); elle a eu lieu dans quelques haras de riches particuliers et dans des cantons seulement: il s'en faut donc que ces pays fournissent une masse homogène, comme celle qu'on trouve en Angleterre, de grands et beaux chevaux d'une légèreté et d'une vitesse assez remarquables pour pouvoir être employés au service de la selle. Aussi ces contrées n'ont-elles pas, comme l'Angleterre, l'avantage d'exporter des chevaux de haut prix; et excepté quelques uns des plus distingués qui sont vendus parfois comme chevaux anglais, ils ne sont pas autant recherchés et payés aussi cher.

Ces chevaux de grands prix n'étant pas comme en Angleterre le résultat d'un système particulier, que je ferai connaître plus loin à l'article *Courses de chevaux*, mais étant le produit d'autant de systèmes qu'il y a de haras, n'ont pas de type particulier, propre, qui puisse constituer une race; ils varient suivant chaque localité et il est souvent difficile d'assigner à chacun une origine. Ce que l'on reconnaît seulement, c'est qu'ils sont de race très noble.

Quant aux autres chevaux moins nobles qui sont faits dans le Mecklembourg, le Hanovre et dans les pays qui avoisinent, c'est tout différent: ces chevaux, qui sont encore en grand nombre, étant le résultat d'un système agricole dépendant du climat, de la localité et de la manière dont le sol est possédé, sont élevés dans les mêmes circonstances, sous les mêmes influences à peu près partout, et cela depuis un temps très reculé : en sorte qu'ils se ressemblent autant entre eux que les chevaux anglais et qu'ils forment réellement une race assez facile à reconnaître, dont les plus beaux sont d'assez jolis chevaux d'attelage, et dont les moins nobles peuvent au moins servir à monter la grosse cavalerie. Aussi comme ils reviennent moins cher à élever dans ces pays que dans la France et comme ils coûtent moins cher, une partie des marchands qui approvisionnent Paris vont-ils les chercher pour les amener en France et les vendre concurremment aux chevaux normands : on vend pour la cavalerie les plus communs et on garde les plus jolis pour les attelages: aussi les équipages de Paris en sont-ils en grande partie attelés.

Les caractères qui distinguent cette race sont les suivans :

Ils n'ont point les formes arrondies des chevaux normands ; ils ont la charpente osseuse plus forte, plus saillante, surtout à la croupe; en sorte que les hanches et les ischions en sont beaucoup plus prononcés: la croupe n'est point horizontale, elle est plus avalée ; elle est aussi plus large d'un côté à l'autre: la tête est plus carrée, plus large ; elle n'est point busquée ; elle est par conséquent plus distinguée ; leurs yeux sont aussi plus grands; leurs oreilles plus longues, mais leurs allures sont moins belles ; ils troussent généralement en trottant : leurs avant-bras et leurs jambes sont courts et grêles, tandis que les canons sont longs, forts et larges; ce qui est le contraire dans les chevaux anglais et normands ; leur couleur est le bai brun miroité, sans balzanes, sans marques en tête : la partie postérieure des canons est très souvent d'une teinte grisâtre ; enfin leurs sabots sont généralement larges, mais bien faits et excellens, ce qui est rare dans les chevaux normands ; c'est en général une fort bonne race de chevaux d'attelage : on les désigne à Paris sous le nom de *chevaux du Nord.* Si la race anglaise n'existait point, et si la race normande ne pouvait pas être améliorée, ce qui est au reste, je pense, très facile à faire, le cultivateur français qui voudrait élever des chevaux d'attelage ou propres à la grosse cavalerie pourrait l'adopter avantageusement pour un haras privé.

Outre ces deux espèces de chevaux dans le Mecklembourg et le Hanovre, il est des chevaux communs de paysans, d'un prix très médiocre, dont il devient inutile de faire mention ici.

Il existe encore beaucoup d'autres races de chevaux qui peuvent servir à faire des attelages; mais si elles sont aussi bonnes, elles ne sont pas meilleures que celles que je viens de signaler. La race de Bohême et de Hongrie, désignée sous le nom de race de *kladrup*, est certainement une magnifique race; mais sa tête busquée, passée de mode, la ferait rejeter avec raison du cultivateur qui consulterait ses intérêts. Les grandes races du Polésiné, de la Romagne et des États Napolitains donnent encore de beaux chevaux d'attelage et de grosse cavalerie; mais elles sont plus tardives dans leur croissance que les races dont j'ai parlé; elles sont moins avantageuses sous ce rapport, et même sous celui de leurs formes, qui sont moins agréables que les formes des chevaux normands. Quant aux grandes races de l'Oest-Frise, dont quelques attelages ont été payés un prix très élevé, à cause de leur immense taille, je pense qu'elles n'ont dû cette grande faveur qu'à la fantaisie. Leur croupe, entièrement avalée; leur queue noyée ou perdue dans cette croupe; leurs hanches saillantes et vilaines; leur grande et longue tête; leur encolure et leur corps grêle en feront toujours une race peu agréable, peu recherchée et probablement d'un prix peu élevé.

En parlant des races étrangères nobles, on aura peut-être été étonné de ne pas voir figurer au premier rang des races propres à la selle le cheval arabe, dont la renommée est si étendue, dont la description se rencontre partout et qui passe pour être en grande partie la première souche de la race actuelle d'Angleterre; mais si l'on réfléchit que c'est dans l'intérêt du cultivateur que j'écris, que tout dans mon travail tend à lui indiquer ce qui lui est le plus avantageux, et si l'on cherche quels avantages le cheval arabe doit lui procurer, on pensera que j'ai dû avoir quelque raison très forte pour préférer le cheval anglais.

Le cheval arabe est sans contredit un très bel et très bon animal qui réunit toutes les qualités qu'on recherche dans le cheval noble. Sa peau est fine; ses poils fins, ras, soyeux ; ses crins sont peu nombreux et fins; ses extrémités sont sèches, larges, fortes, sans crins : toutes les parties de son corps sont distinctes, sans empâtement ; les éminences osseuses sont très prononcées ; ses yeux sont très grands : sa tête est sèche, carrée, recouverte d'une peau très fine, il la porte haut ; il est en outre plein de feu, dur à la fatigue, sobre, facile à conduire, d'une souplesse extrême ; et sous ces différens rapports il est un des plus agréables chevaux pour la selle ; mais si on se rappelle que j'ai dit plus haut qu'on voulait actuellement pour ce service de grands chevaux, on ne peut se dissimuler que le cheval arabe ne soit petit, puisqu'il est rare d'en trouver de plus d'un mètre cinquante centimètres.

Si l'on fait attention encore qu'il est d'une race dont l'ancienneté se perd, que par conséquent elle est très difficile à changer (*voyez* ce que j'ai dit à ce sujet, page 73 *D.*), et que, sous ce rapport, ce ne serait qu'après un certain nombre de générations et des soins bien entendus que le cultivateur pourrait arriver à la grandir en l'introduisant chez lui par progression (chapitre IV, article II) ; qu'il ne pourrait même arriver que très lentement à ce but par un métissage bien suivi (chapitre IV, article Ier.), parce que plus que dans toute autre race les mâles de celle-ci, à cause de son ancienneté, influent toujours d'une manière très marquée dans l'acte de la génération quand ils sont donnés à des femelles d'une race qu'on peut dire nouvelle par rapport à la leur, on concevra pourquoi je n'ai point parlé de ce cheval avant celui d'Angleterre, qui réunit toutes les conditions qu'on recherche actuellement en France, dont la race pourra être facilement introduite par progression, donnera de suite des productions d'une excellente défaite, et même en donnera par métissage certainement encore beaucoup plus vite que la race arabe.

Si le cultivateur pouvait trouver à mesure de ses besoins des étalons arabes d'un mètre soixante centimètres, comme il en vient quelquefois de l'Asie mineure, ou s'il pouvait compter avoir toujours à sa disposition pour la monte des étalons persans de cette taille, il pourrait se faire, au moyen de ces étalons, une race de selle grande, forte et de bonne défaite; mais comme, dans l'état actuel des choses, le Gouvernement lui-même ne peut se procurer que difficilement de bons et très grands étalons de ces races; comme le cultivateur qui voudrait adopter l'une ou l'autre serait souvent obligé d'avoir recours à de petits étalons, son opération deviendrait trop longue, beaucoup trop coûteuse et trop incertaine. Combien d'exemples ne pourrais-je pas citer à l'appui de cette opinion !

Si, malgré la bonté de la race arabe, malgré sa grande renommée, je crois qu'on doive lui préférer en France maintenant la race anglaise, on ne sera pas surpris si je ne parle pas ici des autres races qui sont bonnes pour la selle, mais qui, comme la race arabe, sont petites, telles que les races égyptienne, barbe, espagnole, turque, etc.; toutes seraient bonnes, très bonnes, si l'on voulait de petits chevaux : mais comme le consommateur en veut de grands ; comme le cultivateur n'a d'intérêt qu'à en élever de tels; comme il serait trop long pour lui de faire une grande race avec une petite par les moyens que donne la domesticité et qui ont si bien servi en Angleterre et en Allemagne dans quelques haras, dans celui de Newstadt sur l'Adosse entre autres, selon moi, il ferait une opération mal entendue s'il adoptait quelqu'une de ces races pour le type de son haras. Quelle somme tirerait-il en effet d'un cheval arabe, d'un cheval barbe de petite taille s'il était impropre à la selle? On sait au haras du Pin le prix que l'on vend les animaux de ces races que l'on est obligé de réformer, parce que les nourrisseurs du voisinage n'en veulent plus.

On me pardonnera donc de ne m'être pas,

comme l'ont fait la plupart de mes prédécesseurs, occupé de ces races et de celles qui leur ressemblent.

Il n'est pas possible de douter, il est vrai, que la race noble anglaise ne doive son origine aux races nobles de l'Orient et en particulier à la race arabe; mais combien n'a-t-il pas fallu de temps pour l'amener au point où elle est? Je ne crois même pas que, sans le système des courses de chevaux, l'introduction des chevaux d'Orient ait produit plus d'effet en Angleterre qu'il n'en a produit en France: il n'y a pas au moins lieu de le croire. Le cultivateur qui voudrait chez nous former une grande race de chevaux de selle avec la race arabe, en supposant que sa vie durât assez pour qu'il pût arriver aux générations qui lui donneraient des animaux de défaite, et en supposant qu'il ne vînt pas à manquer d'étalons au moment où il en aurait le plus besoin, ferait-il ses premières ventes lucratives assez tôt pour être remboursé des frais qu'il aurait faits et surtout pour être récompensé des soins qu'il aurait donnés à sa race? J'ai tout lieu de croire que cela ne serait pas. Le haras parqué de Newstadt sur l'Adosse, que je cite ici, m'en fournirait même une preuve. Depuis longtemps, on a cherché à y faire une race avec la race arabe : des étalons et des jumens arabes y sont soignés de la manière la plus convenable; le climat rend la culture des terres en prairies plus profitable que la culture des terres en tout autre produit, et cependant si l'on calculait ce qu'ont coûté les excellens chevaux qui en sortent, on serait effrayé, même en déduisant de leur coût ce que l'on devrait en distraire pour le luxe avec lequel cet établissement royal est tenu ; on serait effrayé, dis-je, de ce que les animaux ont dépensé.

Les personnes qui auront lu l'ouvrage de mon père seront frappées de la différence entre son opinion et la mienne relativement à l'emploi de la race anglaise et à celui des races d'Orient; mais en croyant comme lui qu'il serait plus méthodique de créer, à l'instar des Anglais, des races nouvelles avec celles d'Orient, je crois qu'il ne serait pas dans l'intérêt du cultivateur de le tenter, parce que cela serait beaucoup trop long.

Maintenant que le cultivateur a vu quelles étaient les races qui fournissaient les chevaux les meilleurs pour les différens genres de service; qu'il sait quelles sont les influences principales qui forment et conservent ces races, il ne nous reste plus qu'à lui indiquer l'application à faire de ces connaissances au choix de la plus convenable à sa manière d'exploiter et à sa localité. C'est ce que nous allons faire dans l'article suivant, qui sera la conclusion de ce chapitre, le plus important peut-être de tous.

ARTICLE IV.

CONCLUSIONS DU CHAPITRE III, OU CHOIX DE LA RACE.

J'ai dit qu'on pouvait élever sur toute exploitation tels chevaux que l'on voulait; mais j'ai dit aussi que, relativement aux intérêts du cultivateur, il ne devait pas s'engager dans l'élève de telle ou de telle race indistinctement. L'influence de la nourriture est trop grande pour qu'il ne la prenne pas d'abord sérieusement en considération; il en doit être de même de celle de la localité, qui, pour agir d'une manière moins visible, n'est pas moins réelle, et qui, par cette raison et par son action continue, n'est peut-être que plus difficile à modifier : enfin le temps que le cultivateur peut consacrer à soigner la race; l'activité, l'intelligence qu'il peut développer dans ces soins sont d'autres considérations non moins importantes. Ainsi :

1°. Dans toutes les exploitations où il y a des pâturages d'engrais, d'embouche; où les prairies sont humides, marécageuses; où le cultivateur a intérêt à abandonner, une grande partie de l'année, les animaux dans ces sortes de pâturages:

dans toutes les contrées où la localité, par le voisinage de la mer, par celui de grands marais, par sa très grande élévation dans les montagnes, par sa position dans une vallée, ou par toute autre raison, est humide; où l'air est continuellement chargé de brouillards; où les graines céréales sont chères, là le cultivateur aura certainement intérêt à élever de préférence des chevaux communs de la plus forte taille. Il ne pourrait se livrer avec quelque espoir de succès à l'élève des chevaux de selle, même de carrosse, que s'il pouvait consacrer beaucoup de temps et mettre beaucoup d'intelligence dans les soins donnés aux animaux : encore aurait-il trop de désavantage et trop de non-succès. Les forts chevaux communs lui coûteront infiniment moins d'argent, de soins, et leur élève sera presque toujours assurée.

2°. Dans les exploitations pourvues de pâturages qui n'ont point la propriété d'engraisser les animaux et de leur donner un tempérament éminemment lymphatique, mais qui sont abondans cependant et bons; dans ces mêmes exploitations, quand la localité n'est point humide et quand le cultivateur a intérêt à faire consommer les pâturages sur place, et par conséquent à abandonner les animaux une partie de l'année dans les pâtures : là le cultivateur a intérêt à élever des chevaux de carrosse. Si la race est bien choisie, il pourra même trouver parmi eux des animaux possédant la réunion des qualités du cheval de selle, et dont le prix le dédommagera bien amplement de ses soins. Les chevaux anglais fortement corsés conviendraient parfaitement ; les chevaux normands de carrosse bien choisis y réussiraient bien aussi ; je ne doute même pas que le cultivateur intelligent ne puisse, par ses soins et des appareillemens convenables, améliorer ceux-ci rapidement, c'est à dire leur faire perdre leur vilaine tête et leurs extrémités communes, ou, en d'autres termes, en faire une race beaucoup plus agréable.

Si le cultivateur a assez de temps pour se livrer à l'élève du cheval; s'il croit avoir les connaissances nécessaires pour réussir dans cette entreprise; si surtout il peut donner de l'avoine aux poulains, c'est dans ces sortes d'exploitations qu'il aura même le plus de chances favorables pour l'élève des chevaux les plus recherchés, de selle, de chasse, de course. Qu'il se rappelle seulement qu'il doit faire des chevaux assez grands pour le carrosse, afin que dans le cas d'accident ces animaux soient encore capables de faire ce dernier service.

3°. Dans les exploitations où il n'y a point ou seulement peu de pâturages; dans celles où l'on ne peut faire servir à la pâture les prairies qu'après leur fauchaison, et où l'on doit par conséquent distribuer la plus grande partie de la nourriture, soit à l'écurie dans la mauvaise saison, soit dans des enclos bornés dans l'été; là les soins journaliers qu'on est obligé de donner aux animaux permettent, en les appliquant à propos, d'élever encore les races les plus précieuses; mais que le cultivateur, avant de se déterminer pour une de ces races nobles, se persuade bien que la réussite ne peut venir que de beaucoup de soins, d'activité, et d'une connaissance approfondie des moyens convenables à son but, et s'il ne peut surveiller lui-même cette partie de l'exploitation, ou la confier à une personne intelligente; s'il ne peut surtout donner aux animaux l'exercice approprié à leur âge et à leur destination future; s'il est obligé de les laisser *pourrir* à l'écurie, ou dans des enclos étroits; si le prix des céréales est trop élevé pour qu'il puisse en donner suffisamment à ses poulains, et qu'il soit réduit à leur donner le fourrage sec de ses prés ou de ses prairies artificielles, qu'il préfère une race commune, qui nécessitera moins de surveillance, moins de dépenses, qu'on pourra faire travailler de très bonne heure, tels que les chevaux bretons, par exemple : il y trouvera une économie extrême, et les pertes, s'il en éprouve, seront bien moins sensibles; il serait même préférable pour lui d'y élever les grosses races de trait boulonnaise et poitevine, s'il pouvait donner à l'écurie des alimens verts pendant la belle saison, et surtout si la culture des navets, carottes, betteraves et féveroles lui donnait la facilité de fournir habituellement, même en hiver, une nourriture fraîche et abondante, nécessaire à la croissance de ces sortes de chevaux.

Dans cette localité, les chevaux de carrosse réussiraient encore avec un peu de soins. Ce serait une espèce de terme moyen pour celui qui craindrait de tenter l'élève des chevaux de selle précieux, et qui cependant voudrait des chevaux plus distingués que les chevaux communs. Qu'il consulte seulement ses forces avant l'entreprise, et s'il est, pour me servir d'une expression bien connue, *au dessus de son affaire* pour les dépenses et les premières écoles; s'il est doué de jugement et de persévérance, il réussira et se préparera des bénéfices qu'il ne s'agira que de savoir attendre. En agriculture, c'est plutôt du temps que de l'argent qu'il faut avoir à dépenser.

Il serait trop long et peut-être impossible d'entrer dans le détail de tous les divers genres d'exploitations où l'on peut en France élever des chevaux, pour indiquer quelle sorte de chevaux il doit être préférable d'élever dans chacune; mais toutes les exploitations se rapportent plus ou moins à une des principales espèces que je viens d'indiquer et peuvent être comprises dans l'une ou l'autre : ce qui précède devra donc suffire, je pense, pour mettre tout cultivateur intelligent à même de juger ce qui lui sera le plus avantageux de faire.

Dans le choix de la race, le déboursé de l'argent à mettre en avant doit encore entrer en ligne de compte. Les chevaux de race noble coûtent toujours plus cher à acquérir que ceux de race commune; et pour la personne qui monte un haras de plusieurs jumens et qui veut le bien monter (ce que je conseille de faire toujours), la différence des sommes est assez grande. Quand on a de plus l'incertitude de la réussite, il vaut mieux, il me semble, commencer par un haras de race commune, sauf, quand on a eu pendant plusieurs années ce haras, et quand on a vu qu'on pouvait facilement le faire marcher avec le système de culture établi dans l'exploitation; sauf, dis-je, à remplacer alors la race commune par une race plus noble.

Telles sont les principales considérations que le cultivateur doit avoir lorsqu'il fait le choix de la race à introduire sur son exploitation, et lorsqu'il se trouve dans un pays où la vente des jeunes animaux est à peu près assurée, quelle que soit leur race ; mais il est des contrées où les produits de certaines, ceux des races propres à la selle par exemple, ou ne trouveraient point de débouchés, ou ne pourraient pas être vendus le prix avantageux qu'ils vaudraient dans une localité plus favorable. Ce n'est plus alors toujours le cas de raisonner aussi bien son choix, et il faut quelquefois sacrifier les idées qu'on avait conçues d'introduire une race distinguée sur l'exploitation. Cet inconvénient est grave et il doit éloigner beaucoup de cultivateurs du désir d'élever des races nobles. Malgré le mien de les voir se multiplier, je crois devoir recommander de faire attention à cet obstacle, avant de se décider à adopter les races de chevaux précieux. On ne pourrait le faire dans une pareille localité que dans le cas où le haras serait assez nombreux et assez noble pour que le nombre des productions à vendre annuellement et leur grande valeur pussent indemniser des frais de conduite à un débouché éloigné, mais certain.

CHAPITRE IV.

INTRODUCTION DE LA RACE SUR L'EXPLOITATION.

Une fois que le choix de la race est arrêté, deux méthodes se présentent pour l'introduire sur l'exploitation: 1°. la méthode dite de *métissage*, qui est la moins chère quand il y a déjà des jumens sur la ferme, et 2°. la méthode de *progression* ou d'achat de jumens et d'un étalon purs de la race qu'on a choisie, si on ne peut pas se procurer cet étalon de toute autre manière.

ARTICLE PREMIER.

PAR MÉTISSAGE OU CROISEMENT.

Cette méthode consiste à faire saillir par un étalon pur, de la race qu'on désire, les jumens qui sont sur l'exploitation; à conserver les femelles venant de ces accouplemens, femelles qui sont les premières métisses, pour les allier aussi avec un étalon pur de la même race que le premier, ou avec leur père si on n'en a pas d'autre, et à éloigner avec soin de la génération tous les produits mâles qu'on obtient de ces accouplemens (p. 72, *C.*). En agissant ainsi constamment, à chaque génération nouvelle on a un changement progressif dans la race ancienne des mères; et les produits finissent par ressembler complétement à la race des pères. Ce changement sera d'autant plus rapide, que les soins qu'on donnera aux animaux seront plus en rapport avec les qualités que l'on voudra avoir dans la nouvelle race; c'est une véritable métisation comme celle que l'on a produite pour changer les bêtes à laine communes en bêtes mérinos, et elle est aussi praticable que l'a été cette dernière.

Mais elle entraîne beaucoup de temps, elle demande plusieurs générations; et si la race à améliorer est très éloignée, pour les formes, de celle que l'on veut avoir, les premiers croisemens donnent pour résultats des métis qui sont assez généralement décousus, dont les formes sont peu agréables et dont les individus qu'on veut vendre, fussent-ils bons pour le service, n'ont qu'une valeur minime. C'est un désavantage, dans une exploitation, dont toutes les opérations doivent tendre à amener les bénéfices les plus considérables. Ce désavantage n'existe pas pour les races de bêtes à laine, dont la toison, qu'elle vienne de quelque bête que ce soit, a toujours, dès le premier croisement, des qualités approchant déjà de celle qu'on désire obtenir, et la valeur que lui assignent ses qualités réelles.

L'inconvénient que je viens de signaler en est bien un; il ne doit pas arrêter cependant, parce qu'en suivant strictement les métissages, comme je viens de dire de le faire, les deuxièmes productions ou seconds métis, s'ils n'ont pas encore toutes les qualités qu'on désire, auront au moins un ensemble de formes assez bon pour que les animaux ne soient plus décousus, et pour qu'ils soient déjà de la valeur que leur assignera le genre de travaux auquel ils seront propres.

De cette manière, le métissage devient une opération facile, il n'entraîne dans aucune combinaison, il ne demande, pour ainsi dire, pas de connaissances, et la personne la moins instruite peut le faire presque aussi bien que celle qui aura le plus étudié la matière; il lui suffira de prendre des étalons de la race adoptée, les meilleurs possible, mais surtout, je le répète, de bien purs.

Deux autres avantages bien marqués se rattachent d'ailleurs à ce mode d'introduire la race sur l'exploitation : le premier est de ne point exiger de grandes mises de fonds pour l'achat d'un certain nombre de poulinières; le second est celui, par rapport au haras, d'être composé, au commencement, de jumens mères faites à la localité, par conséquent qui, ne souffrant point des changemens de climat et d'habitudes, élèvent beaucoup mieux leurs produits que des bêtes introduites nouvellement sur l'exploitation.

Pourquoi, demandera-t-on peut-être, trouve-t-on donc si peu de métissages de chevaux suivis de cette manière?

Il ne me sera pas difficile de répondre à cette question.

Il arrive quelquefois, ai-je dit, qu'en croisant ainsi deux races bien différentes les productions du premier croisement ou les premiers métis sont décousus, de formes peu agréables, et que les mâles qu'il faut vendre sont, par cette raison, de peu de valeur, ce qui nuit aux intérêts du cultivateur; il arrive encore que celui-ci ne trouvant pas dans les productions femelles l'ensemble de formes qu'il recherchait craint de livrer de nouveau ces femelles à la reproduction, ou au moins il arrive qu'il craint de les livrer aux mâles de la race qui les ont produites, et qu'il en choisit d'autres.

Telles sont quelques unes des raisons du peu de suite qu'on met ordinairement dans ces métissages: le cultivateur, dégoûté du premier résultat obtenu, séduit par l'espérance d'en obtenir un meilleur en prenant d'autres étalons ou d'autres jumens, va chercher dans de nouvelles races des types qu'il espère devoir lui donner des productions meilleures. Il en résulte un mélange de plusieurs races, les productions restent sans formes décidées, sans type marqué, et le cultivateur regarde la science des haras comme une science trompeuse, comme un dédale au milieu duquel il faut à peu près s'abandonner au hasard. Souvent alors il laisse tout à fait de côté l'élève du cheval pour se livrer à celle des bêtes à laine et du gros bétail, dont la conduite est plus facile et les bénéfices plus prochains.

Mais n'est-il pas, pour l'éleveur qui veut changer sa race par métissage, de moyen sûr d'éviter des premiers métis décousus?

Il en est certainement, c'est de choisir des étalons dans une race qui ne soit pas trop différente de celle des jumens qu'on possède; mais alors l'éleveur n'est plus maître de choisir et d'adopter une race; il est obligé de prendre celle qui approche le plus de la sienne, et de s'en tenir à l'amélioration peu sensible que ce croisement promet.

Je pense que c'est une mauvaise manière d'agir, et que le cultivateur, après avoir bien calculé, d'après les bases posées dans le chapitre précédent, quelle est la race la plus avantageuse à l'exploitation, doit suivre le métissage tel que j'ai indiqué qu'il fallait le faire, malgré les produits peu agréables, peu lucratifs peut-être, que peuvent donner le premier et même le second croisement. En persistant, on est sûr d'un résultat, qui, s'il n'est pas immédiat, est au moins indubitablement celui qu'on avait prévu et cherché. Par tous les autres moyens, aucun résultat ne peut être prévu et ne peut être durable.

Le fâcheux inconvénient de premiers métis décousus peut être, au reste, singulièrement diminué, si l'on n'admet à la reproduction que des jumens choisies avec les soins indiqués au chapitre qui traite de cet objet. Si la rigueur dans ce choix oblige à changer quelques jumens, on est bien récompensé des dépenses qui en résultent, par la plus-value des poulains et surtout des pouliches destinés à faire race à leur tour.

Une autre raison, en France, qui empêche de suivre le métissage de la manière que je l'indique, c'est que les haras domestiques n'étant, pour la plupart, composés que de trois ou quatre jumens au plus, l'éleveur pense qu'il n'est point de son intérêt d'avoir un étalon à lui. Obligé de choisir alors parmi ceux qui se présentent annuellement, et dont le plus souvent aucun ne peut remplir son but, comment pourrait-il suivre un métissage calculé d'avance?

Celui qui veut donc introduire chez lui une race de chevaux par métissage doit calculer s'il lui sera possible d'avoir annuellement des étalons purs de cette race, et, s'il ne le peut pas, il faut qu'il en achète ou qu'il choisisse une autre race: sans cela, il retombe dans des croisemens irréguliers, et, je le répète, il n'est pas d'amélioration à espérer pour son haras. C'est à ces croisemens sans suite qu'on doit certainement ces neuf dixièmes de la population équestre de la France, qui sont formés de chevaux sans types tranchés, et par cela même d'une moindre valeur.

Cela bien posé, il nous reste à examiner quelques questions qui se rattachent directement au métissage. La première qui se présente est celle-ci:

Dans un métissage suivi comme il vient d'être indiqué, y a-t-il lieu de se passer un jour des étalons purs de la race régénératrice pour y substituer leurs derniers métis mâles?

Pour moi, je ne doute pas qu'il n'arrive une époque où l'on ne puisse se passer d'étalons purs pris hors du haras, et où les derniers métis du haras ne puissent remplacer tout à fait ces étalons (page 72, *C.* —). Pour m'appuyer d'un fait identique, combien n'avons-nous pas en France de troupeaux mérinos qui se sont formés ainsi par métissage, dont les propriétaires ne prennent maintenant leurs béliers de monte que dans leurs propres troupeaux, sans y remarquer de dégénérations tant qu'ils soignent leurs choix et le régime de leurs bêtes d'une manière convenable? Long-temps cependant les hommes du plus grand savoir en ces sortes de matières avaient pensé que l'amélioration produite ne se soutiendrait pas, il a fallu l'expérience pour faire voir le contraire. Il en sera des métissages des races de chevaux comme il en a été de celui des bêtes à laine. Il faudrait cependant s'attendre à une dégénération aussi prompte qu'elle l'a été quelquefois parmi celles-ci, si la localité était peu favorable à la nouvelle race et si l'hygiène ne venait pas contre-balancer d'une manière active les influences de cette localité; mais les mêmes influences auraient les mêmes résultats sur une race pure introduite *par progression*, et nécessiteraient les mêmes moyens pour les combattre et empêcher la dégénération.

Dans tous les cas, il sera bon, tant qu'on le pourra, d'avoir recours à un étalon pur de la race des pères. Cette dernière règle n'est cependant pas tellement de rigueur, quand le métissage sera parvenu à un grand degré de perfection, qu'elle empêche de préférer dans le haras de beaux et bons étalons à d'autres étalons de la race régénératrice moins bons. On ne doit même pas hésiter à prendre de préférence ceux du haras si l'origine et la pureté des étrangers étaient un peu suspectes.

Mon intention étant de chercher la vérité sans vouloir imposer ma manière de voir, j'avouerai que beaucoup de personnes ne partagent point ma conviction à cet égard : ce n'est donc que comme une opinion à moi, partagée cependant par d'autres, que je dis qu'un métissage parvenu à ce point peut s'y conserver par lui-même et faire souche à son tour. Outre ce que j'ai déjà cité, par rapport aux mérinos, je dirai encore que, par cette marche, beaucoup de haras d'Allemagne se sont créés, et que c'est ainsi que s'est formée la race des chevaux anglais, dont la plupart des purs sangs selon moi, et malgré le *stud-book*, ne sont que des métis. C'est ainsi qu'elle se conserve et qu'elle se conservera toujours avec son régime de courses, sans qu'il soit besoin dorénavant d'y introduire des chevaux orientaux.

Si l'on examine l'opinion généralement admise en Angleterre, qu'*aussitôt que le sang d'une race prédomine dans un accouplement, les produits qui en viennent tiennent toujours plus des caractères de cette race*, on trouvera peut-être qu'elle conduit directement à celle que je viens d'énoncer. Approfondissons-la donc un peu.

Si on accouple un cheval anglais avec une jument normande, les productions seront moitié anglaises, moitié normandes ; en accouplant ces productions femelles avec un étalon anglais, les seconds métis seront aux trois quarts anglais, et déjà le type anglais sera celui qui frappera le plus les regards. En accouplant les deuxièmes métisses femelles avec un étalon anglais, les troisièmes métis qui en proviendront seront tellement proches du type anglais pur qu'on ne pourra plus y reconnaître peut-être le type normand : que deviendra donc celui-ci en passant à un quatrième, à un cinquième métissage? Il aura tout à fait disparu; on ne verra plus que des chevaux anglais. Je demanderai maintenant s'il est possible qu'il provienne de l'accouplement entre eux de ces métis au même degré autre chose que des chevaux semblables à eux, ou entièrement semblables à des chevaux anglais?

Je regarde donc mon opinion comme presque assez suffisamment basée pour faire règle ; mais j'y mets une exception importante. Ainsi je ne doute pas que la nouvelle race anglaise, abandonnée au régime du cheval normand, dans nos fermes de la Normandie, ne dégénère et ne redevienne normande, si l'on n'a pas le soin de la revivifier souvent par du sang anglais; tandis qu'en Angleterre, ou même en France, avec le régime du cheval anglais, je ne doute pas qu'elle ne reste avec tous les caractères acquis de la race anglaise: tant, selon moi, le régime a d'influence sur la durée et sur la métamorphose des races! Cette exception pourra peut-être paraître suffisante pour expliquer et concilier les deux opinions contraires.

J'ai indiqué ci-devant les causes principales qui influaient sur la formation des races : on verra, dans la seconde Partie, aux articles des *Primes pour les poulains et pour les poulinières*, comment un régime détestable de saillies fait de notre belle race normande une des moins bonnes.

Si l'on adopte ma manière de penser sur la question précédente, il s'élève maintenant celle-ci : *Après combien de générations métisées pourra-t-on commencer à employer les étalons métis?* Elle ne sera pas si difficile à résoudre.

On doit sentir que plus la race des mères sera loin de celle des pères, que plus elle sera ancienne surtout (page 73, *D.* —), plus il sera indispensable de retarder ce moment; que plus au contraire les deux races se ressembleront, que moins la race des mères sera ancienne, que plus celle des pères le sera, moins il sera essentiel de différer l'emploi des étalons métis; que par conséquent il ne peut y avoir de règles fixes sur ce point.

En thèse générale, on peut dire qu'aussitôt qu'il y aura deux générations de productions bien semblables aux pères, on pourra employer les mâles métis, et qu'on pourra le faire avec d'autant plus de tranquillité, que les soins donnés aux animaux seront plus en rapport avec les qualités de la race que l'on aura formée sur l'exploitation.

Une question encore à examiner, parce qu'elle se présente souvent, est celle-ci : *Peut-on commencer à changer une race par des métis de celle que l'on veut avoir?*

Deux cas se présentent qu'il faut distinguer. Pour me faire mieux comprendre, je supposerai encore qu'on veuille agir sur des races données.

Si l'on veut transformer une race normande en chevaux anglais, on peut certainement commencer le métissage par des étalons anglo-normands; on met ainsi du sang anglais dans le haras sans mélange d'autre sang: mais si, au lieu d'un étalon anglo-normand, on n'a qu'un étalon anglo-flamand, en mettant du sang anglais dans le haras, on y mettrait en même temps du sang flamand : c'est cette dernière espèce de croisement qu'il faudra éviter. Il faudra s'en abstenir d'autant plus, que le changement d'une race en une autre serait plus avancé. Mieux vaudrait alors le retarder en prenant des métis du haras pour étalons. Ceux-ci ne pourraient pas au moins défaire ce qui serait fait, tandis que des métis d'une race étrangère pourraient le renverser de fond en comble et forcer à recommencer.

En suivant le métissage de la manière que je l'ai indiqué dans le cours de ce chapitre, soit sur une race bien marquée, soit sur des femelles prises d'abord isolément de races indéterminées, l'éleveur est sûr d'avance des résultats qu'il obtiendra; mais si, sans s'occuper de la race de l'étalon, il ne s'occupe que de ses qualités, de ses formes et qu'il le prenne tantôt dans une race, tantôt dans une autre, il sera souvent, très souvent même trompé dans les résultats qu'il espérait: cela dépendra surtout des divers mélanges dont les père et mère sortiront. A peine, en connaissant bien leur origine, pourra-t-on avoir quelques probabilités à cet égard. Ce qu'il y a de plus présumable, c'est que le produit ressemblera davantage à son ascendant de la race la plus ancienne.

En commençant des accouplemens entre deux races différentes, on obtient quelquefois de ces accouplemens des productions ou premiers métis auxquels on ne s'attendait pas et qui ont des formes, des qualités qu'on voudrait bien conserver pour type du haras. Dans ce cas, il faut recommencer les mêmes accouplemens pour avoir des animaux semblables aux premiers, et ensuite n'accoupler plus qu'entre eux ces métis. On crée ainsi quelquefois des races nouvelles ou des sous-races, distinguées par des caractères particuliers qui les font reconnaître et leur donnent du prix quand elles sont connues pour être bonnes. On sent combien, dans un pareil cas, il importe au nourrisseur de ne pas se laisser manquer d'étalons, puisqu'il n'en pourrait trouver nulle part, à moins que sa nouvelle race ne se fût répandue rapidement. (Page 71, *B.* —, alinéa troisième.)

M. *Lullin de Châteauvieux* est tout à fait de cette opinion à l'égard des bêtes à laine, dont on peut obtenir des races avec des qualités nouvelles de laine, et ensuite fixer ces qualités, en arrêtant le métissage de deux races de moutons au point où ce métissage a donné cette qualité de laine. *En sorte*, dit-il, *que ces degrés de métisation étant échelonnés ainsi sur quatre années, on pourra suivre non seulement les progrès du changement de la nature des laines, mais* FIXER CETTE NATURE *où les fabricans le jugeront convenable*, EN ARRÊTANT LE TYPE DE

LA RACE *à celui des degrés qu'ils auront préféré.* M. *Polonceau*, un des administrateurs du bel Institut royal agronomique de Grignon, a opéré complétement ainsi chez lui, à Versailles, dans ses métissages entre la race des chèvres thibétaines et celle des chèvres d'Angora. Ayant remarqué que les premiers métis étaient ceux qui donnaient le plus abondamment un poil très fin, propre à quelques fabrications, tandis que les deuxièmes métis ressemblaient trop, par leur pelage, à la race qui entrait pour la seconde fois dans la reproduction, il a arrêté son métissage à la première génération, et ensuite par des choix bien entendus entre ces premiers métis, il a amélioré encore d'une manière sensible l'espèce de duvet que donnait la race nouvelle.

Je pense intimement qu'on peut faire pour les races de chevaux, par rapport à leurs formes et qualités, ce que M. *Lullin* pense qu'on peut faire pour les races de moutons, par rapport aux qualités de la laine (*Société d'amélioration des laines*, 7e. bulletin, page 11), et ce que M. *Polonceau* a fait pour les races de chèvres, par rapport aux qualités du poil ou duvet.

Je terminerai en disant que le cultivateur qui commence un haras doit avoir d'abord peu de poulinières, qu'il peut même n'en avoir qu'une: les soins faciles qu'exigent peu de mères et peu de poulains lui donnent la possibilité de faire tout ce qui est nécessaire pour une pleine réussite ; il peut calculer d'avance les soins, les dépenses qu'exigent un plus grand nombre d'animaux, les inconvéniens que ce nombre présentera et de cette manière la quantité précise qu'il pourra élever avec succès.

ARTICLE II.

PAR UNE RACE PURE, OU PAR PROGRESSION.

Cette seconde méthode consiste à introduire sur l'exploitation des femelles pures de la race qu'on veut avoir et à ne les faire toujours couvrir que par un mâle également pur de cette race. Cette méthode ne demande aucune combinaison, c'est donc la plus facile ; il ne s'agit que de donner à la race nouvelle les soins propres à la conserver et à l'améliorer, et qui sont détaillés au chapitre suivant.

Dans ce mode d'opérer, on réformera les anciens animaux de l'exploitation, à mesure qu'on pourra les remplacer par les productions de la nouvelle race, et on aura un haras de progression, dont la marche sera semblable à celle des troupeaux de ce genre dont M. *de Morel-Vindé* a si bien détaillé les avantages dans un de ses ouvrages.

Si le cultivateur introduisait de suite sur son exploitation le nombre de jumens dont il voudrait composer le haras, l'opération serait faite en une année; mais à moins qu'il n'eût eu déjà pendant plusieurs années un haras considérable, je ne lui conseillerais pas de tenter une pareille opération : il trouvera par la pratique beaucoup d'obstacles auxquels il ne s'attendait pas. Ses jumens, ses poulains ne recevront pas tous les soins dont les uns et les autres auraient besoin; les accidens, les maladies seront plus graves, d'autant plus difficiles à traiter qu'elles arriveront peut-être enzootiquement sur des animaux non encore habitués à une localité, à une nourriture, à un régime qui seront toujours un peu différens, quelques soins que le cultivateur apporte à faire disparaître cette différence: les productions auront par suite moins de valeur; il y aura même des pertes, et les produits du haras ne dédommageant pas suffisamment des dépenses et des peines, il pourra s'ensuivre un découragement qui ferait tout abandonner.

Un haras, au contraire, qui n'augmentera qu'en raison des ressources que l'exploitation fournira et n'allant jamais au delà, n'aura pas tous ces désavantages; et c'est lui que nous conseillons d'adopter. L'entière formation du haras sera plus longue à arriver, il est vrai; mais heureusement que les travaux agricoles n'abrègent point la vie de l'homme comme tant d'autres, qu'ils en prolongent au contraire la durée.

Une fois la race introduite sur l'exploitation soit par métissage, soit par race pure ou par progression, tous les soins doivent être alors apportés à l'améliorer par le choix des étalons et des jumens, par les soins hygiéniques, etc.: que jamais surtout un étalon d'une race étrangère n'y soit amené, qu'un étalon même qui semblerait de la race, mais dont l'origine ne serait pas connue, n'y soit introduit. Sans cette précaution, on retomberait dans ces accouplemens irréguliers, contre lesquels je me suis tant prononcé dans l'article Ier. de ce chapitre, et qui donnent toujours ces individus bâtards, qui ne sont d'aucune race, sont souvent décousus, et qui, par cette raison, ayant peu de valeur, forment le désespoir des éleveurs.

CHAPITRE V.

AMÉLIORATION DE LA RACE.

Les races domestiques améliorées étant, on ne peut le nier, des races factices, à chaque génération elles tendent à revenir à leur premier type ou à se modifier, suivant les influences qui les entourent: en conséquence, à chaque génération, des individus s'éloignent de la race dont ils sortent, ou, en d'autres termes, sont moins beaux, sont moins bons. Si on ne fait pas attention à cette tendance de chaque race domestique à changer; si on ne la combat pas par des moyens raisonnés, en peu de temps le nombre des individus moins beaux s'augmente, et l'on est bientôt étonné de ne plus trouver à la race l'ensemble des formes qui la distinguaient.

Le cultivateur qui a donc une bonne race ne doit pas se reposer entièrement; il faut qu'il prenne garde de la voir se détériorer, et pour cela il faut qu'il tende toujours à l'améliorer. Si elle peut l'être encore, il parviendra à cette amélioration; si elle ne peut plus l'être, il n'a que cette seule voie de la conserver.

Les moyens qui sont propres à amener ce résultat peuvent, doivent même marcher simultanément avec ceux que nous venons d'indiquer pour introduire la race sur l'exploitation, ils sont néanmoins tout à fait distincts; ils forment des opérations différentes qu'il faut bien se garder de confondre. On en verra suffisamment la raison dans le cours de ce chapitre.

On doit présumer que, certains moyens existant de créer des races, c'est l'emploi bien continué de ces moyens qui doit amener à l'amélioration de celles-ci : c'est en effet ce qui arrive ; et c'est encore dans cette loi de la nature, qui veut que les productions ressemblent au père et à la mère, que nous allons trouver les moyens principaux d'améliorer les races. Ils consistent 1°. dans le choix des étalons et des jumens, et 2°. dans leur appareillement.

Les soins de la domesticité y contribueront ensuite pour beaucoup ; mais comme ces soins se lient particulièrement à l'économie du haras, et à une foule d'opérations prolongées pendant l'existence de l'animal destiné à la reproduction, ce que j'ai à en dire trouvera mieux sa place dans le chapitre suivant intitulé : *Économie du haras.*

ARTICLE PREMIER.

CHOIX DES ÉTALONS ET DES JUMENS.

Un des résultats de la loi qui veut que les produits ressemblent au père et à la mère doit nécessairement être que plus les étalons et les jumens réuniront les qualités qu'on désire dans la race, plus les productions devront avoir ces mêmes qualités. Quelque simple que soit cette donnée, le choix des étalons et des jumens a donné lieu à tant de commentaires, que je dois en parler un peu longuement; comme aussi je pense que mon père a dit tout ce qu'on pouvait dire de mieux à ce sujet, je commencerai les emprunts que je compte lui faire par cet article:

« Presque tous les auteurs qui ont écrit sur » les haras ont fait un très long chapitre pour » indiquer la conformation et les qualités que » doivent avoir les étalons et les jumens destinés à la reproduction. Ils veulent des animaux parfaits, et par conséquent impossibles » à trouver. Tous leur donnent des formes qu'ils » rapportent à la race qu'ils connaissent le » mieux : les uns demandent telles proportions » qu'on pourrait, sous plus d'un rapport et » en envisageant les races en particulier, regarder comme vicieuses, eu égard à quelques unes. » Les autres font la longue énumération des défauts qu'on doit éviter dans le choix à faire. » D'autres fixent irrévocablement la taille, le poil » que doivent avoir l'étalon et la jument (1). Il

(1) Les auteurs qui ont écrit sur les poils ont débité beaucoup de fadaises; mais il est généralement reconnu par l'expérience que, dans quelque race que ce soit et sous quelque poil que se trouve le cheval, les robes lavées

» en est qui se bornent à des indications vrai-
» ment puériles. On lit par exemple que la tête
» doit être bien placée, qu'elle ne doit être ni
» trop grosse, ni trop petite : les uns la veulent
» carrée, les autres busquée; il en est qui veu-
» lent que la jambe soit fine, d'autres qu'elle
» soit forte. Telle partie doit être bien propor-
» tionnée, telle autre ne doit être ni trop plate
» ni trop grosse, celle-là ni trop coudée ni
» trop droite, etc.; indications vagues qui sup-
» posent ou la connaissance préliminaire très
» étendue de toutes les races, ou un objet de
» comparaison isolé qui ne peut convenir que
» sur le point particulier où l'écrivain l'avait
» en vue et qui n'est d'aucune utilité ailleurs.

» On sait en effet que la description du che-
» val normand de la plaine de Caen n'est pas
» celle du cheval de la plaine d'Alençon; que
» ni l'une ni l'autre de ces descriptions ne res-
» semblent à celle du cheval limousin ou na-
» varrin; que ceux-ci ne peuvent être mis en
» parallèle, pour la conformation, avec le che-
» val comtois, ardennois, flamand, picard, etc.;

---

et plus pâles vers les membres des animaux qui les portent, ne se rencontrent généralement que chez des individus faibles ayant moins de qualités. (*Note manuscrite d'un inconnu dans un exemplaire de l'ouvrage de M.* Huzard.)

» qu'aucun ne ressemble à l'arabe, au barbe, à
» l'espagnol, à l'anglais; qu'il en est des qua-
» lités de ces chevaux comme de leur confor-
» mation, et qu'il est tout aussi difficile de fixer
» celle-ci que d'indiquer les autres; que dans
» chaque race, comme dans chaque genre de
» service particulier, il y a des beautés de for-
» mes et des qualités qui sont pour ainsi dire
» inhérentes, et qu'il est impossible de dé-
» tailler.

» Il faut donc se borner à quelques généra-
» lités qui appartiennent à toutes les races, et
» qui dans toutes puissent être facilement sai-
» sies et appréciées par les cultivateurs.

» Nous avons déjà dit qu'il fallait choisir les
» individus les plus approchans de la perfec-
» tion de chaque race, et c'est là véritablement
» la base d'après laquelle il faut partir dans le
» choix des étalons et des jumens; qu'ils soient,
» autant qu'il sera possible, le plus près de
» la souche pure, tant par les formes que par
» les qualités qui distinguent particulièrement
» cette souche. Il n'y a qu'une économie mal
» entendue qui fasse préférer les animaux in-
» férieurs.

» Dans toutes les races, une construction so-
» lide, qui se manifeste par l'aplomb des extré-
» mités sur le terrain, par la franchise et la

» liberté des mouvemens, par la légèreté et la » docilité, par *la vigueur soutenue dans l'exer-* » *cice,* quel que soit celui auquel l'animal que » l'on choisit est employé; des muscles qui se » prononcent bien et qui ne sont point empâ- » tés ou cachés sous l'épaisseur de la peau; le » poil fin; les crins doux et peu abondans doi- » vent distinguer particulièrement les animaux » de choix.

» Que l'on ne croie pas que cette description » appartienne exclusivement au cheval fin, elle » est commune à tous; et l'étalon, comme la » jument de trait, qui, avec la conformation » particulière à sa race, approchera le plus des » qualités que nous venons d'indiquer, méri- » teront constamment la préférence. C'est donc » à tort que, dans ce cas, beaucoup de proprié- » taires préfèrent les animaux dont l'encolure » est la plus chargée de crins et les jambes les » plus fortement garnies de poils. Ces excès, » qu'ils regardent comme annonçant la force, » n'appartiennent qu'à des individus dans les- » quels le poids ou la force d'inertie ne peut » jamais remplacer la force d'action des mus- » cles, et il nous suffit, pour prouver cette vé- » rité, de mettre ces mêmes animaux en oppo- » sition avec les mulets, dont on connaît la » force et qui ont les jambes très peu char-

» gées de poils et l'encolure presque sans crins.

» Nous donnons comme une indication générale du choix des étalons et des jumens la vigueur soutenue dans l'exercice, et nous croyons qu'il est essentiel d'insister sur ce point, oublié par presque tous nos auteurs, et pourtant auquel les Anglais doivent leur prospérité en ce genre. Quelque beaux que soient l'étalon et la jument, ils ne doivent pas être préférés, s'ils ne sont en même temps les meilleurs, et à quoi sert la beauté si elle n'est en même temps accompagnée des qualités qui peuvent la rendre utile? Nous aurons occasion de revenir sur ce point en parlant des courses.

» Le choix varie nécessairement quant à l'âge, relativement à la race et au genre de service. Les chevaux nobles étant plus longtemps à se former que les chevaux de race commune, ils doivent être attendus davantage; la règle générale à cet égard est de n'employer à la reproduction que des chevaux et des jumens qui ont pris tout leur accroissement, c'est à dire qui sont parvenus à l'âge où ils ne gagnent plus. L'expérience a prouvé que des étalons et des jumens employés trop jeunes pouvaient donner de belles productions, mais que ces productions, privées des

» qualités que les pères et les mères n'avaient
» pu leur communiquer, puisqu'ils ne les
» avaient pas encore eux-mêmes, ne duraient
» pas long-temps. C'est par l'emploi prématuré
» de nos productions d'espérance que nos races
» se sont si rapidement abâtardies; c'est parce
» que les Normands se sont hâtés de faire ser-
» vir leurs jumens par des poulains de figure
» qu'ils coupaient et vendaient ensuite, que la
» race de ce pays a perdu cette réputation de
» bonté et de solidité qui la faisait aller de pair
» avec les meilleures. L'expérience a prouvé
» aussi que les étalons et les jumens duraient
» beaucoup plus long-temps et donnaient des
» productions sur lesquelles on pouvait comp-
» ter pour la conservation de la race lorsqu'ils
» n'étaient employés que dans un âge fait. Cette
» observation n'est pas particulière à l'espèce
» du cheval, et montre la marche uniforme de
» la nature dans la conservation des êtres. »

Je vais plus loin que mon père à cet égard; je pense qu'il ne faut employer à la reproduction que les étalons qui ont donné des preuves de leur aptitude à supporter les travaux que leur conformation permet d'en exiger; que par conséquent tous ceux qui n'ont point donné ces preuves doivent être éloignés de la reproduction: il en résulte nécessairement que ce n'est qu'à l'âge adulte qu'il faut y employer les mâles, et je ne conseille pas de s'en servir, quelle que soit leur race, avant qu'ils aient six ans accomplis, par conséquent avant qu'ils aient pu donner des preuves de leur bonne constitution et de leur dureté à la fatigue.

Je voudrais que les étalons de selle ne fussent pris que parmi ceux qui ont battu leurs concurrens dans des courses ou dans des chasses; je voudrais même que les étalons de carrosse ne fussent pris que parmi des chevaux qui auraient couru ou chassé, comme cela a lieu souvent en Angleterre. Enfin, pour les races de trait, ce serait dans les relais de poste, chez les voituriers et chez les agriculteurs qu'il faudrait prendre pour la reproduction les animaux qui auraient fait un service actif sans en être affectés. De cette manière, on n'aurait jamais que des étalons éprouvés, d'une constitution robuste, bons comme les demande mon père, et capables plus que tous autres de donner des productions fortement organisées.

S'il était possible de n'avoir également que des femelles éprouvées par le travail, je conseillerais de n'employer qu'elles; mais comme cela est à peu près impossible partout, je conseille seulement de ne pas les employer de trop bonne heure, avant qu'elles aient acquis toute leur croissance, et cela par une raison que tout le monde sait, c'est afin que ce développement ne contrarie pas celui de leur fruit; on a remarqué en effet que, dans toutes les espèces d'animaux, les femelles encore dans leur période de croissance donnaient rarement des productions bien constituées.

Pour les jumens de race noble, dont le développement est assez généralement plus long que celui des races communes, il ne faudrait pas que la jument fût saillie avant quatre ans; pour les jumens qui acquièrent leur taille et leur ampleur beaucoup plus tôt, on pourrait les faire saillir dès l'âge de trois ans.

Ce n'est pas sans inconvénient pour le haras qu'on devancera ces époques, et si malheureusement la jument n'est pas d'une bonne constitution, on n'a plus que des chevaux non seulement mauvais pour le service, mais encore mauvais pour la vente, parce que presque toujours ceux d'une mauvaise complexion se reconnaissent à un aspect, à un *facies* particulier. Pour compenser la mauvaise chance que les jumens apportent dans les accouplemens, on ne saurait être trop difficile dans le choix des étalons.

Un grand point est donc que les étalons et les jumens soient bien sains; que la poitrine, le bas-ventre, le système nerveux soient intacts.

Sans être héréditaires, la plupart des affections des viscères laissent dans les productions provenant d'animaux attaqués une disposition à contracter ces mêmes maladies aux moindres causes; et c'est bien certainement au manque de la précaution de rejeter de la reproduction les jumens et les étalons à poitrine faible et détériorée, qu'on doit attribuer la fréquence des maladies de poitrine de nos races françaises, maladies qui emportent tant d'individus à la fleur de l'âge. En ne prenant les étalons qu'à l'âge que je viens d'indiquer, on éviterait certainement déjà cette chance défavorable.

Cette négligence à écarter de la reproduction les animaux maladifs a un autre inconvénient grave dans les jumens. Le fœtus est moins bien nourri d'abord par une mère souffrante; plus tard ensuite le poulain ne reçoit pas la quantité de lait suffisante, ou il ne reçoit qu'un lait de mauvaise qualité, et il contracte la disposition à des maladies que le travail et les intempéries des saisons développent, et par lesquelles les animaux sont emportés de bonne heure. Les maladies externes accidentelles ont les mêmes effets sur la jument pleine ou nourrice, quand elles les font souffrir. Ces jumens ne doivent donc point être saillies avant que les accidens soient guéris, ou au moins avant que l'on ait acquis la presque certitude que les souffrances cesseront bien vite.

Je ne dirai qu'un mot sur les soins que l'on doit mettre à rejeter de la reproduction les animaux dont les extrémités sont défectueuses, de quelque manière que ce soit : tous les écrivains, tous les nourrisseurs sont unanimes sur ce point. Malheureusement peu de personnes ont étudié et connaissent assez à fond la conformation de ces parties pour bien juger si elle est bonne et saine. J'ajouterai qu'en général on ne doit jamais craindre que les extrémités et les articulations soient trop *larges ;* que cette largeur est toujours bonne; qu'elle doit être même exigée, plus encore dans les chevaux de luxe que dans les autres, et que c'est toujours parmi les animaux qui l'avaient qu'on a rencontré les meilleurs coureurs et les meilleurs chevaux de chasse; qu'il faut par conséquent, et au contraire, rejeter les animaux à extrémités grêles.

Mais ce à quoi on ne fait pas assez d'attention, c'est à la conformation du sabot : jusque dans les étalons que le Gouvernement entretient dans ses dépôts et ses haras, on trouve des animaux à sabots défectueux. Il semblerait que cette partie soit peu importante, que sa belle ou mauvaise conformation soit une chose indifférente, et qu'elle ne se lègue pas aux descendans, comme la bonne ou mauvaise conformation des autres parties du corps. Les Anglais ont une bien autre idée; ils savent que de mauvais sabots d'un bon cheval en font un mauvais; que la souffrance que l'animal éprouve dans cette partie le ruine de bonne heure, abrège le temps de ses services: aussi le sabot est-il une des régions dont l'examen est fait avec le plus de soin avant de livrer l'animal à la production. Que le nourrisseur prenne donc garde à la bonne ou mauvaise conformation de cette partie; les pieds bien conformés souffrent déjà beaucoup des effets de la ferrure, combien ne doivent pas en être affectés ceux qui sont déjà mal conformés? (Voyez l'article *De la ferrure.*)

Je ne regarde point la déformation qui arrive au sabot par suite d'un accident, d'un clou de rue, d'un javart, par exemple, comme devant empêcher de livrer l'animal à la reproduction; cet accident individuel ne peut influer sur le jeune sujet. Si c'était une jument cependant, et si elle devait en souffrir long-temps, il ne faudrait pas l'employer, par les raisons que j'ai indiquées dans l'alinéa précédent.

Il en doit être à l'égard de la vue comme à l'égard du sabot et des défectuosités des membres. Tout animal qui a perdu la vue ou un œil, ou seulement qui a la vue détériorée par suite de fluxions dont les causes ne sont pas externes, violentes, ne doit pas être employé à la reproduction. Je sais fort bien que beaucoup de personnes pensent autrement, et qu'elles s'appuient sur le fait que des animaux borgnes ou aveugles par suite de la fluxion périodique ont donné des animaux qui ne sont point devenus aveugles; mais je sais aussi que les fluxionnaires viennent la plupart de père ou de mère fluxionnaire; mais je sais aussi qu'en accouplant des générations d'animaux affectées de défauts ou de qualités toujours semblables, on finit par avoir des races dont tous les individus ont ces défauts ou ces qualités; et ces résultats sont tellement en rapport avec la loi naturelle, que nous avons relatée ci-devant, page 69, que je suis persuadé que si on voulait avoir une race de chevaux aveugles de naissance, il serait possible de la faire en choisissant pour la reproduction, pendant plusieurs générations, des animaux aveugles de la fluxion périodique. C'est par des moyens analogues qu'on a fait des races précieuses, ne les employons pas à faire des races mauvaises.

Des personnes ont prétendu que la jument devait avoir un coffre vaste, large, et même du ventre, dans l'idée que le poulain logé à son aise pourrait se développer plus librement. Dans un sens, elles ont eu tort; dans un sens, elles ont eu raison. Elles ont eu tort dans ce sens que la jument ne doit pas avoir d'autres formes que celles de la race à laquelle elle appartient. Une jument, avant d'avoir porté, ne doit pas avoir de ventre, elle peut même n'en avoir qu'après avoir porté plusieurs fois. Il est quelques races qui ont moins de ventre que d'autres; les jumens anglaises de sang, par exemple, et les jumens de toutes les races nobles, ont généralement moins de ventre que les jumens de races communes : au moment de la grossesse, cette conformation est compensée par plus d'extensibilité dans les parois du bas-ventre, et, après la mise-bas, par une diminution bien plus sensible dans ces mêmes parties.

« La nature, en distribuant des formes différentes, n'a pas oublié d'y ajouter tout ce qu'il fallait pour que ces formes suffisent à la conservation de l'espèce. » Il faudrait, pour que le contraire arrivât, que l'homme se plût à faire des individus avec des formes contraires à ce but; et, dans ce cas, ces animaux disparaîtraient rapidement ou par leur infécondité, ou par la mortalité progressive de leurs produits, ou par de rapides changemens dans les formes.

Ces personnes ont eu raison dans ce sens que, dans toutes les races, les jumens ont généralement plus de ventre que les étalons, et aussi un ventre plus long : ce n'est donc que relativement à leur état qu'en thèse générale elles doivent avoir plus de ventre.

Les jumens qui ont avorté sont plus sujettes à avorter dans les parts suivans, et cette considération, sous le rapport de l'intérêt, de l'économie, doit les faire rejeter de la reproduction, s'il est possible de les changer.

« Un objet qui paraît minutieux au premier » coup-d'œil, mais qui n'en est pas moins es» sentiel, et qui ne doit pas être négligé, sur» tout dans le choix des jumens qui doivent » rester au pâturage, c'est qu'elles aient tous » leurs crins, c'est à dire qu'elles ne soient pas » à courte queue. Il est difficile à ceux qui ne » connaissent pas les tourmens qu'occasionent » les mouches de se faire une idée de l'impor» tance de cette arme défensive ; elle est telle, » que les jumens qui en sont privées maigris» sent rapidement, avortent, et lorsqu'elles par» viennent à porter leur poulain à terme, qu'elles » cessent bientôt d'avoir du lait, et ne peuvent » le nourrir. On n'y remédie que très imparfai» tement par des queues postiches. » On ne sera pas étonné qu'un poulain venu dans de telles circonstances soit toujours faible, d'une mauvaise constitution.

Les qualités de douceur et de docilité ne doivent pas être moins recherchées dans les pères et dans les mères que les qualités physiques extérieures; elles tiennent aussi à un état physique des organes intérieurs, et par cette raison se communiquent aux productions, ce qui est un avantage incalculable pour l'éleveur: il n'a presque point de peine à dresser les jeunes animaux; il ne leur donne aucun tare en les dressant, et ne diminue en rien la valeur qu'ils peuvent acquérir. Par cette raison, on devra rejeter de la reproduction toute jument, tout étalon rétif, méchant, même seulement trop sauvage.

Un dernier soin à prendre, c'est à l'égard des jumens, de les avoir toutes, autant que possible, de la même taille et de formes semblables. De cette manière, le même étalon pourra toutes les servir, ce qui ne nécessitera pas l'emploi de plusieurs étalons, diminuera d'autant les dépenses d'appareillement en rendant celui-ci plus facile, permettra de mettre plus d'attention dans le choix de l'étalon, de dépenser même plus d'argent pour son achat, et rendra la race plus uniforme, plus facile à conserver, à améliorer, bien plus aisée à reconnaître, à vendre; ce qui n'est pas un médiocre avantage.

Enfin, il est important de savoir que quelques étalons, dans certaines localités, n'ont pas donné de productions; tandis que, transférés dans d'autres, ils sont redevenus très féconds. Cette particularité, qui se présente de temps en temps, ne doit point engager trop vite à châtrer un bel animal pour cause d'infécondité.

ARTICLE II.

DES APPAREILLEMENS.

Le choix des étalons et des jumens étant fait, il reste encore une opération qui a quelque importance pour l'amélioration de la race, c'est celle d'assortir ou d'appareiller, comme l'on dit, le mâle avec la femelle pour l'accouplement.

Il semblera peut-être étonnant qu'après m'être étendu si au long sur le choix des étalons et des jumens, j'attache quelque importance à leur appareillement pour la reproduction. Il paraît devoir être suffisant, en effet, pour améliorer une race, de prendre toujours pour la reproduction les meilleures jumens et les meilleurs étalons; il n'en est pas tout à fait cependant ainsi, et une trop grande sécurité à cet égard ne serait pas sans inconvénient.

Nous avons vu qu'une loi de la nature voulait que les productions ressemblassent au père et à la mère, c'est à dire qu'elles héritassent des qualités qui distinguent particulièrement ceux-ci:

or, comme il y a toujours dans les individus des plus belles races des parties du corps moins bien conformées, soit par des dimensions trop petites ou trop grandes relativement à celles des autres parties, soit par des formes peu favorables au développement d'une qualité; comme il y a même des individus dont la vigueur ou le tempérament n'est pas ce qu'on avait eu lieu d'espérer, il faut se garder, autant que possible, d'appareiller deux individus qui ont le même défaut, tel léger qu'il soit, si l'on ne veut pas en voir affectées presque immanquablement les productions.

Dans les appareillemens, les soins doivent donc tendre continuellement *à corriger le défaut d'un individu par des qualités opposées dans l'autre*. C'est en suivant constamment, et autant que possible, cette marche, qu'on empêche des défauts de devenir des caractères héréditaires distinctifs de la race, et qu'on parvient à pousser l'amélioration progressive assez loin pour n'avoir de mauvais produits que par les accidens ou espèces d'anomalies qu'on remarque toujours dans les actes de la nature.

On voit, d'après cela, que je n'entends par appareillement que l'accouplement entre des individus de la même race. En l'appliquant à des accouplemens entre animaux de races différentes, on l'applique à une autre opération, celle du *métissage*, et c'est pour n'avoir pas fait cette distinction qu'on a tout embrouillé, tout confondu. En effet, si on est presque sûr, par des appareillemens bien faits, de modifier un défaut dans les produits d'une race sans leur en donner d'autres, il est impossible le plus souvent de prévoir les résultats immédiats qu'on obtiendra de l'accouplement entre animaux de races différentes, et il se pourra qu'en modifiant le défaut qu'on voulait diminuer on en crée d'autres nouveaux. C'est presque même toujours ce qui arrive dans les premiers croisemens, et c'est immanquable si, au lieu de suivre ces croisemens comme j'ai indiqué de le faire à l'article *Des métissages*, on se livre, sous prétexte d'en faire de meilleurs, à ce mélange continuel de toutes les races, contre lequel je m'élève si souvent dans le cours de cet écrit.

Je ne prétends pas pour cela qu'il ne faille prendre des étalons et des jumens que dans les productions mêmes du haras; ce serait tirer une fausse conséquence de ce que je dis, et peut-être commettre une erreur. En effet, il est bien prouvé que les accouplemens faits toujours entre parens très proches ne sont pas les meilleurs, en ce que cette méthode introduit à la longue dans le haras des formes difficiles à faire disparaître ensuite si elles sont fautives : c'est un fait dont presque tous les praticiens et les écrivains conviennent, et qui est le résultat de cette loi de la nature, sur laquelle je suis obligé de revenir si souvent, qui veut que les productions ressemblent aux père et mère. Mais la race ne se compose pas ordinairement des individus seuls du haras, et l'on peut choisir des étalons au dehors, dans un haras de la même race, on peut même y prendre quelques jumens; le point principal, capital même, est de chercher des animaux dans un haras bien pur. En choisissant les animaux, l'étalon surtout, on doit le prendre exempt, autant que possible, des petites défectuosités qu'on trouve dans le haras où on veut l'introduire : c'est un moyen d'appareillement propre à les faire disparaître.

On doit cependant penser, d'après ce que j'ai dit de la manière dont les races se formaient, que des animaux sortant de la même race auraient, par une suite de générations, pu acquérir d'autres formes, et faire ainsi une sous-race et même une race nouvelle; que ce ne serait pas par conséquent parmi eux qu'il faudrait aller chercher des animaux étrangers. Ce choix ne pourrait se faire que dans un haras dont les produits ne se seraient point éloignés d'une manière marquée de la race primitive : autrement, on retomberait dans l'opération du métissage et dans toutes ses conséquences.

Outre ces considérations à avoir dans les appareillemens, il en est quelques autres qui tiennent à la conformation respective des sexes, et auxquelles on ne s'arrête peut-être pas assez.

On sait que les jumens ne sont pas faites comme les chevaux, qu'elles sont plus longues de corps, qu'elles ont généralement le garrot moins saillant : l'étalon devra donc être plus court de corps que les jumens; il devra avoir aussi le garrot plus saillant, ou être plus haut du devant.

Les jumens sont encore plus sveltes dans la tête, l'encolure et même les membres antérieurs, que les chevaux entiers; ceux-ci sont, au contraire, moins étoffés dans la croupe, dans les membres postérieurs : c'est une conformation qu'il faut prendre en considération.

Une autre observation qui ne mérite pas moins de fixer l'attention, c'est qu'en général, dans les races de chevaux, les appareillemens de mâles un peu plus petits que les femelles donnent des productions mieux faites, d'un ensemble plus agréable, que des appareillemens faits avec des mâles grands et des femelles petites. Si donc on veut avoir une grande et forte race, ce sera toujours en choisissant les femelles les plus grandes et les plus fortes qu'il faudra chercher à la grandir. La force et la taille du mâle contribueront, il est vrai, à cet effet; mais s'il est plus grand que les femelles d'une manière marquée, il y contribuera d'une manière moins avantageuse; les productions seront plus décousues et d'une apparence moins agréable : ce qui apporterait quelque retard dans l'amélioration de la race(1).

On sent que cette loi ne peut pas être exacte pour les espèces d'animaux dont les mâles sont plus gros que les femelles, telles que les espèces bovines et ovines. Dans celles-ci, cependant encore, il faut que la taille et l'ampleur des mâles soient proportionnées à celles des femelles.

Quand on veut améliorer, par les appareille-

---

(1) J'en citerai un exemple assez remarquable. Dans un mémoire envoyé à la Société royale et centrale d'agriculture, en 1827, intitulé : *Historique de l'amélioration des races de chevaux dans le canton de Vaud, depuis 1790 jusqu'à ce jour*, par M. *Levrat*, ce vétérinaire dit : « J'ai remarqué que partout où l'appareillement de l'étalon et de la jument avait présenté des rapports proportionnels de taille et de corpulence, le produit qui en provenait était bien suivi dans les formes et fortement constitué; au contraire l'accouplement des plus grands de ces étalons avec de petites jumens n'a produit en général que des poulains décousus dans leurs formes. »

mens, une race qui a plusieurs défauts, il est un soin essentiel, c'est de ne s'occuper presque uniquement que d'un seul défaut sans cesser d'agir un instant dans ce sens. On n'avance point, ou très lentement, en s'occupant tantôt d'un défaut, tantôt d'un autre ; il arrive même, en agissant ainsi, qu'on défait souvent dans une génération ce qu'on a fait dans la première : un exemple fera mieux comprendre ce que je veux dire.

Si on veut améliorer une race dont les sabots sont défectueux en même temps que la tête est vilaine, et qu'on ait commencé, je suppose, par améliorer les sabots, il faudra persister constamment dans des appareillemens capables de compléter cette amélioration, quand même ces appareillemens ne feraient rien gagner du côté de la tête. Ainsi, si on avait à choisir entre un animal à bons sabots et à tête médiocre, et entre un étalon à mauvais sabots et à belle tête, il n'y aurait pas à balancer, il faudrait prendre l'animal à bons sabots, et cela jusqu'à ce que les bons sabots soient devenus un caractère distinctif de la race : seulement alors on pourrait prendre un peu moins garde aux qualités des sabots, et s'occuper spécialement d'améliorer les formes de la tête sans pour cela cesser de s'occuper de la conformation des premiers.

J'ai fait passer l'amélioration des sabots avant celle de la tête, parce que ce sont des parties très importantes, auxquelles on ne fait pas assez d'attention en France, parties qui, si elles sont mauvaises, apportent une souffrance, au moins une gêne continuelle à l'animal, sont causes d'une ruine prématurée, et par conséquent de sa mise hors de service à un âge où il aurait été, sans ce défaut, encore long-temps d'un bon emploi.

Si on agit autrement, si on se sert tantôt d'un animal à bons sabots, et tantôt d'un animal à mauvais, le bien produit par l'un est détruit par l'autre, et l'amélioration ne marche pas.

C'est le manque de cette persévérance pour faire disparaître un défaut, qui rend l'amélioration des races de chevaux si difficile; c'est, au contraire, la constance dans la manière d'agir relativement à l'amélioration des autres races d'animaux domestiques qui fait qu'on y réussit bien mieux.

« Il est remarquable en effet, a dit je ne sais plus quel auteur, que les cultivateurs qui ont des succès presque constans dans l'amélioration de toutes les autres races d'animaux domestiques éprouvent des difficultés presque insurmontables dans l'amélioration des races de chevaux. »

J'en attribue la principale cause à ce que, dans

l'amélioration des autres animaux, on ne s'occupe que d'un seul objet, comme d'affiner la laine ou de donner de la disposition à l'engrais, ou d'augmenter la taille, ce qui permet de s'en occuper constamment, uniquement; tandis que, dans le cheval, où il y a presque toujours une foule de formes et de qualités à améliorer, on veut tout faire à la fois; on passe d'un objet à un autre sans rien perfectionner d'abord, suivant qu'il se présente dans l'étalon ou dans la jument telle ou telle qualité: c'est presque fortuitement, par cette raison, qu'on a des individus du premier mérite.

Il est peut-être une autre raison de ce non-succès dans l'amélioration des races de chevaux, c'est que le cultivateur qui parvient à avoir un animal de première qualité se dépêche de le vendre un bon prix: il semble qu'il ait tout fait quand il a vendu fort cher un animal de premier mérite. L'appât du gain présent empêche la prévision de ce qui doit arriver d'une pareille manière d'agir. Tandis qu'il conserve soigneusement pour la reproduction ses meilleures brebis, ses béliers les plus beaux, ce sont ses meilleurs poulains et pouliches qu'il vend. Avec une marche semblable, l'amélioration des races de chevaux, si elle ne rétrograde pas, reste tout au moins stationnaire.

Si je n'avais cru bien fondé tout ce que je viens de dire relativement aux appareillemens, je ne l'aurais pas avancé. Cependant il ne faut pas croire qu'on atteindra constamment le but dans chaque appareillement; il y a souvent des faits qui paraissent des exceptions, et qu'on ne sait à quoi attribuer. On a cru découvrir la source de quelques unes de ces anomalies apparentes dans une espèce de prépondérance qu'un individu très fortement constitué exerce, dans l'acte reproducteur, sur un individu faible.

Ainsi, suivant quelques observateurs, un étalon adulte, appareillé avec des jumens jeunes et vieilles, donnera des productions qui lui ressembleront généralement plus qu'aux femelles, et cela sera d'autant plus marqué qu'il sera mieux nourri, plus fort, et que les femelles seront moins vigoureuses, en moins bon état. Les productions, au contraire, ressembleront d'autant plus aux femelles qu'elles seront adultes, fortes, bien nourries, et que l'étalon sera jeune ou vieux, ou qu'il sera débile, affaibli. Tous ces auteurs ont néanmoins oublié l'influence qu'un individu pur d'une race ancienne exerçait dans la reproduction sur un individu ou métis ou d'une race nouvelle.

M. *Girou de Buzareingues* a cru reconnaître même que ces causes avaient une influence bien marquée sur la quantité respective des individus d'un sexe relativement aux individus de l'autre sexe, et que l'on pouvait ainsi avoir une chance favorable à la production d'un sexe qu'on désirait de préférence.

Voudra-t-on des mâles? Il faudra, selon lui, que l'étalon ait son entier développement, qu'il soit en bon état de santé, qu'il soit porté à l'acte de la génération plus par l'état d'une vigueur extrême que par la présence de la femelle. Quant à celle-ci, elle devra être plutôt maigre qu'en bon état, ensuite jeune ou vieille, et qu'elle n'entre en chaleur que par la présence excitante du mâle.

Voudra-t-on des femelles? Il faudra que l'étalon soit jeune ou vieux, qu'il soit en état médiocre d'embonpoint, plutôt maigre et un peu fatigué; qu'il soit un peu las par des saillies fréquentes; tandis que les femelles devront être dans la force de l'âge, en bon état, non fatiguées, et que les chaleurs soient chez elles plutôt l'effet de la vigueur que celui de l'excitement du mâle.

Si la possibilité d'obtenir un plus grand nombre d'animaux d'un sexe donné est réelle et si elle peut être avantageuse dans quelques cas au cultivateur, j'observerai cependant ici que les bases sur lesquelles elle est fondée sont contraires aux règles de l'hygiène, et par cette raison contraires aux bonnes règles d'élever des chevaux. Je ne conseille donc pas de les suivre, parce qu'elles pourraient entraîner pour longtemps la détérioration d'une race.

M. *Girou de Buzareingues* a été encore beaucoup plus loin; et dans le système de physiologie qu'il a établi, après avoir dit qu'il était constant que les productions mâles ressemblaient plus à la mère et les productions femelles au père, il avance non seulement qu'on peut avoir sur une masse d'individus plus de productions soit mâles, soit femelles à volonté, mais encore qu'on peut faire que ces productions ressemblent aussi, suivant le désir de l'éleveur, ou au père ou à la mère.

Je n'entrerai point dans le développement de ce système, dont les principales applications, fussent-elles toutes bien basées, seraient, je crois, impossibles dans un haras domestique; je renverrai, à ce sujet, à l'ouvrage original (1). Je terminerai en disant qu'il s'en faut bien que les appareillemens soient toujours suivis des résul-

(1) *De la Génération*, par M. *Ch. Girou de Buzareingues*, correspondant de l'Académie royale des sciences, du Conseil royal et de la Société royale d'agriculture, membre de la Société centrale d'agriculture de l'Aveyron, in-8°., 1829.

tats qu'on recherche; que la nature a des lois que l'investigation de l'homme n'a pu encore deviner; mais que la marche que j'ai indiquée pour bien gouverner une race pure ou une race formée par métissage est basée sur ces lois de la nature que l'homme a déjà pu connaître; et que cette marche conduira certainement le nourrisseur au but qu'il doit se proposer, celui d'améliorer la race autant que possible.

On a dû voir, par ce qui précède, que j'attachais des significations précises aux mots *métissage* et *appareillement*; que *métissage* et *croisement de la race* étaient pour moi la même chose, et qu'ils signifiaient changer une race en une autre race et non l'améliorer; que le mot *appareillement* n'était employé par moi que pour l'accouplement entre animaux d'une même race. Je rappelle encore ici l'attention sur ces significations précises, parce que souvent, faute de s'entendre sur le mot, on ne s'entend pas sur la chose, et on est entraîné dans une opération toute différente de celle qu'on aurait faite si on avait donné à ce mot l'acception qui lui convenait.

Supposons, par exemple, qu'un cultivateur qui veut s'adonner à l'élève des chevaux, au lieu de regarder le métissage ou le croisement des races comme un moyen de changer sa race en une autre, le regarde comme le moyen de l'améliorer, que résultera-t-il d'une pareille idée? Il en arrivera nécessairement que, si le cultivateur n'est pas content des jumens qui sont sur son exploitation et qu'il veuille *améliorer*, comme il dit, leurs productions, il cherchera à croiser ses jumens par un étalon d'une autre race; que de cette alliance il sortira d'abord ces productions un peu décousues qui résultent, ai-je dit, d'un premier croisement; que le cultivateur mécontent de ces productions, et par suite de l'étalon qui les a données, ira en chercher un autre, d'une autre race très probablement, et qu'ainsi au lieu d'avoir la conversion successive d'une race dans une autre, ce qui doit être le but du métissage, il n'obtiendra plus que des produits aussi variables en formes et en qualités que les changemens qu'il opérera dans les étalons.

Si, au lieu d'adapter le mot *appareillement* à des alliances entre des animaux de la même race, il l'adapte à des alliances entre des animaux de race différente, il en résultera le même inconvénient que précédemment. Au lieu de s'appliquer à corriger les défauts accidentels de la race par le choix et l'emploi des meilleurs étalons et jumens de cette race, il ira, dans l'idée de *mieux appareiller* les jumens, chercher des étalons au dehors, et il retombera dans ces métissages sans suite qui ont détruit presque toutes les races nobles en France sans en créer de nouvelles. Je suis très porté à croire que c'est à cette faute de s'entendre suffisamment sur les expressions qu'il est dû qu'on se fait des idées si diverses et si fausses des moyens à employer pour élever des races de chevaux, et que c'est là une des causes de l'ignorance où l'on reste à cet égard.

On pourra bien avancer que les acceptions que je donne aux mots sont purement conventionnelles, puisqu'à la rigueur on peut dire qu'améliorer une race, c'est la changer en lui ôtant des défauts et en lui donnant des qualités, et puisqu'on peut tout aussi bien se servir du mot *appareiller* pour des animaux de races différentes que pour des animaux de la même race; mais lorsqu'on réfléchira aux inconvéniens qui résultent des acceptions vagues ou appliquées à des opérations différentes, on sera porté, je pense, à admettre celles de convention, il est vrai, mais précises, que j'ai adoptées.

CHAPITRE VI.

ÉCONOMIE DU HARAS.

Par économie du haras, je n'entends point la manière dont il doit être lié avec le reste de l'exploitation. J'ai parlé de cet objet dans les premiers chapitres, et j'ai fait voir que c'était encore un sujet tout neuf à traiter ; mais j'entends les soins qui regardent les animaux eux-mêmes : c'est à ces soins qu'il faut attribuer en grande partie les profits ou pertes de l'établissement, et, sous ce rapport, ils méritent d'être l'objet d'un examen approfondi.

ARTICLE PREMIER.

DE LA MONTE, OU DE LA SAILLIE.

L'accouplement dans les chevaux s'appelle *la monte* ou *la saillie*. La manière dont il est dirigé, influant beaucoup sur le nombre des productions, est un sujet important de ce chapitre.

Le temps où doit se faire la monte est celui de la chaleur des jumens. Cette époque a lieu, dans nos climats, ordinairement au printemps : le cheval, comme la plupart des mâles, n'a pas d'époques particulières de chaleur ; il est prêt à la génération quand il rencontre une femelle qui y est disposée. Cet état se reconnaît chez les jumens aux signes suivans : elles sont plus vives, plus inquiètes ; elles cherchent les animaux de leur espèce lorsqu'elles ont la liberté de le faire ; elles hennissent plus fréquemment ; elles portent la queue souvent élevée ; les lèvres de la vulve se gonflent ; il en découle un mucus filant, jaunâtre, blanchâtre ; les jumens urinent fréquemment, peu à la fois, et presque toujours cette action est suivie de contractions nombreuses des lèvres de la vulve et du clitoris, qui paraît, à l'extérieur, rouge et gonflé. Les jumens *se campent* même quelquefois sans uriner, comme pour opérer cette action, et n'opèrent que les autres.

Ces signes s'observent pendant un temps plus ou moins long ; c'est l'époque convenable de l'accouplement. Il n'est pas cependant indispensable qu'une jument manifeste ces signes de chaleur pour concevoir ; l'expérience a prouvé souvent le contraire.

« Beaucoup d'auteurs recommandent une foule
» de précautions avant et après la monte, soit
» pour les étalons, soit pour les jumens, comme
» de les mettre à une nourriture plus échauf-
» fante pendant quelque temps, de leur donner
» même des drogues qu'on croit propres à ex-

» citer la chaleur dans la jument et la fécondité » dans l'étalon; de les saigner, de les purger, » de les mettre à l'usage des rafraîchissans, du » son, des préparations d'antimoine, lorsque la » monte est terminée, sous le prétexte qu'ils sont » échauffés et qu'ils ont besoin d'être rafraîchis. » Toutes ces mesures, toutes ces précautions, » qui tendent, les unes, à forcer la nature, les » autres à l'épuiser encore davantage, sont mau- » vaises. Ne doit-on pas dans ce cas, comme » dans tous, suivre la marche de la nature au » lieu de la contrarier?

» Il suffit donc, avant et pendant la monte, » d'augmenter un peu la nourriture de l'étalon » pour le fortifier et réparer ses pertes, et de la » lui donner meilleure et mieux choisie. C'est » ainsi, par exemple, qu'on peut ajouter quelques » poignées de froment ou de pois, ou de len- » tilles, ou de féveroles, ou d'autres graines lé- » gumineuses, à sa ration accoutumée. Le che- » nevis, le fenu-grec connu sous le nom de » sennegrain et les autres graines échauffantes » sont inutiles et quelquefois nuisibles. »

Si l'étalon est abandonné dans un bon pâtu- rage, et qu'il préfère la nourriture verte qu'il y trouve, il n'y a rien à lui donner, et c'est cer- tainement la meilleure, surtout quand il est en- core jeune. C'est également la meilleure pour la jument ; il est de fait que celle qui est au vert retient plutôt que les autres : du reste, elles n'ont besoin d'aucun régime particulier.

Il n'y a même pas besoin d'augmenter la nourriture de l'étalon nourri au sec, quand il a peu de jumens à servir. Une raison de l'infécondité est certainement l'obésité soit du mâle, soit de la femelle.

La saillie a lieu de deux manières, en liberté, ou à la main.

Dans les haras sauvages, et souvent dans les haras parqués, elle se fait en liberté ; elle se fait le plus ordinairement à la main dans le haras domestique.

Dans la monte en liberté, l'étalon est laissé avec les jumens, et il les saillit quand et comme il le veut. Dans les haras parqués, on retire l'étalon quand le gardien pense que toutes les jumens ont été saillies. Cette méthode est certainement la meilleure pour la reproduction, c'est elle qui donne le plus grand nombre de poulains sur une quantité fixée de jumens saillies ; on conçoit en effet que les animaux libres doivent se livrer à cet acte seulement dans les conditions les plus naturelles, les plus favorables par conséquent à le rendre fructueux. La monte en liberté a néanmoins quelques inconvéniens que je dois d'autant plus faire connaître que c'est elle que je conseillerai d'employer tant qu'il sera possible de le faire.

Dans un haras parqué, où l'étalon est libre avec le nombre de jumens qu'il doit saillir, il s'épuise quelquefois en saillissant plusieurs fois de suite la même jument, en sorte que quelques unes peuvent rester sans être couvertes. La répétition trop fréquente des saillies est d'ailleurs inutile pour la reproduction, puisqu'il suffit souvent d'une seule pour la fécondation. J'ai déjà dit aussi quelle influence un mâle affaibli au moment de l'acte de la génération pouvait avoir sur la vigueur de ses produits, et peut-être sur la quantité respective des sexes. Dans un haras parqué de Hongrie j'ai vu un étalon épuisé par la fréquence des saillies de la même jument (1). Des sauts trop nombreux pourraient donc rendre malade et détériorer un étalon précieux qu'on aurait le plus grand intérêt à conserver. Il ne faut pas croire néanmoins que deux ou trois saillies, à peu d'intervalles, soient un mal; ce sont au contraire ordinairement les plus fructueuses dans la monte en liberté, quand la jument cesse en-

(1) Il saillit cette jument pendant que je visitais le haras; le gardien nous dit que c'était la seizième fois environ qu'il la montait, depuis le matin.

suite de recevoir le mâle : presque toujours alors la plénitude est assurée. La première saillie est tumultueuse et ne porte point de fruit ; il n'en est plus de même de la seconde ou de la troisième, qui se fait tranquillement dans toutes les circonstances les plus favorables à la conception.

Quelquefois encore l'étalon n'affectionne qu'une jument et refuse de saillir les autres, en sorte qu'elles ne se trouvent point pleines.

Dans le premier moment de la monte, quelques jumens qui ne sont point en chaleur frappent l'étalon qui les approche et le blessent ; quelques jumens jalouses frappent les autres jumens, les éloignent, les tourmentent et les empêchent d'être en aussi bon état qu'il est à désirer que soient les jumens destinées à la reproduction ; enfin, dans ces mêmes haras où les jumens sont saillies tous les ans, le poulain qui n'a que quelques jours de naissance et qui suit sa mère peut être blessé par l'étalon.

Tous ces inconvéniens sont graves, comme l'on voit ; mais aussi il faut remarquer qu'ils ne peuvent guère se rencontrer que dans les haras parqués ; qu'ils sont, par conséquent, étrangers à nos haras domestiques de France.

Passons maintenant à la monte à la main.

« Dans la monte à la main, la jument est gar-

» rottée et attachée, de manière à recevoir l'étalon même malgré elle; on la place sur un terrain uni; on lui met une bricole, et aux pieds de derrière des entraves dont les longes se croisent sous le ventre, viennent se fixer à deux anneaux attachés, un de chaque côté de la bricole. La jument est tenue avec un bridon, même quelquefois avec un torchenez, et le palefrenier lui tient la tête haute pour l'empêcher de ruer.

» Dans les établissemens où la saillie est fréquente, comme dans les dépôts d'étalons, on enfonce en terre deux poteaux semblables aux piliers des manéges : ils sont percés chacun d'un trou à la hauteur de la tête de la jument, ou garnis d'un anneau de fer pour attacher les longes du licol, qui sert alors en place de bridon.

» L'étalon est amené avec un caveçon ou avec un licol à deux longes, tenues de chaque côté par un homme; lorsqu'il est trop ardent, on lui met des lunettes, c'est à dire qu'on lui couvre la vue; on l'approche peu à peu de la jument; on l'empêche de la monter avant d'être en bon état, et lorsqu'il y est, on lui laisse la liberté en lâchant de la longe de chaque côté; un des hommes dirige le membre dans la vulve, et écarte la queue de la jument,

» ou les crins qui pourraient gêner l'introduc-
» tion. Celui qui est à la tête de la jument lui
» ôte alors le torche-nez. Lorsque l'étalon a
» fini, on avance la jument d'un pas, après avoir
» détaché les longes du licol des piliers, quand
» il y en a, et ceux qui tiennent l'étalon l'em-
» pêchent en même temps d'avancer sur elle,
» et le font descendre doucement et sans re-
» culer. »

Qui pourrait s'empêcher de rire en voyant un tel appareil, s'écrie *Ammon*, auteur allemand, pour une opération toute naturelle? Ne semblerait-il pas que le cheval ait besoin du secours, de l'enseignement de l'homme pour la pratiquer, et que sans lui il ne puisse se reproduire; ou plutôt l'homme ne peut-il pas être accusé de faire tout son possible pour empêcher qu'elle soit suivie du succès? C'est aussi ce qui arrive bien souvent et il n'est pas rare de voir la moitié des jumens saillies de cette manière tumultueuse, anormale même, ne pas retenir.

Ce n'est pas le seul inconvénient de cette opération; l'étalon, toujours plus ou moins fougueux, s'enlève sur ses jarrets, se précipite sur la jument sans être en état, et les palefreniers qui le tiennent le font descendre, le font reculer à coups de caveçon; l'animal recommence bientôt, et ces manœuvres, qu'il est impossible d'empêcher, lui ruinent les jarrets plus ou moins promptement; quelquefois même l'animal se renverse et se blesse grièvement; il se fatigue toujours plus dans une pareille saillie qu'il ne le ferait souvent par un exercice violent et s'ôte ainsi le moyen de saillir plusieurs fois dans la journée.

Le peu de fécondité des saillies à la main a fait rechercher différens moyens pour faire retenir les jumens; on a prescrit de leur jeter un seau d'eau fraîche sur la croupe, de les passer à l'eau, de les faire trotter, de leur frotter le dos avec un bâton; mais qu'attendre de pareilles mesures, basées sur des idées, sur des hypothèses plus ou moins erronées, relatives à l'acte de la conception? Aussi il en résulte peut-être encore moins de fécondations que si on ne faisait rien du tout. « Que font en effet les femelles des animaux sauvages dans ce cas? que » font celles de nos animaux domestiques qui » jouissent d'un peu de liberté? La plupart se » retirent à l'écart, se couchent et se reposent. » Le bouchonnement même que quelques personnes font pratiquer après la saillie ne doit pas être mis en usage: en chatouillant la jument, il peut encore troubler l'œuvre de la conception. Je sais qu'on pourra me citer une foule de faits contraires à ce que j'avance contre ces pratiques; mais enfin on ne peut pas dire qu'elles ne sont pas mauvaises, qu'elles sont innocentes, parce que le mal possible n'est pas toujours produit.

Les Allemands ont cherché à éviter les inconvéniens de la monte à la main, et ils ont adopté dans quelques haras la méthode de faire faire pour la monte une espèce de rotonde en bois couverte ou non couverte, ayant le bas des parois intérieures disposé comme celui d'un manége : cette rotonde est assez grande pour que les deux animaux puissent y être à l'aise, mais non pas assez pour qu'ils puissent y trotter. C'est dans cette rotonde qu'on place l'étalon et la jument après s'être assuré, par le boute-en-train, que celle-ci était bien disposée à recevoir le mâle (1). L'un et l'autre sont déferrés préalablement et abandonnés dans cette place jusqu'à ce que la saillie ait été faite; une lucarne donne la facilité d'examiner comment les choses

(1) On appelle *boute-en-train* dans les haras un cheval entier qu'on présente aux jumens pour voir si elles sont en chaleur, et qu'on retire ensuite sans le laisser saillir, quand on s'est convaincu que les jumens étaient ou n'étaient pas bien disposées. On l'emploie encore à faire entrer en chaleur celles qui ne sont pas dans cet état, en le plaçant momentanément à côté d'elles à des intervalles rapprochés.

se passent. L'étalon et la jument conservent seulement un licol et une courte longe pour qu'on puisse facilement les reprendre après l'acte de la saillie. J'ai entendu dire beaucoup de bien de cette méthode dans quelques haras d'Allemagne.

Malgré ses désavantages, la monte à la main est indispensable quelquefois; c'est dans le cas où l'étalon est très méchant, c'est dans celui où la jument l'est également. Cette manière empêche les animaux de se battre et de se blesser; elle est encore nécessaire quand on veut faire saillir une grande jument par un petit étalon ou une petite jument par un grand mâle : dans le premier cas, on place la jument sur un terrain plus bas, ou du côté le plus bas d'un terrain en pente; dans le second cas, on fait le contraire. On se rappellera à ce sujet que j'ai dit qu'il fallait éloigner, autant que possible, de la reproduction les animaux méchans, et qu'en thèse générale il fallait que les femelles fussent plus grandes et plus étoffées que les mâles.

Quoiqu'il vaille mieux pour la monte attendre que la jument soit devenue naturellement en chaleur; cependant on peut, dans les haras privés, avancer cet acte quand les circonstances de l'exploitation font préférer que le poulain vienne un peu plus tôt: on peut, pour les mêmes raisons, retarder la saillie pour faire venir le poulain plus tard; cependant cette dernière opération n'est pas sans désavantages, parce qu'il est des jumens qui, lorsque les chaleurs sont passées, ne rentrent pas dans cet état, ou n'y reviennent qu'à des époques de l'année trop éloignées.

Pour faire entrer les jumens en chaleur plus vite ou plus tôt, on peut les placer sinon à côté de l'étalon, au moins de manière à ce qu'elles l'entendent, dans la même écurie, par exemple, et de manière à ce qu'il n'en puisse résulter des accidens; on les retirera ensuite aussitôt qu'elles deviendront dans cet état, pour les placer autre part; sinon elles se tourmenteraient trop ainsi que l'étalon, ce qui ne serait pas sans inconvénient. Quelquefois il suffit de les présenter au boute-en-train, et mieux encore à l'étalon pour leur faire connaître celui-ci, ou de les nourrir un peu plus abondamment. Quelques personnes les font tout simplement saillir. Cette opération n'a point d'inconvénient si la jument ne refuse pas l'étalon; mais elle peut, selon *Winter*, rendre la jument difficile à se laisser couvrir pour le reste de sa vie, si on la fait saillir de force. « Alors » elle ne deviendra jamais amoureuse, mais » plutôt ennemie des étalons et ne concevra » pas; et même cette aversion lui demeure

» comme naturelle, et quoique avec le temps » l'envie la prenne de se soumettre, c'est pourtant avec danger qu'elle ne se revanche un » jour contre l'étalon, puisqu'il se conserve » quelque impression dans sa mémoire du premier assaut violent qu'il lui a fait auparavant. » (*Winteri, G. S. tractatio nova de re equaria.*) Il conseille aussi, pour faire venir la jument en chaleur, « de frotter, avec une éponge » neuve, les parties naturelles du roussin, et » puis les naseaux de la cavale, ce que l'on doit » réitérer plusieurs fois. »

Il faut, autant que possible, s'arranger de manière à ce que les poulains viennent avec la belle saison. Quoique les écuries soient bonnes, sèches, bien aérées, quand les jeunes animaux viennent trop tôt, on n'est pas toujours maître de les empêcher de souffrir du froid et de l'humidité.

On demande souvent quel nombre de jumens chaque étalon peut saillir, et quel nombre de fois il doit saillir chacune. Pour la première question, il semble que le nombre de saillies doit être subordonné à l'âge de l'étalon et à son aptitude plus ou moins prononcée à la saillie : il est certainement des animaux qui peuvent saillir beaucoup plus souvent que d'autres. Cette aptitude ne tient pas à la vigueur apparente, elle ne tient pas davantage à la race, quoiqu'on l'ait dit, mais à une faculté réelle, individuelle, qui ne se reconnaît que par l'usage.

En thèse générale, l'étalon dans la force de l'âge peut saillir plus souvent que l'étalon jeune ou vieux, surtout que ce dernier. Il faut étudier l'étalon pour voir combien il peut saillir sans se fatiguer, s'il peut saillir par exemple deux fois par jour, ou s'il ne peut faire le saut qu'une fois. Il n'y a que les vieux chevaux qui ne peuvent être employés que de deux jours l'un. Les signes qui annoncent que l'étalon peut saillir deux fois par jour sont quand il opère la seconde saillie, celle du soir, aussi vite, aussi promptement que celle du matin. Si l'on s'aperçoit donc qu'il est moins prompt ; si on s'aperçoit que cette saillie du soir produise les mêmes effets sur celle du lendemain, on ne le fera alors saillir qu'une fois par jour ; et ce doit être le cas le plus ordinaire quand on ne veut pas risquer de fatiguer le mâle.

Il ne faut pas prendre l'ardeur avec laquelle l'animal se disposera à la saillie pour de l'aptitude à cette saillie; il est beaucoup d'étalons qui manifestent cette ardeur et qui n'en sont pas plus aptes pour cela : c'est la promptitude avec laquelle elle se fait et sa régularité qui en sont les signes les meilleurs. Il est cependant quelques chevaux qui ne se disposent que lentement, qui jouent avant de saillir : il ne faut pas confondre ces cas différens. C'est, je le répète, quand il mettra beaucoup plus de temps à saillir la seconde fois que la première, que l'on jugera que deux saillies sont nuisibles, quelle que soit d'ailleurs l'ardeur que l'animal semblera y apporter.

Ce qui précède doit faire voir que je partage complétement la manière de penser des personnes qui ont dit que, si plusieurs jumens bien en chaleur étaient amenées à l'étalon le même jour, on pourrait, sans inconvénient pour celui-ci et pour profiter des bonnes dispositions des femelles, faire saillir l'étalon plusieurs fois dans la journée, trois ou quatre fois par exemple ; il suffirait ensuite de le laisser reposer un temps suffisant pour réparer ses pertes.

Quant au nombre de fois que chaque jument peut être saillie, on est dans l'habitude, dans les haras privés, de faire couvrir les jumens trois fois, à deux ou trois jours d'intervalle : c'est une assez bonne méthode. Quand la jument a bien reçu l'étalon et a été saillie tranquillement sans se défendre, il y a lieu d'espérer qu'elle a retenu : il est bon cependant de la représenter quelques jours après à l'étalon, et de la laisser saillir si elle paraît le désirer ; mais il faut la retirer si elle fait la moindre difficulté, et la regarder comme pleine. C'est un entêtement bien mal entendu de la part du propriétaire de vouloir absolument user de la faculté qu'on leur accorde dans les haras d'exiger trois sauts pour chaque jument. Cette saillie forcée détruit souvent l'effet de la première ou de la seconde, et est certainement une des causes de la non-plénitude des jumens couvertes par les étalons royaux.

On doit voir, d'après ce qui précède, que le nombre des jumens qu'un étalon peut saillir est très variable, puisque celui-ci peut servir depuis une fois tous les deux jours, jusqu'à deux fois par jour, et couvrir chaque jument une fois ou trois fois. Dans les haras parqués, où la monte se fait en liberté au gré de l'étalon et où l'étalon est placé de suite avec toutes les jumens, on a remarqué qu'une trentaine de jumens étaient aisément fécondées par le même cheval dans l'espace de six semaines environ. S'il en saillit plusieurs fois quelques unes, il y en a beaucoup qu'il ne saillit qu'une fois. C'est aussi à peu près le nombre que saillit un étalon dans les haras domestiques lorsque la monte est combinée comme je viens de l'indiquer plus haut. Le cheval qui saillirait deux fois par jour pourrait cependant couvrir un beaucoup plus grand nombre de jumens.

L'étalon qui fait la monte peut certainement

travailler, pourvu que le travail ne le fatigue pas : ainsi celui qui saillit tous les deux jours peut travailler assez fortement. Le travail modéré, qui n'est presque qu'un exercice, augmente même la vertu prolifique. Il faut seulement que la saillie ne se fasse qu'après le repos, et pas immédiatement après l'exercice; il faut aussi qu'elle se fasse quelque temps après le repas, quand la digestion est terminée. Ces deux fonctions ne peuvent marcher ensemble sans se contrarier réciproquement.

Il en est de même des jumens : le point essentiel pour elles est que le repos non seulement précède, mais encore suive l'acte du coït, afin que des mouvemens désordonnés, après qu'il est terminé, ne l'empêchent pas d'être fructueux. C'est donc bien à tort que, dans beaucoup de lieux, on fait faire des courses aux jumens immédiatement après la saillie : il faut au moins les laisser trois ou quatre heures tranquilles dans un lieu qu'elles connaissent. Qu'on observe bien presque tous les animaux, et l'on verra que l'acte de la fécondation ne s'opère presque toujours que dans les momens de calme et de repos : c'est donc le matin qui est le meilleur moment après le calme de la nuit.

Il est des jumens chez lesquelles les chaleurs se manifestent avec une violence extrême, et qui cependant refusent obstinément l'étalon. Cet état est ordinairement dû à une maladie des organes de la génération, et c'est une mesure très mal entendue que de forcer ces jumens à recevoir le mâle. La copulation augmente cet orgasme au lieu de le calmer : c'est un traitement curatif, ou hygiénique au moins, qui doit être employé; c'est alors du domaine de la médecine vétérinaire, dont je ne dois pas m'occuper.

ARTICLE II.

DE LA GESTATION, OU DE LA PLÉNITUDE.

Dans les premiers temps qui suivent la saillie, les signes de la plénitude sont très incertains. La cessation des chaleurs n'en est même pas un, puisque dans presque toutes les jumens qui ne sont pas couvertes, comme dans celles qui l'ont été, ce signe se passe assez vite, et beaucoup plus vite encore dans celles qui travaillent fortement; puisque enfin les chaleurs persistent même quelquefois encore un certain temps dans les jumens qui ont conçu. Le ventre augmente bien un peu; néanmoins ce signe est souvent si incertain, qu'on ne peut pas s'y fier. Mais, après six mois, le poulain se fait apercevoir par des mouvemens marqués à l'extérieur, au flanc droit principalement: presque toujours dès lors le ventre de la jument descend, *s'avale*, et la partie supérieure des flancs se creuse un peu ; souvent les muscles qui forment la croupe s'affaissent aussi, en sorte que les hanches et la base de la queue paraissent s'élever davantage. La jument devient plus lourde, plus lente ; ses mouvemens sont moins brusques ; elle supporte beaucoup plus patiemment le joug de la domesticité ; un instinct, ou plutôt une nouvelle manière d'être, la force à cesser des efforts qui pourraient nuire au produit qu'elle porte ; enfin dans les derniers temps, lorsque la mise-bas approche, les mamelles se gonflent, et la jument écarte les extrémités postérieures lorsqu'elle se décide à trotter.

Excepté dans les derniers jours, ou quand les mouvemens du poulain sont apparens, les autres signes ne sont pas assez certains pour qu'ils fassent décider si la jument est pleine. Il en est, parmi celles de race noble, dont le ventre acquiert peu de volume pendant la plénitude, il en est même parmi celles qui ont porté plusieurs fois, dont le ventre ne diminue plus après le part, et qui, ayant par conséquent toujours à peu près la même corpulence, laissent dans le doute sur leur état pendant presque toute la gestation.

Le seul moyen de s'assurer de la présence du poulain dans les cas douteux, et quand on a besoin de s'en assurer d'une manière positive, serait *de fouiller la jument.* C'est une opération qui consiste à introduire la main et le bras bien huilés dans le fondement, et, après en avoir retiré les crottins qui s'y trouvent, à chercher, par le tact à travers les parois du fondement, la matrice, pour reconnaître l'état dans lequel elle se trouve. Cette opération qui n'est pas sans difficultés, qui demande de la douceur, de l'instruction, et à laquelle les jumens se prêtent très difficilement, ne peut être faite que par un vétérinaire ; on doit même ne la tenter que lorsque des circonstances impérieuses la commandent, parce qu'elle est le plus souvent suivie de l'avortement.

Il est rare cependant qu'on ait besoin de cette opération dans les six derniers mois, parce qu'on peut reconnaître les mouvemens du poulain au flanc et au ventre du côté droit, si on met à cette exploration l'attention et le temps nécessaires, 1°. quand la jument est couchée sur le côté gauche ; 2°. quand elle mange, ou peu après qu'elle a mangé ; 3°. en buvant ou immédiatement après qu'elle a bu : il est aisé de rendre raison de cette possibilité dans de pareilles circonstances.

L'estomac et les gros intestins étant situés dans le côté gauche de l'abdomen, la matrice, dans l'état de plénitude, se trouve rejetée dans le côté droit près des parois du ventre, et les mouvemens du poulain y deviennent sensibles, surtout lorsque, la jument étant couchée sur le côté gauche, tous les viscères sont refoulés à droite; lorsque l'estomac étant plein après le repas, il produit le même effet; enfin lorsqu'une grande quantité d'eau introduite subitement dans l'estomac produit une diminution de température, qui se fait sentir jusqu'au poulain et lui fait exécuter des mouvemens de malaise.

On peut se servir aussi du toucher pour arriver au même but. On se met à côté de la jument, à sa droite, en tournant le dos à sa tête; on place la main droite sur son dos, et avec la gauche on presse sur la partie inférieure du flanc, près du ventre; on cesse de presser, et on attend un instant. Pour l'ordinaire, le poulain, qui a été gêné par la pression, exécute quelques mouvemens, qui se font sentir à la main restée sur le flanc de la jument; on peut renouveler cette pression plusieurs fois, en l'intercalant de quelques instans de repos. La position que j'ai conseillé à l'opérateur de prendre sert à le mettre à l'abri du pied postérieur de la jument, qui assez souvent ne supporte pas l'opération ou le chatouillement qu'elle en éprouve, sans chercher à frapper. La position ne met pas cependant à l'abri de la dent; on se préservera de cet autre genre d'attaque en faisant tenir la tête par un aide.

La gestation ou la plénitude ne doit point empêcher de mettre les jumens à un travail convenable. Combien d'habitans des campagnes ont été à même de constater des faits en faveur de cette opinion? Combien n'est-il pas de jumens qui travaillent jusqu'au dernier moment, et qui n'en amènent pas moins bien leurs poulains à terme et en bon état? Nous pourrions même en citer quelques unes qui ont été soumises aux travaux les plus fatigans sans éprouver d'accidens de ces travaux. Il ne faut pas néanmoins en conclure que des jumens pleines doivent travailler comme si elles ne l'étaient pas, ce serait une grande erreur. Un travail modéré et continu, qui ne les oblige pas à des efforts violens, peut seul leur convenir: le travail, en les lassant un peu, les rend moins disposées à faire des écarts, des sauts, des élans rapides quand un objet inaccoutumé les surprend. Elles ont même moins d'occasions d'être effrayées; elles sont ainsi plus tranquilles, moins exposées aux causes d'avortement. Les jumens propres à la selle, par les mêmes raisons, ne doivent plus être galopées; le trot est tout ce qui leur est permis; encore en faut-il modérer la vitesse et la durée à mesure que le terme du part approche, et il ne faut point les y forcer quand elles refusent, ce serait les exposer à avorter.

La jument pleine qui travaille doit être bien plus soignée que celle qui ne travaille point, elle doit être surtout extrêmement bien nourrie. L'économie, dans ce cas, est, dit mon père, une véritable perte. On fera bien d'ajouter à la nourriture, qui est presque toujours sèche dans ce cas, ce que les Anglais appellent *masche;* c'est un mélange d'orge, d'avoine concassées dans la proportion de deux tiers de la première et d'un tiers de la seconde; mélange sur lequel on a versé de l'eau bouillante, et qu'on donne après l'avoir laissé refroidir dans l'eau jusqu'à la température tiède, et après en avoir retiré l'eau. On se sert aussi des féveroles concassées pour le même usage et de la même manière. Ces alimens sont plus nourrissans que l'avoine, moins stimulans, et favorisent singulièrement l'assimilation. Dans la Normandie, on emploie quelquefois le froment de cette manière, mais sans le concasser, pour engraisser les chevaux qu'on veut vendre : on pourrait l'employer bien plus utilement dans le but précédent.

Si on nourrissait la jument au vert, il faudrait proportionner son travail au peu d'énergie que donne cette nourriture. J'ai déjà dit qu'il ne devait pas être poussé jusqu'à la fatigue : il devrait donc être extrêmement léger.

Quand le terme de la plénitude approche, les jumens ne doivent plus travailler; il est bon de les faire promener au pas pour les sortir de l'écurie, et même de les laisser libres, s'il est possible, dans des enclos, si la saison est chaude; si la la saison est froide, de les tenir dans des stalles très larges ou dans des écuries, où on les laisse sans les attacher. Il faut que ces stalles ou loges soient sèches, un peu chaudes, bien aérées et nettoyées souvent, tous les jours, par exemple, comme pour les chevaux qui travaillent.

Il faut bien se garder d'attacher les jumens dans des écuries à places séparées par des barres, ces barres sont cause d'une foule d'accidens; mieux vaut cent fois laisser toutes les jumens ensemble dans l'écurie et en liberté, comme cela se pratique dans beaucoup de haras parqués du nord et de l'est de l'Europe.

Si on peut les séparer cependant les unes des autres avant la mise-bas, il n'en sera que mieux; il faut toujours le faire immédiatement après. On remarque en effet, dans les haras parqués, que la femelle sur le point de mettre bas se sépare des autres, et s'en tient éloignée jusqu'à ce que son poulain ait pris un peu de force.

Il est quelques bêtes qui ne veulent point

être seules, et qui dépérissent si on les séquestre : c'est une circonstance à laquelle il faut bien faire attention. Il est aussi des jumens qui sont hargneuses et qui tourmentent les autres, ou qui cherchent à s'emparer de toute la nourriture : il est presque inutile de dire qu'il faut les séparer soigneusement.

La gestation dans les jumens dure de onze à douze mois, et les jumens, quand elles sont en bon état, redeviennent immédiatement en chaleur après la mise-bas, en sorte qu'elles peuvent généralement porter un poulain par an.

Des personnes sont dans l'habitude, dans la Normandie et le Limousin, de faire saillir les jumens huit ou neuf jours après qu'elles ont mis bas; dans d'autres pays, dans la Hongrie, par exemple, on les fait saillir trois ou quatre jours après. On prétend que par cette méthode les jumens sont bien plus sûrement fécondées, et il est vrai que l'expérience est d'accord avec cette idée. C'est donc un avantage, sous ce rapport, de faire saillir les jumens peu de jours après la mise-bas. C'est peut-être trop tôt après trois jours; mais ce sera bien de le faire dans la huitaine.

Un autre point à déterminer, c'est de savoir si la gestation annuelle est défavorable ou non.

Dans les haras parqués du nord et de l'est de l'Europe, et dans ceux de la France où les femelles sont employées uniquement à la reproduction, cette méthode n'offre aucun inconvénient quand les femelles sont bien nourries. Elles peuvent porter un poulain en même temps qu'elles en nourrissent un autre, et il n'y a pas pour cela de dégénération dans les races. Un grand nombre de jumens âgées ont donné ainsi de fort belles productions, on m'en a cité qui en avaient donné jusqu'à vingt : ce serait donc une perte pour le propriétaire de ne pas agir ainsi. Doit-il en être de même pour les haras privés dans lesquels on fait travailler les jumens? Je ne le crois pas.

Le travail devient alors défavorable aux jumens ; il les prive d'une partie de leur lait ; leurs productions, tant le poulain qu'elles allaitent que le germe qu'elles portent, doivent se ressentir de l'état de la mère ; il vaut mieux, dans ce cas, pour le propriétaire, ne faire couvrir les jumens que de deux en deux ans. Au lieu d'avoir deux productions chétives qui lui demanderaient beaucoup de soins, qu'il n'éleverait peut-être qu'avec peine après beaucoup de sacrifices, il en aura une qui sera plus vigoureuse, qui lui aura coûté bien moins individuellement, et qui, étant meilleure, sera d'une bonne défaite.

Mais si on a d'autres animaux pour faire le travail de la ferme, il vaut mieux employer toutes les jumens à la reproduction, en les faisant porter tous les ans. Le fœtus qu'elles alimentent pendant l'allaitement compense, au bout de la gestation, le travail qu'elles auraient fait, et ce régime leur est très convenable, pourvu qu'une bonne nourriture leur soit fournie.

Dans les cas où les jumens sont couvertes tous les ans et ont donné trois poulains consécutivement, il est bon quelquefois de les laisser reposer la quatrième année, on les conserve plus sûrement en bon état; on les rétablit si elles ont souffert, et cela au grand avantage des productions qui viennent ensuite.

Un soin essentiel à avoir des jumens qu'on soupçonne pleines est de les éloigner des chevaux entiers: pour elles, presque toujours l'approche de ceux-ci est une cause d'avortement; de plus, si les jumens sont près de l'étalon et le sentent ou le voient, elles redeviennent souvent en chaleur, et le propriétaire, trompé par cette fausse apparence, livre de nouveau sa jument à la saillie et détruit la conception qui avait eu lieu.

La plupart du temps, on abandonne en France les jumens pleines sans les panser: ce soin serait, il est vrai, difficile pour celles qui, dans la belle saison, restent le jour et la nuit dans les pâtures; mais il serait facile, dans la mauvaise saison, pour celles qui sont rentrées à l'écurie; il serait même facile pour celles que, dans la belle saison, on rentre tous les soirs. Le pansement exerce la plus heureuse influence sur les animaux qui y sont soumis. Il améliore singulièrement leur santé; il contribue même à leur donner des qualités, telles qu'une peau plus fine, un pelage plus fin, plus lustré; une souplesse plus grande des articulations.

Qu'on ne croie pas que les poulains ne doivent pas se ressentir de ces améliorations chez la mère; j'ai prouvé, ce me semble, manifestement, au commencement de cet écrit, que, continuées de génération en génération, elles contribuaient, sans aucun doute, à l'amélioration des races.

Dans la mauvaise saison, lorsque les pâturages sont humides et le temps froid, les plantes qu'ils renferment n'ont plus les sucs nécessaires à une bonne alimentation; et les jumens qu'on y abandonne sans autre nourriture ne peuvent jamais s'y sustenter convenablement. C'est pour les faibles une source de maladies, c'est pour les plus vigoureuses une cause de dépérissement, dont le fruit qu'elles portent ne peut éprouver que les plus funestes effets. Il faut donc ne les laisser jamais sortir dans cette saison sans leur avoir donné préalablement une ration d'une bonne nourriture; les *masches* dont j'ai déjà parlé dans cet article sont une excellente chose, surtout pour la jument pleine qui allaite encore un poulain.

ARTICLE III.

DE L'AVORTEMENT.

Quand le poulain vient au monde, ou, comme l'on dit, quand il est jeté avant le terme de la mise-bas, il y a *avortement ;* il y a encore avortement quand il vient à terme, mais mort.

Cet accident a les graves inconvéniens suivans : non seulement il fait perdre au nourrisseur le fruit de ses peines et de ses avances, et l'oblige presque toujours à laisser la jument une année sans être couverte, dans le but de la remettre de l'affection qui a produit l'avortement, mais encore il arrive qu'il se répète et laisse ainsi, ce qui est bien plus fâcheux, les jumens inféconde des pour le reste de leur vie. Il faut donc éviter avec soin tout ce qui peut le produire : je ne ferai que citer ici ses causes les plus ordinaires. Ce sont les efforts violens, les coups, les heurts dans les brancards ou par le timon des voitures; des coups d'éperon trop subits et très violens, qui surprennent les jumens et leur font faire des élans violens. Ce sont les coups qu'elles se donnent en entrant dans des portes trop étroites ou dont les angles sont aigus : aussi, dans les haras bien tenus, a-t-on le soin de faire faire les entrées larges ; ensuite de faire arrondir la maçonnerie des portes des écuries, ou même d'y placer de forts rouleaux de bois perpendiculaires, qui tournent sur leur axe et rendent ainsi les chocs moins dangereux. Une cause d'avortement, à laquelle on ne fait pas assez attention, se trouve dans ces bourbiers ou ces fondrières que les jumens sont obligées souvent de traverser pour se rendre ou revenir des pâtures, et dont elles ne peuvent se tirer qu'avec des efforts qui font périr leur fruit. Une autre cause se trouve dans la coutume d'entraver les jumens qu'on met dans des champs non clos ou dans les communaux. On conçoit, en effet, que ces entraves, par la position gênée qu'elles forcent la jument de prendre à chaque instant, sont une cause d'avortement ; mais encore cette position gêne le développement de l'utérus, gêne par conséquent celui du fœtus, et si elle n'altère pas déjà la constitution du jeune animal dans le sein de sa mère, elle concourt à le priver de cet ensemble de belles formes qui font souvent la plus grande valeur des jeunes chevaux.

Enfin les boissons froides prises ou dans des ruisseaux qui coulent au fond des vallées, ou dans des sources au moment de leur sortie de terre, sont encore des causes peu apparentes, mais fréquentes, d'avortement.

« Il est des jumens dans lesquelles l'avortement » n'est ni précédé, ni accompagné, ni suivi » d'aucun signe maladif; elles jettent le pou- » lain et l'arrière-faix, ou ce qu'on appelle le » délivre sans en paraître aucunement incom- » modées : dans d'autres, cet accident est la » suite d'une maladie grave qui exige les soins » d'un vétérinaire. »

Il est souvent difficile de connaître les causes qui produisent le premier genre de ces avortemens. Ils sont quelquefois la suite d'une constitution particulière à la femelle, et surtout d'une constitution molle, lymphatique. On doit rejeter de la reproduction une bête qu'on croirait avoir avorté par cette cause. Quelquefois ces avortemens sont enzootiques à la suite d'une constitution atmosphérique malsaine, et ils sont accompagnés de quelques maladies : ce ne sont que des épiphénomènes de celles-ci. Le vétérinaire instruit est la seule personne à consulter. Enfin, dans le cas où ils sont produits par une maladie particulière de la matrice, c'est encore aux soins de ce dernier qu'il faut avoir recours. Il serait trop long et hors de notre sujet d'indiquer ici toutes ces maladies.

« Si le poulain ou les membranes qui l'enve-
» loppent se présentent à l'extérieur de la vulve
» sans pouvoir sortir, il faut les tirer douce-
» ment, et même les aller chercher jusqu'à l'o-
» rifice de la matrice, qui est quelquefois res-
» serré et s'oppose à leur sortie; on se frotte
» la main et le bras avec de l'huile douce ou du
» beurre ; on introduit la main au fond du va-
» gin, et on cherche à dilater ou à élargir peu
» à peu l'orifice de l'utérus avec les doigts; le
» tout vient assez ordinairement après quelques
» tentatives. Il est d'autant plus important d'al-
» ler doucement dans ce cas, que des tentatives
» brusques et violentes pourraient donner lieu
» à la chute de la matrice. »

En transcrivant cet alinéa de l'ouvrage de mon père, je répéterai ici que toutes ces opérations doivent être faites par un vétérinaire qui ait étudié dans les écoles; qu'il ne faut pas se croire capable de pratiquer une opération, parce qu'on la conçoit bien ; qu'il est des dispositions accidentelles des parties que le vétérinaire instruit seul peut reconnaître ; il n'est même que trop commun, dans des cas ordinaires, de voir des maréchaux praticiens se tromper lourdement : tel est, par exemple, celui dont parle mon père, qui avait pris les enveloppes du poulain pour le vagin renversé, et qui, après avoir fait rentrer ces enveloppes, se disposait à faire un point de suture à la vulve, lorsque la jument, par une contraction nouvelle, jeta tout dehors, avant que l'opération désastreuse fût faite.

Dans tous les cas, il est bon néanmoins, surtout si le poulain paraissait être mort depuis quelque temps, de faire dans le vagin des injections d'eau tiède ou d'eau de mauve, pour déterger les parties et calmer l'irritation qui peut y exister. Il suffira de les faire avec douceur et avec une seringue à canule grosse, arrondie, et à terminaison en arrosoir, s'il est possible.

Dans quelques cas, à la suite de l'avortement à terme, les mamelles s'emplissent comme si le poulain était vivant, et elles deviennent douloureuses, faute d'être vidées. Il faut, pour prévenir cet accident, traire la jument à plusieurs reprises et pendant plusieurs jours. C'est même quelquefois un moyen dérivatif puissant qui diminue l'intensité d'une maladie ou en prévient l'invasion. Le vétérinaire, autant que possible, devra être consulté sur l'opportunité de la mesure.

Quand la jument a porté son poulain à terme, la mise-bas est une opération naturelle, simple, qui fait peu souffrir la mère; elle ne devient une maladie que par accident ou par les soins malentendus que la domesticité y met quelquefois.

ARTICLE IV.

DE LA MISE-BAS.

« L'accouchement prochain s'annonce non » seulement par le ventre, qui est entièrement » tombé, et par l'amplitude des mamelles, qui » laissent échapper des gouttes d'un lait gluant, » visqueux, sans couleur, mais encore par » l'engorgement des jambes de derrière, par le » malaise général qu'éprouve la jument, par sa » plus grande difficulté à marcher, par sa pe- » santeur, par son agitation presque continuelle, » par la difficulté qu'elle a de trouver une bonne » place, par le remuement fréquent de la queue » et par la manière élevée dont cette partie est » portée, par le gonflement de la vulve, par l'é- » coulement d'une humeur séreuse rougeâtre.

» Toutes les femelles des animaux mettent » bas seules et sans secours étrangers; il arrive » rarement qu'elles aient besoin d'aides, et il » faut même se garder de les prodiguer à con- » tre-temps : par exemple, beaucoup de person- » nes se hâtent, dès que les membranes parais- » sent au bord ou hors de la vulve, de les per- » cer, de donner lieu à l'écoulement des eaux, » et de tirer le poulain hors de la matrice, même » avec efforts. Cette manœuvre précipitée, et

» avant que la nature ait disposé peu à peu les » parties à se dilater et à faciliter le passage, re- » tarde ordinairement le part ou l'accouchement » au lieu de l'accélérer, comme on le croit, et » donne assez souvent lieu à des accidens.

» Il en est de même de tous les breuvages que » l'on recommande comme propres à faciliter » l'accouchement et la sortie du délivre : ils sont » composés de drogues échauffantes, et ils font » réellement plus de mal que de bien. »

La seule précaution que l'on puisse employer est de donner à la jument quelques petits lavemens d'eau tiède seulement ; ils servent à faire vider le rectum des excrémens qu'il contient ; ils relâchent même les organes de la génération et facilitent le part. Il ne me paraît pas prudent de vider le rectum avec la main, parce que cette opération excite ordinairement la jument à des contractions qui lui seraient nuisibles.

« La jument pouline ordinairement debout, » quelquefois couchée ; dans le premier cas, » le poulain ne se fait point de mal en tom- » bant : il est retenu en partie par les mem- » branes dans lesquelles il est enveloppé, et par » le cordon ombilical. Il présente le bout du » nez et les deux pieds de devant ; il est poussé » par les contractions de la matrice et des mus- » cles du bas-ventre ; contractions qui détermi-

» nent la mise-bas. Les pieds de devant crèvent
» les membranes, facilitent le passage en faisant
» l'office de coin, et le poulain roule plutôt qu'il
» ne tombe. Au reste, cette opération est ordi-
» nairement très prompte, et ne dure pas plus
» de quelques minutes. »

J'ai vu faire tenir quelquefois une toile ou un sac derrière la jument pour y recevoir le poulain et le poser plus doucement à terre : cette précaution n'est pas nuisible quand on peut la prendre.

« Le cordon ombilical se rompt ordinaire-
» ment lors de la sortie du poulain, quand la
» jument pouline debout, ou lorsqu'elle se re-
» lève quand elle a pouliné couchée ; la secousse
» que cette rupture occasione facilite la sortie
» de l'arrière-faix ou du délivre. »

» Si la rupture n'a pas lieu naturellement,
» la jument mâche le cordon et le rompt elle-
» même. Elle mange aussi quelquefois, ainsi que
» les autres femelles des animaux, le délivre lors-
» qu'on ne le lui ôte pas aussitôt sa sortie, et on
» n'a point observé encore qu'il en soit résulté
» le moindre inconvénient.

» Si le cordon ne s'était point rompu, que la
» jument ne l'eût point mâché, ou qu'elle fût
» faible, il suffirait de le couper à quelques centi-
» mètres du nombril et de le lier à son extrémité. »

On doit regarder comme dénué de fondement tout ce qu'on a dit de l'hippomane : ce sont des absurdités qu'on ne peut pas réfuter sérieusement aujourd'hui. On appelle, en anatomie vétérinaire, de ce nom des corps molasses, olivâtres, aplatis, plus ou moins gros, ayant rarement plus de neuf à dix centimètres de long, au nombre d'un à quatre, qu'on trouve dans l'humeur de l'allantoïde, l'une des membranes qui composent l'arrière-faix ou le délivre. On ignore encore comment ces corps sont formés ; on croit qu'ils ne sont qu'une excrétion.

« Pendant le travail de la mise-bas, il est im-
» portant de ne point distraire la jument par la
» présence de plusieurs personnes dans l'écurie
» ou autour d'elle ; il faut la laisser parfaitement
» tranquille. Les femelles de toutes les espèces
» d'animaux se retirent à l'écart dans cette cir-
» constance ; le plus grand nombre met bas la
» nuit, ou cherche au moins l'absence de la lu-
» mière. Il suffit, après la mise-bas, de bou-
» chonner doucement et de couvrir la jument,
» de lui donner quelques seaux d'eau blanche
» dégourdie.

» Lorsque le délivre ne suit pas immédiate-
» ment le poulain, il ne faut pas se hâter de
» l'extraire. On attendra quelques heures, même
» jusqu'au lendemain sans danger : alors il fau-

» dra se conduire comme nous l'avons indiqué » pour l'avortement et avec autant de dou- » ceur, pour éviter également la chute de la » matrice. »

M. *Demoussy*, ancien vétérinaire du haras de Pompadour, dit qu'on peut même attendre, pour essayer de délivrer la jument, tant que le cordon ne commence pas à se putréfier.

Quand la jument est libre dans les pâturages, les soins deviennent moins nécessaires ; il en est quelques uns cependant qu'on peut avoir dans quelques endroits. En Angleterre, on a construit de petites écuries où la jument se retire à volonté, soit pour se soustraire aux intempéries des saisons, soit pour pouliner. J'ai vu, dans quelques haras parqués d'Autriche, de simples murs construits au milieu des pâturages dans le même but ; ils formaient trois angles réunis par leurs sommets de la manière ci-contre, afin de mettre les animaux à l'abri des pluies battantes et des vents, n'importe le côté d'où ils venaient.

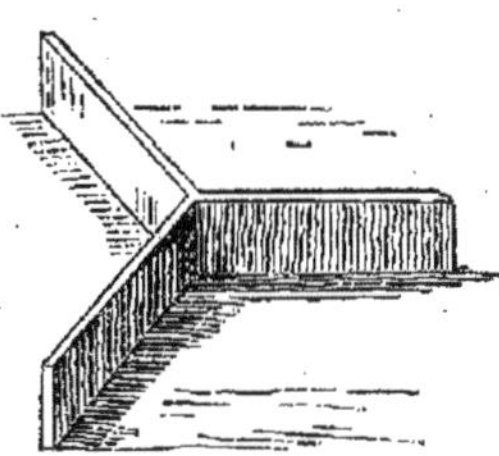

Quelquefois le fœtus, ou, mieux, le jeune sujet, ne se présente pas à l'orifice de l'utérus dans la position ordinaire que j'ai déjà indiquée; les membres antérieurs, au lieu d'être en avant et de présenter les sabots les premiers au dehors du col de l'utérus, sont couchés en arrière sous ou le long du corps du jeune sujet. Quelquefois, mais plus rarement encore, au lieu de la tête, c'est la croupe qui se présente à l'orifice de l'utérus.

Ces deux positions du fœtus ne sont pas dangereuses. M. *Demoussy*, déjà cité, les regarde même comme normales, parce que la parturition s'effectue encore, dans ce cas, par les seules forces de la nature et ordinairement sans accident; seulement la mise-bas est plus laborieuse et plus pénible pour la jument. Dans la première position, les épaules du fœtus forment, avec le poitrail, une masse qui s'engage dans le détroit bien plus difficilement que lorsque les pieds, étant sortis les premiers, les épaules se trouvent directement engagées dans le bassin à la suite des bras et des avant-bras, qui ont déjà ouvert et dilaté le passage: dans la seconde position, la croupe, par sa masse arrondie, forme un obstacle qui éprouve encore plus de peine à franchir le col de l'utérus et le bassin.

Dans ces deux cas, l'on ne réclamerait les secours du vétérinaire que si le pa[illegible]e prolongeait au delà de vingt-quatre heures; mais, dans tous les autres, je conseille de recourir à ses services : ils deviennent du domaine de la chirurgie et de la médecine vétérinaire, dans lequel j'ai dû m'abstenir d'entrer.

Quand la mise-bas ou le part se fait avant le terme ou prématurément, il se présente la question de savoir si l'on conservera le poulain ou si on le fera abattre.

Si la mise-bas a été peu avancée ; si elle n'a pas été provoquée par un accident, mais si elle a dépendu d'un état particulier de la mère ; si celle-ci est bien portante, et le poulain bien constitué, bien vivant, tetant et se nourrissant bien, il est probable que ce poulain réussira, et il faut courir la chance de l'élever. Mais si le part a été très prématuré ; s'il s'est fait à neuf mois par exemple ; si la jument en est souffrante ; si le jeune animal est mal constitué, chétif ; s'il ne se nourrit pas bien, il vaut certainement mieux s'en débarrasser ; on n'aurait jamais qu'un animal chétif, de peu de valeur, qui coûterait les mêmes soins, la même somme d'argent qu'un bon, et plus qu'il ne vaudrait. D'un autre côté, la mère ne se rétablirait peut-être pas aussi bien ; et il vaut mieux lui donner la chance de se refaire complétement pour amener à bon terme, si on la garde, ses productions suivantes.

ARTICLE V.

DE L'ALLAITEMENT, DU SEVRAGE ET DES SOINS DU POULAIN DANS LA PREMIÈRE ANNÉE.

« Aussitôt que le poulain est né, sa mère le » lèche pour le débarrasser d'une espèce de » crasse visqueuse dont il est couvert, et qui » l'encroûte pour ainsi dire. Cette action est » commune à toutes les femelles des animaux, » et si la jument s'y refusait ou tardait trop » long-temps, on pourrait l'y exciter en sau- » poudrant légèrement le petit avec du son » farineux, ou même un peu de sel ou de » sucre.

» Le poulain essaie bientôt de se mettre sur » ses pieds; il a quelquefois de la peine à réus- » sir d'abord et à s'y tenir, on peut l'aider, et il » suffit de le lever, pour qu'il se tienne, quoique » chancelant.

» Il cherche bientôt la mamelle de sa mère : » on peut encore l'aider dans cette recherche, » et faciliter l'allaitement en lui mettant le bout » du mamelon dans la bouche, ou en tenant la » jument, qui, quelquefois, dans ce cas, et sur- » tout lors d'un premier poulain, est plus ou » moins sensible à cette première succion, à la- » quelle d'ailleurs elle se fait promptement.

» C'est un préjugé que de ne pas laisser teter » au poulain le premier lait, sous le prétexte » qu'il est mauvais et qu'il doit être jeté, comme » si la nature, dans ses lois générales, avait pu se » tromper. Ce lait jaunâtre, séreux a été destiné » par elle à évacuer le méconium qui s'est amassé » dans les intestins du poulain pendant la durée » de la gestation, et aucune substance étran- » gère n'a cette vertu comme le premier lait.

» Si le poulain a souffert au passage ou pen- » dant le part; s'il paraît faible, s'il ne tette point, » on peut traire la mère et en faire avaler de suite » le lait au jeune animal : c'est le meilleur re- » mède qu'on puisse lui donner. Il faut aussi le » tenir chaudement avec la jument, le laisser » coucher près d'elle et ne point le tourmenter.

» Il faut l'examiner immédiatement après sa » naissance, pour voir s'il a toutes ses parties, » et quoique les monstruosités ne soient pas » fréquentes dans les poulains, on en a vu naî- » tre ayant des orifices, comme celui du fonde- » ment par exemple, fermés, et pour l'ouver- » ture desquels il était nécessaire d'avoir recours » au vétérinaire. »

Il est quelques jumens qui maltraitent leur premier poulain; il faut alors séparer le jeune animal, le mettre dans une stalle à part, mais assez proche de sa mère pour que celle-ci puisse le voir, le sentir même. On ne le lui donne que pour teter, et on reste avec la jument pendant que cette action a lieu, afin de la caresser, de la flatter et de protéger le poulain. Cette espèce d'antipathie se passe au reste assez vite. Ce sont quelques soins assidus qu'il faut avoir dans le commencement de l'allaitement.

La jument, qui, habituée à rester presque toute l'année dans la prairie, y met bas, ne peut recevoir, non plus que son poulain, tous ces secours, et quoique exposés aux intempéries de la saison, ils se suffisent à eux-mêmes. Ces intempéries, surtout lorsque le part a eu lieu de bonne heure, n'en ont pas moins un fâcheux effet sur le poulain, qui ne peut y être habitué : c'est aux souffrances qu'il éprouve alors qu'il faut souvent attribuer la mauvaise constitution dont il est doué plus tard. Les abris dont j'ai parlé dans le chapitre précédent préviennent en grande partie cet inconvénient, et la petite perte de pâturages qu'ils occasionent n'est rien en comparaison des avantages qu'ils ont.

J'insiste donc fortement pour que, dans les pâturages trop éloignés des fermes pour qu'on puisse y faire rentrer chaque soir les poulains et leurs mères, on construise des abris, même très clos, afin que ces animaux puissent y être garantis de l'influence des nuits ; influence qu'ils ne peuvent supporter dans une grande partie de la France sans souffrir, que pendant un très court espace de la belle saison. On verra, à l'article *Cécité,* pourquoi j'insiste tant sur cet objet. Heureusement, dans la plupart des campagnes, ces abris peuvent être construits à très bon marché.

« Le poulain, quelques jours après sa nais-» sance, peut suivre sa mère, soit qu'on la pro-» mène, soit qu'elle travaille : il tette chaque fois » qu'elle s'arrête; mais l'exercice doit être pro-» portionné à la faiblesse du petit. » Quoiqu'on ait vu des poulains nouveau-nés suivre leur mère dans des marches longues et pénibles, il faut regarder ces cas comme des exceptions sur lesquelles il ne faut pas s'appuyer : la plupart des poulains qui résistent d'abord à ces fatigues ne sont le plus souvent que de mauvais chevaux de peu de vente et hors de service de très bonne heure.

« Si quelque accident empêche la jument de » nourrir son poulain, on peut élever celui-ci » sans teter, avec du lait soit de jument, soit » de chèvre, soit de vache, et on l'habitue ai-» sément à boire seul; il suffit, comme au veau, » de lui mettre le doigt ou un chiffon trempé de » lait dans la bouche : il commence à sucer, il » boit ensuite. »

La jument qui allaite doit être bien nourrie,

afin que son lait soit abondant, de bonne qualité, et que le petit en trouve autant qu'il peut en consommer. La nourriture verte, celle que donnent de bons pâturages non marécageux, est sans contredit la meilleure sous ce rapport pour la mère, et ce doit être celle à préférer. Rien n'empêche cependant de nourrir à l'écurie au sec, pourvu que la jument se maintienne en bon état et avec du lait en abondance. La bonne constitution du poulain dépendra en grande partie du bon lait qu'il recevra de sa mère, et c'est cette bonne constitution qu'il faut s'efforcer de lui donner; c'est elle qui le rend capable de résister d'abord aux intempéries du climat, et ensuite, plus tard, aux travaux auxquels nous le soumettrons. Tout poulain qui souffre pendant l'allaitement est rarement un bon cheval.

Cette raison est une de celles qui doivent engager le nourrisseur à faire faire la monte à une époque telle que la mise-bas arrive au moment où la mère pourra trouver de la nourriture verte et en jouir le plus long-temps possible. Par cette méthode encore, le jeune animal pourra commencer de très bonne heure à prendre de la nourriture, parce que celle qui est verte est préférée par lui à celle qui est sèche; il pourra se passer plus aisément, ou plus tôt, du lait de sa mère, et par conséquent souffrir bien moins de la pénurie de cet aliment, si une cause quelconque venait à en diminuer ou à en tarir la source.

Il est un accident cependant qu'il faut chercher à éviter; quand les pâturages sont délicieux au printemps, la mère, quoique allaitant un poulain et quoique pleine, est souvent dans un état d'embonpoint extrême; son lait est très abondant, délicieux, et le jeune poulain dans un état de force, de vigueur dont il est quelquefois la victime; des inflammations de bas-ventre (entérites et péritonites) violentes, subites, se développent chez les jeunes animaux, pendant la nuit surtout, et les enlèvent en quelques heures. A Babolna et à Mezöhegies, en Hongrie, j'ai trouvé morts le matin, et j'ai fait, avec les vétérinaires de ces deux haras, l'ouverture de jeunes animaux précieux que nous avions vus la veille dans le meilleur état de santé. Le froid et l'humidité de la nuit nous parurent être les causes déterminantes de ces maladies. Encore, dans ce cas, les abris élevés dans les pâturages seraient un bon moyen de préserver les animaux des accidens.

Si la jument a pouliné de bonne heure, avant que l'herbe des prairies soit venue, ou même avant que cette herbe ait été assez échauffée par le soleil du printemps pour être bonne, alors encore les *masches* dont j'ai parlé à l'article *De la gestation* sont fort avantageux pour les mères; ils remplacent le vert et favorisent bien plus que le régime sec une abondante sécrétion du lait; et, sous ce rapport, ils sont aussi favorables aux poulains qu'à la mère qui le reçoit.

On a souvent élevé la question de savoir si, dans le cas où l'on faisait travailler la jument, il fallait laisser le poulain avec la jument, ou les séparer au moment du travail de celle-ci. Quand on a plusieurs poulains du même âge, il vaut mieux les séparer de leur mère pour les mettre ensemble; ils ne s'ennuient point alors pendant l'absence des mères; mais il faut commencer cette séparation momentanée d'une manière graduée et presque aussitôt après la naissance, parce que si la jument n'a pas été habituée de bonne heure à cette privation, elle est inquiète pendant le travail; elle souffre; la sécrétion du lait s'en ressent, et le petit lui-même. Dans le cas où l'éleveur n'a qu'un poulain, il devient plus difficile d'opérer la séparation. Si le genre de travail permet au poulain de suivre la mère, il n'est pas besoin de l'opérer; mais je pense qu'il vaut toujours mieux y habituer les animaux. Il est, dans une exploitation rurale, une foule de travaux où le petit n'accompagnerait pas sa mère sans danger de se blesser, ou au moins de se fatiguer fortement, dans les premiers temps surtout. Quand on commence la séparation, il faut enfermer le jeune animal dans une écurie où il ne puisse pas se blesser facilement, et qui soit même un peu sombre : il s'y tourmente moins que dans un espace vaste, en plein air et éclairé.

Lorsque le poulain est parvenu à l'âge de deux mois, quelquefois même avant, il commence à manger. Dans le cas où la mère n'est pas nourrie au vert, on doit lui donner un foin tendre, fin, délicat autant que possible ; le petit y trouve davantage de quoi manger. Les *masches*, dont j'ai déjà parlé, sont excellens sous ce rapport, et ils préparent doucement les dents à la mastication de l'avoine. Le poulain, en s'amusant de ces nourritures nouvelles, se prépare ainsi peu à peu de lui-même au sevrage.

On a dit que le lait d'une jument pleine n'était point bon pour le poulain qu'elle allaitait : c'est une vérité quand la jument est mal nourrie ; c'est encore une vérité quand on la fatigue ou quand on prolonge trop l'allaitement. Dans le premier cas, le produit de la conception, qui a besoin de se développer, attire vers lui tous les sucs dont la mère peut disposer, et qui, n'étant point assez abondans pour se porter en même temps aux mamelles, cessent d'y affluer. Le lait tarit alors ou n'est plus qu'une sérosité sans principes nutritifs pour le poulain. Celui-ci dépérit et meurt si on ne vient à son secours. Le même effet peut se produire dans le second cas, dans celui où la jument pleine est bien nourrie, mais travaille, ou quand on laisse le poulain teter trop long-temps. La jument ne peut suffire aux déperditions du travail et de l'allaitement, ainsi qu'à la nutrition de son fruit. Les jumens pleines et en même temps nourrices ne doivent donc pas travailler. Par la même raison, les poulains doivent être séparés de leurs mères, quand celles-ci sont pleines, de bien meilleure heure que lorsqu'elles ne le sont pas, et souvent à quatre ou cinq mois de leur naissance. On suppléera alors à leur nourriture, s'ils ne sont pas déjà accoutumés à y suppléer eux-mêmes.

C'est ordinairement à l'âge de six mois qu'on sèvre les poulains; ceux qui sont dans de bons pâturages se sèvrent souvent d'eux-mêmes de meilleure heure; la nourriture qu'ils trouvent dans l'herbe fraîche leur convient mieux; ils en mangent davantage; ils tettent moins souvent; la sécrétion du lait diminue en raison de ce qu'elle est moins excitée; elle cesse même, et la jument repousse bientôt son poulain quand il se présente pour teter. Les poulains qui ne sont point dans des pâturages tettent d'autant plus long-temps que la nourriture qu'on leur donne leur plaît moins; il est même nécessaire quelquefois de les sevrer forcément. Pour cela, on les sépare de la mère en alongeant successivement le temps de cette séparation, et en augmentant la nourriture qu'on leur donne: les masches, l'orge, l'avoine concassés, les carottes, même un pain grossier sont les alimens qu'il faut leur fournir; il est bon aussi, pendant quelque temps, de leur donner à boire de l'eau blanche: l'avoine entière non concassée ne doit être donnée qu'un peu plus tard.

« Le son est une mauvaise nourriture pour » les poulains; il n'est bon qu'autant qu'il » contient beaucoup de farine, et pour faire » de l'eau blanche seulement. On doit même » avoir l'attention de l'ôter de l'eau pour » laquelle il a été employé avant de la don- » ner à boire : on peut le faire manger alors » aux volailles ou aux cochons. » Plusieurs éleveurs m'ont dit, en effet, que cet aliment rendait les jeunes animaux mous, d'une mauvaise constitution, plus difficiles sur la nourriture; qu'il leur donnait un gros ventre. J'ajouterai qu'en croyant le son bon dans quelques circonstances, et en petite proportion seulement, par exemple pour les chevaux d'âge nourris constamment au sec et qui travaillent beaucoup à une allure lente, je ne le crois propre, dans tous les autres cas, qu'à engraisser les animaux, à les amollir et à les rendre plus impressionnables aux causes maladives.

« Les poulains élevés à l'écurie ne doivent pas » séjourner sur le fumier, sous le prétexte » qu'ayant encore les pieds tendres ils seraient » fatigués sur le pavé. Cette mauvaise méthode, » qui est suivie dans beaucoup d'endroits, est » peut-être la seule cause de la mauvaise cons- » truction des pieds de beaucoup de chevaux.» On sait qu'une mauvaise corne, déjà très préjudiciable aux chevaux de trait, rend les chevaux de selle et de carrosse de nulle valeur de très bonne heure, en les rendant de nul service. Il faut, au contraire, je pense, tenir les jeunes poulains sur un terrain plutôt sec qu'humide. S'ils sont nés avec de bons sabots, jamais ces terrains ne nuiront aux pieds; au contraire, en leur donnant une corne solide, ils la rendront de bonne heure moins extensible et moins susceptible des souffrances et des vices qu'amène la ferrure. (*Voyez* l'article X de ce chapitre, et aussi Bracy Clark, *Construction du sabot du cheval*, et *Expériences sur les effets de la ferrure*, in-8°., fig.)

Des soins des poulains après le sevrage.

J'ai dit que l'on ne devait pas tourmenter le

petit, je répète ici que cela nuit beaucoup à son développement. Il ne faut néanmoins négliger aucune occasion de l'habituer à l'homme, surtout pendant l'hiver qui suit immédiatement le sevrage. On doit commencer à l'attacher au râtelier, ce que l'on aura soin de faire d'abord au moment où on lui donnera une nourriture qu'il appétera beaucoup : c'est le meilleur moyen de l'habituer facilement et promptement à se laisser prendre et attacher. En le plaçant à côté de sa mère, il est plus tranquille, et il est bon de commencer ainsi, s'il est possible. Cette première opération ne demande aucun soin quand la mère a été accoutumée elle-même à rester une partie de l'hiver à l'écurie. On met de bonne heure un licol au jeune animal ; il s'habitue très vite à se laisser prendre par ce licol, et, quand on l'attache pour la première fois au râtelier, il semble qu'il y soit habitué, pourvu qu'on ne l'y laisse pas d'abord trop long-temps.

Les poulains qui ont été toujours au pâturage avec leur mère, et que l'on est obligé d'attacher sans les y avoir préparés par le séjour à l'écurie, exigent d'être surveillés constamment pendant les premiers temps : s'ils sont attachés trop court, ils se tourmentent et se fatiguent ; s'ils sont attachés long, ils courent les risques de s'étrangler avec les longes ou de se prendre les jambes, de se renverser, de se blesser. Un palefrenier doit donc constamment coucher dans l'écurie : les premières fois, il est même bon de ne les attacher que pendant le jour et aux heures où l'on peut les surveiller.

En conseillant d'accoutumer les poulains à se laisser attacher, je ne prétends pas qu'il faille pour cela les tenir à l'attache; je dirai, au contraire, qu'il est bien préférable de les laisser libres et séparés dans des stalles assez larges; ils se conservent bien mieux, dans ce dernier cas, sur leurs extrémités; point extrêmement important pour la vente. Je ne conseillerai cependant pas de faire comme en quelques lieux, où on les place dans des écuries presque sans lumière, sans air, à l'abri de tout excitement extérieur, comme si on voulait en faire des animaux d'engrais. Si j'ai recommandé de ne pas les tourmenter, je recommanderai donc de les placer dans des lieux très aérés, éclairés, et même où ils puissent voir au moins leur voisin, s'ils ne sont pas plusieurs ensemble dans la même stalle.

C'est aussi alors qu'il faut les accoutumer, non pas à être déjà étrillés et bouchonnés, mais à souffrir plus tard cette opération, en commençant à les brosser de temps en temps et avec douceur par tout le corps : on peut déjà même leur lever les jambes, leur frapper dessus les sabots.

Ces soins facilitent si singulièrement l'éducation du jeune animal, qu'on adopte cette méthode même dans les grands haras parqués du nord et de l'est de l'Europe. Dans ce but, à certaines heures de la journée, de l'avoine concassée est donnée aux animaux à l'écurie, après les avoir attachés. J'ai vu, dans quelques haras, donner de l'avoine aux jumens nourrices pour avoir occasion d'attacher les poulains déjà avant le sevrage.

Il résulte de ces soins continués tous les ans l'avantage d'avoir des poulains accoutumés à l'homme au moment où leur éducation doit commencer, qui ne sont plus farouches, qui se défendent moins, et qui se dressent beaucoup plus vite et sans accidens.

L'hiver qui suit le sevrage, les mâles et les femelles peuvent être encore laissés ensemble; mais, au printemps suivant, lorsqu'ils ont leur première année révolue, il est nécessaire de les séparer. Déjà, à cet âge, ils commencent à sentir leur sexe; et, s'ils étaient ensemble dans les pâturages, la nourriture verte abondante, la douce température du printemps, exciteraient bientôt leurs organes générateurs; ils se tourmenteraient, se fatigueraient au détriment de la croissance. Il n'est pas extraordinaire de voir des pouliches mettre bas à l'âge de deux ans. Il n'est pas nécessaire de revenir sur les inconvéniens graves de ces saillies prématurées. Je renvoie à ce que j'ai dit à cet égard en parlant de la saillie. Si la séparation des sexes était impossible, il faudrait nécessairement vendre les animaux d'un sexe ou châtrer les poulains.

Dans beaucoup de pays où les pâturages sont bons, les cultivateurs laissent presque constamment les poulains aux pâturages; ils ne font que leur donner un peu de foin, lors des froids rigoureux, quand la terre refuse presque toute nourriture. Les animaux, disent-ils, en sont plus rustiques. Cela serait vrai, en effet, si nos animaux étaient destinés à vivre toujours en plein air; mais comme c'est précisément le contraire en France, comme à l'âge du travail les animaux sont constamment placés à l'écurie dans les heures de repos, il en résulte que, dans les commencemens de leur séjour à l'écurie, ils ne peuvent supporter d'être privés du grand air : ils tombent très promptement et très grièvement malades, et si à cela se joignent les souffrances de la dentition et d'une castration tardive, il n'est pas rare d'en voir rester six à huit mois sans pouvoir se remettre. Ces chevaux font le désespoir des marchands, des vétérinaires des dépôts de remonte de la cavalerie, et quelquefois même encore celui des vétérinaires des régimens où on les envoie au sortir de ces dépôts.

Plus tôt donc on habituera les jeunes animaux à demeurer à l'écurie, plus on évitera ces maladies : c'est pour cette raison encore que je conseille de rentrer à l'écurie les poulains dès le premier hiver qu'ils ont à passer. D'ailleurs les plantes qu'ils trouvent alors à manger dans les prairies ne sont pas meilleures pour eux que pour les jumens (page 217), et ils doivent être mis au même régime.

ARTICLE VI.

DES SOINS DU POULAIN DANS LA DEUXIÈME ANNÉE.

La nourriture verte des prairies est la meilleure encore, sans contredit, pour les poulains d'un an; elle contribue à leur croissance rapide, et c'est en même temps la plus économique pour l'éleveur : c'est donc celle qui doit faire la base de la nourriture des animaux dans leur seconde année, et il faut la leur continuer pendant l'année aussi long-temps qu'il est possible : seulement, une précaution que l'on ne saurait trop recommander est qu'ils ne soient pas exposés à des alternatives d'abondance et de privation : rien ne contribue tant à laisser les individus, et par suite les races, petits, chétifs, de peu de valeur. L'éleveur fera donc toujours bien d'avoir en réserve des fourrages convenables pour suppléer à la nourriture verte, s'il ne peut donner celle-ci qu'une partie de la belle saison. Il ne devra pas oublier aussi que le passage subit d'une nourriture entièrement verte à une nourriture sèche est presque aussi nuisible au bon développement du jeune sujet, que le passage de l'abondance à la pénurie, et il faudra qu'il fasse en sorte, ce qui est toujours possible dans une exploitation bien dirigée, d'avoir des prairies artificielles à donner en vert, ou au moins des racines, des carottes surtout, ou des panais, pour suppléer à l'herbe des prairies et pour faire la transition du vert au sec : l'orge, l'avoine, les féveroles en forme de *masche* peuvent suppléer convenablement aux racines.

Dans beaucoup d'endroits, on se contente de donner, pour nourriture d'hiver, de la paille soit d'avoine, soit de froment, et du foin en quantité suffisante. Le bon foin n'est pas une mauvaise nourriture, sans contredit; mais seul, ou uniquement avec de la paille, il n'est pas suffisant; il donne aux animaux des constitutions mauvaises, des tempéramens mous, lymphatiques; il doit toujours être donné avec une certaine quantité de grains; l'avoine doit être donnée aux chevaux de selle et de carrosse; et là où elle est chère, les féveroles peuvent la remplacer pour les chevaux de trait : leur culture en rayons est si avantageuse dans une bonne rotation, et en même temps si productive dans les terres un peu fortes, qu'il est étonnant qu'elle ne soit pas plus répandue en France, tandis qu'elle l'est tant en Angleterre.

Qu'on ne croie pas que ces soins doivent être donnés seulement à des races précieuses, ils doivent être donnés à toutes ; ils empêchent les belles de dégénérer; ils amènent petit à petit les races inférieures à un état d'amélioration sensible ; ils les grandissent et améliorent même leur constitution, et par-suite leur valeur : c'est en partie par ces moyens que la race anglaise s'est formée et qu'elle se conserve. Je regarde donc ces soins de nourriture comme nécessaires pour toutes les races communes et comme indispensables pour les races de chevaux de selle : ce sont eux qui contribuent à donner aux dernières cette légèreté et cette force musculaire qui font leur principal mérite.

Dans certains pâturages, dans ceux qui sont abondans, gras, qui fournissent le plus longtemps de la nourriture, il ne faut pas, si l'on veut élever des races de chevaux très nobles, tenir les animaux toute l'année à la pâture, comme on le fait dans une grande partie de la Normandie. Ces pâturages donnent des formes empâtées, et aux extrémités une peau épaisse chargée de longs crins. On conçoit que des poulains, tels nobles qu'ils soient, étant tenus dans des pâturages humides presque toute l'année, et la partie inférieure des extrémités étant constamment dans cette humidité, la peau y acquerra cette épaisseur, et s'y couvrira de ces longs poils qui sont le caractère non seulement des races de chevaux élevées dans de pareilles localités, mais encore des races de bêtes à laine, qu'on y trouve et qui sont généralement jarreuses. Il faut donc mettre les animaux tard au printemps dans de pareils pâturages, et les en retirer de bonne heure à l'automne, avant que les pluies aient rendu le sol humide; c'est malheureusement le contraire que l'intérêt d'épargner de la nourriture à l'écurie fait presque toujours faire. C'est au séjour trop prolongé dans de gras pâturages que les races normandes carrossières doivent ces extrémités chargées de poils, et ces têtes communes que les croisemens avec les races les plus nobles ont bien de la peine à faire disparaître : le régime de l'écurie, employé de meilleure heure et prolongé dans l'année, corrigerait sûrement peu à peu ces défauts de la race.

Si, malgré les désavantages qui résultent de la méthode de tenir pendant toute l'année les animaux aux pâturages, l'économie que le cultivateur y trouve le force à la continuer, je regarde comme nécessaire, dans les climats où la température est extrêmement variable et où des pluies froides tombent d'un instant à l'autre, que des abris soient construits pour les poulains. Ne voit-on pas en effet les animaux, lors des vents et des pluies, chercher à se garantir le long des haies? Ne les voit-on pas s'y rassembler, s'y serrer même les uns contre les autres pour ressentir moins fortement les effets de ces intempéries? J'ai déjà parlé des abris pratiqués dans la Hongrie, je pense que des hangars seraient encore préférables. J'ai déjà dit aussi qu'en Angleterre j'avais trouvé dans les pâturages des écuries où la jument et le poulain pouvaient se mettre à l'abri : j'ajoute ici que, près de Doncaster, dans le Yorkshire, j'ai vu de ces écuries pourvues de cheminées.

Les animaux qui sont au pâturage boivent rarement, et le plus grand nombre ne le fait pas du tout; il est bon cependant qu'ils y puissent trouver de l'eau, sinon il faudra les conduire à un abreuvoir une fois par jour au moins.

Dans les petites exploitations où le cultivateur n'a point de pâtures, où les animaux ne peuvent être placés que sur les chaumes, et où, le reste de l'année, ils doivent rester à l'écurie, il faut un enclos, ou au moins une vaste cour, où ils puissent être mis en liberté une partie de la journée : tout cultivateur qui n'a point cette facilité, c'est à dire qui n'a point d'espace pour laisser momentanément en liberté ses poulains jusqu'à l'âge où il les fera travailler, doit pouvoir les vendre peu après le sevrage; sinon il ne doit point en élever. Plus que tous les autres animaux, le cheval a besoin d'être libre dans son jeune âge; il *pourrit* à l'attache, disent les éleveurs : cela signifie qu'il n'acquiert pas les qualités qu'il aurait dû posséder plus tard. Il est inutile de répéter ce que j'ai déjà dit relativement au climat, à la salubrité des écuries et à la litière.

Que jamais surtout des entravons ne viennent gêner les mouvemens des poulains et des pouliches; non seulement ils empêchent, par cette raison, le développement complet des formes et des forces du jeune sujet, mais en produisant ce même effet sur les jeunes poulinières, ils les privent des qualités qu'un sang noble leur aurait données; elles ne peuvent transmettre plus tard à leurs productions que leurs mauvaises formes et leur manque d'énergie, et cette malheureuse coutume inhérente aux pays de vaine pâture et de communaux y sera toujours une cause de l'inutilité des efforts qu'on fera pour y améliorer les races. Que le cultivateur se persuade qu'il ne doit compter, pour élever avantageusement des poulains, que sur les enclos, sur les écuries et sur la nourriture tirée du sein de ses propres champs.

C'est plus que jamais dans cette seconde année, surtout à la fin, dans l'hiver, lorsque les animaux sont rentrés tout à fait à l'écurie, qu'il faut les habituer à se laisser toucher, panser, lever les pieds. C'est même pendant cet hiver qu'il faut commencer à préparer l'animal aux travaux qu'il doit faire un jour. C'est dans ce but, à cette époque, qu'il faut lui mettre un bridon; qu'il faut, pour le cheval de trait, l'habituer à la sellette, aux harnais : pour le cheval de selle, qu'il faut l'habituer à souffrir une couverture sanglée, qu'il faut lui mettre une selle légère, qu'il faut même le brider, et commencer à le promener en main, et peut-être aussi à le trotter à la longe, s'il n'est pas trop fougueux.

ARTICLE VII.

DES SOINS DU POULAIN PENDANT SA TROISIÈME ANNÉE.

Jusqu'à deux ans, le régime est à peu près le même pour les chevaux de races de selle et pour ceux de races de trait; ils ne travaillent ni les uns ni les autres : mais dans la troisième année, presque partout les chevaux de trait sont employés aux travaux des champs, tandis que les chevaux de selle restent encore sans servir.

Les chevaux de trait, en effet, s'ils sont de bonne race, d'une de celles que j'ai indiquées, s'ils ont été bien nourris, sont alors grands, forts, et le service du trait ne peut nuire au développement de la taille et des formes que s'il est trop prolongé et trop fort. En effet, si l'animal est en bonne main; s'il est conduit d'autant plus doucement qu'il sera plus vif, plus ardent; s'il ne fait qu'une partie du travail qu'il peut accomplir, si ce travail n'est qu'un exercice et jamais une fatigue, l'animal n'en éprouve que du bien.

Je ne parle pas seulement ici des chevaux de charrue et de diligences, je parle encore des races de chevaux d'attelage; et c'est à tort, je pense, qu'on ne commencerait pas à les faire travailler. Même, tous les poulains de races de chevaux propres à la selle, auxquels une conformation peu avantageuse ou des mouvemens peu libres, ou tout autre défaut ne permettent pas de faire de brillans et bons chevaux de selle, doivent aussi travailler dans les traits de bonne heure. En payant leur nourriture par leur travail, l'accroissement de leur valeur devient un gain pour le cultivateur, et par cette méthode l'élève de tous ces chevaux est un bénéfice comme l'élève de tous les autres animaux.

Parce que je dis qu'on peut employer au travail le jeune poulain dans sa troisième année, qu'on ne croie pas que je veuille qu'on s'en serve aussitôt que deux ans sont révolus : ce n'est pas là mon idée; je veux dire seulement que c'est dans cette troisième année qu'il est possible de l'employer selon sa force; et c'est généralement au milieu de cette dernière année, par conséquent à deux ans et demi, qu'il est bon de commencer. On peut employer néanmoins les plus forts chevaux de trait un peu plus tôt que ceux des autres races : on peut les atteler quelquefois à deux ans.

Le cheval qu'on espère devoir devenir un excellent animal de selle ne doit point encore être employé, parce que le service de la selle exigeant bien plus de force que le service du trait, le jeune animal est encore trop faible pour qu'on puisse risquer de lui mettre un conducteur sur le dos. Ce n'est qu'à trois ans révolus, au plus tôt, qu'on peut commencer. Par cette raison, beaucoup d'éleveurs pensent que la troisième année doit être encore pour ces chevaux un temps de non-contrainte, soit dans les pâturages, soit dans les enclos. Ce sera donc déjà une année de plus qu'il coûtera à l'éleveur. Si on fait attention que, par les mêmes raisons, pendant sa quatrième année et sa cinquième il ne pourra qu'être dressé sans être propre au service et aux fatigues; qu'il ne pourra le devenir qu'à cinq ans; que par conséquent, au lieu de coûter deux années et demie de nourriture, il en coûtera cinq, on ne sera pas étonné que le plus grand nombre des nourrisseurs se refuse à élever des chevaux de selle.

Mais le cheval qui paraît devoir devenir un fort beau cheval de selle peut-il être employé au trait, aussitôt qu'il est assez fort pour ce service, jusqu'à l'âge à peu près où il devra être dressé définitivement au service de la selle? C'est une question qu'il me semble important de résoudre, parce que s'il était possible d'employer au trait le cheval de selle depuis l'âge de deux ans et demi ou trois ans jusqu'au moment de le dresser ou jusqu'à celui de quatre ans et demi, et de lui faire payer ainsi ce qu'il coûte à nourrir, il ne reviendrait guère plus cher au cultivateur que le cheval de trait ou de carrosse, et parce qu'il y aurait alors beaucoup d'avantage à élever des chevaux propres à la selle.

Je vais émettre mon opinion à cet égard.

Presque tout le monde, un grand nombre d'écuyers entre autres, avancent que le cheval qui a travaillé au trait est ensuite moins propre au service de la selle; qu'il s'abandonne sur ses épaules; qu'il est moins libre, moins léger dans son devant; qu'il se ruine plus vite dans ses articulations. On cite l'exemple de l'Angleterre, où les chevaux précieux de selle ne sont jamais mis aux attelages que lorsqu'ils sont tout à fait de réforme. Je ne suis cependant pas de cette opinion, et je fonde la mienne d'abord sur ce que beaucoup de chevaux de selle très jolis sont tirés journellement du service du trait; sur ce que beaucoup de chevaux de cabriolets trottent et galopent même mieux encore que certains chevaux de selle; sur ce que certaines races qui travaillent de très bonne heure conservent des articulations très saines, telles sont la plupart des mauvaises petites races; tandis que des races qui ne travaillent que tard ont de mauvaises articulations, telles que les races nobles de chevaux normands; et ensuite sur le raisonnement même, qui nous enseigne que, si un jeune cheval peut perdre un peu d'une bonne allure, bien franche, par le service du trait, il est encore assez jeune à quatre ans, même à quatre ans et demi, pour être facilement remis à sa première allure depuis cet âge jusqu'à celui de cinq ans.

Il n'y aurait ainsi de perte sur sa nourriture que six mois ou un an au plus; ce qui n'augmenterait pas son coût de manière que le prix de vente, comme cheval de selle, ne le couvrît pas avec un immense bénéfice.

Dans la solution de cette question gît en

grande partie celle de savoir si l'éleveur doit élever des chevaux de selle ou non. On voit que, pour moi, elle est toute résolue, surtout si on veut suivre le conseil que j'ai donné de n'élever en chevaux de selle que ceux assez forts pour former des chevaux d'attelage toutes les fois que quelques défauts viendront les empêcher d'être propres à la selle.

J'ai cru que c'était ici la place de cette espèce de discussion, j'en ajouterai une autre.

Quelques auteurs recommandables et des cultivateurs ont pensé que l'avoine donnée de bonne heure aux jeunes chevaux était nuisible, en ce qu'elle les échauffait, en ce qu'elle était trop difficile à digérer pour leurs jeunes organes, et parce qu'en exigeant une mastication forte et longue, qui devenait pénible à cause de la pousse des dents, et au moment où l'animal était prédisposé par son âge aux fluxions vers la tête, elle augmentait cette prédisposition, et était cause en partie de la *fluxion périodique*, maladie qui fait tant de tort à l'élève des chevaux : c'est une erreur. Des observations ultérieures ont fait voir que les races d'animaux qui souffraient le moins de cette maladie étaient celles qui étaient le mieux soignées et qui mangeaient du grain de bonne heure. Les éleveurs qui ont adopté cette méthode se rangent tous de cette dernière opinion, et je pense que le grain donné de bonne heure est non seulement une excellente nourriture pour toutes les races, mais qu'il est indispensable, je le répète, aux races de selle pour leur donner cette énergie, cette vigueur soutenues qui doivent en faire l'apanage pour ainsi dire, et qu'on ne trouve que rarement dans les individus qui n'ont mangé que du vert, des racines, du foin et de la paille jusqu'à l'âge de quatre ans et demi. On se rappellera, je l'espère, ce que, à l'article des races de chevaux propres au trait seulement, j'ai rapporté des chevaux boulonnais, appelés par les marchands *du bon et du mauvais pays*.

En me résumant, on voit que je pense que le poulain de trait ou d'attelage, à mesure qu'il avance dans sa troisième année, peut travailler au service du trait; que le poulain de selle peut même être mis à ce travail, sans danger pour ses qualités futures, à la fin de cette troisième année; enfin que le régime de l'avoine est un bon régime pour le poulain, quel qu'il soit.

J'ajouterai, à ce sujet, qu'il est un autre résultat avantageux, auquel on ne pense pas ordinairement, du travail auquel on soumet les poulains de bonne heure, c'est que le cultivateur, indemnisé, par ce travail, de la nourriture qu'il donne, ne la ménage plus autant, l'avoine surtout; que les jeunes animaux mâles et femelles acquièrent alors une meilleure constitution, et que l'amélioration de la race s'ensuit immanquablement.

Je terminerai ce chapitre en signalant, pour l'empêcher, autant que possible, de se propager, une méthode qui, dans quelques uns de nos pays d'élève, est mise en pratique pour faciliter la vente de l'animal, et qui, en définitive, lui nuit peut-être : c'est l'habitude, au moment où l'on veut vendre le poulain, à trois, à quatre ans comme à cinq, de l'engraisser outre mesure par tous les moyens qui sont au pouvoir de l'éleveur. La farine d'orge, celle de seigle, ces deux céréales et même le froment en grains et surtout bouillis, sont les moyens qu'on emploie ordinairement. Dans d'autres circonstances, dans la belle saison par exemple, le trèfle vert à la pâture ou à l'écurie remplace les grains pour le même usage. Ces alimens, en engraissant les animaux, leur donnent, il est vrai, une apparence de santé et une ampleur favorables à la vente, à ce qu'on croit ; mais, comme ce n'est qu'un embonpoint factice ou une espèce d'empâtement, ou, pour me servir de l'expression vulgaire, comme c'est une *mauvaise graisse*, et enfin comme cette nourriture n'est pas celle que l'animal est destiné à recevoir après la vente, il perd très vite ensuite, dans les mains nouvelles où il se trouve, l'embonpoint qu'il avait acquis. Bien plus, comme la nourriture qu'il reçoit en place est plus stimulante (l'avoine), comme elle trouve l'animal affaibli et plus impressionnable, elle produit chez lui un changement toujours très marqué, qui ne s'opère pas sans des accidens quelquefois funestes : c'est en partie à cette mauvaise habitude qu'il faut attribuer ces gourmes, ces catarrhes, ces affections de poitrine qui enlèvent à Paris tant de jeunes chevaux nouvellement arrivés, et qui font quelquefois la ruine des marchands. Ceux-ci, qui savent à quoi s'en tenir sur cet embonpoint, s'en méfient, et, loin de payer l'animal plus cher, ne l'achètent souvent qu'à regret : ils préfèrent un animal *en état* seulement, qui leur donnera plus de certitude d'une bonne réussite.

L'éleveur se trompe donc dans son calcul, et ne retire pas de son moyen le bénéfice qu'il croyait. Il réussirait plus sûrement s'il donnait à son haras, au moyen d'un régime convenable, la réputation de fournir des chevaux déjà accoutumés à la nourriture qu'ils doivent recevoir entre les mains du consommateur. Déjà quelques éleveurs se trouvent bien d'avoir agi dans ce sens relativement aux chevaux de quatre ans et demi, surtout maintenant que, plus que jamais, les marchands de Paris achètent, avant la foire où ils se sont rendus, ce qu'il y a de meilleurs chevaux dans les écuries.

ARTICLE VIII.

DES SOINS DU POULAIN DANS LA QUATRIÈME ANNÉE ET EN PARTICULIER DE CEUX A DONNER AU POULAIN DE COURSE.

Le cheval de trait, dans sa quatrième année, doit gagner par son travail plus que sa nourriture ; il faut cependant encore ménager beaucoup ses forces, parce que l'énergie que lui donne le jeune âge le rend plus disposé que les vieux chevaux à en mésuser : à cette précaution près, son régime rentre tout à fait dans le régime du cheval de service. Je conseillerai cependant au cultivateur de s'arranger pour le mettre encore, dans la belle saison, au régime du vert à l'écurie : cette nourriture concourra à lui donner tout son développement, qui, à cet âge, n'est pas encore complet.

Le cheval destiné particulièrement aux attelages de luxe est dans la même position que le cheval de trait. A trois ans révolus, il est assez fort pour être mis à un travail régulier, et pour payer ainsi la nourriture qu'il consomme. Le travail d'une exploitation rurale ne peut lui être nuisible, et ne peut l'empêcher d'être, l'année suivante, dans sa cinquième année, très apte à un service, celui des attelages, qui n'exige aucune qualité particulière. Ne voyons-nous pas en effet tous les jours les marchands de chevaux de Paris atteler à leurs chariots, presque sans précautions, de jeunes chevaux normands qui n'ont jamais fait un pareil service, et, dès la première fois, en exiger presque autant que d'un cheval dressé? Ces jeunes animaux ont été seulement accoutumés aux travaux d'une exploitation rurale, et préparés de cette manière à ceux qu'ils doivent faire plus tard.

Le régime du vert n'est pas moins favorable aux poulains de cette espèce qu'à ceux qui sont destinés uniquement au trait; il leur donnera toute la stature, toute l'ampleur qu'ils sont susceptibles d'acquérir, et dont l'entier développement ne nuit jamais dans les chevaux d'attelages. Cependant, par rapport aux animaux chez lesquels le cultivateur remarquerait une constitution éminemment lymphatique, peu énergique, le régime du grain devrait être préféré. Il concourrait à modifier cette constitution qui, d'un cheval en apparence propre au carrósse par ses formes, pourrait n'en faire qu'un cheval propre au trait.

Quant au cheval que ses qualités et ses formes rendent propre au service de la selle, si on n'adopte pas à son égard l'opinion que j'ai émise, qu'on pouvait, sans inconvénient, l'employer d'abord au service du trait, il faut toujours, à trois ans révolus, commencer à l'habituer au service qu'il fera plus tard. Si l'on attendait plus long-temps, il deviendrait plus difficile à dresser ; ses forces étant plus grandes, ses défenses seraient plus violentes, et l'homme, obligé d'employer des moyens plus extrêmes, pourrait tarer l'animal dans ses membres, dans ses articulations, dans ses allures : je n'entends pas, par habituer le cheval à la selle, le dresser à toutes les allures du manége, cela ne doit avoir lieu que dans la cinquième année, quand l'animal a acquis à peu près tout son développement et toutes ses forces ; j'entends seulement habituer le cheval à porter la selle, à se laisser brider, et à souffrir qu'un jeune garçon le monte et le promène ainsi au pas, au trot et même un peu au petit galop.

Les cultivateurs trouvent ces soins très embarrassans, et souvent ils ne les prennent pas ; en sorte que leurs poulains de selle, s'ils ne les font pas travailler, restent sauvages jusqu'au moment de la vente, et par cette raison perdent beaucoup de leur valeur. Le service dans la ferme a cela d'avantageux, c'est que, renouvelé presque tous les jours et de toutes les manières, il habitue tellement le cheval à l'homme, et même à se laisser monter par lui, qu'il ne faut plus que peu de peine pour dresser l'animal complétement. Il n'y a plus que les allures du cheval de selle à lui enseigner, et ce n'est pas long.

Quant au régime du vert, on pourra y mettre également le cheval de selle; et tout ce que je viens de dire à ce sujet, relatif au cheval d'attelage, pourra s'appliquer à ce dernier.

Parmi les chevaux de selle, il y en a cependant quelques uns dont je voudrais que le cultivateur prît un soin particulier avant de chercher à les vendre, ce sont ceux qu'une conformation extrêmement forte et des qualités supérieures feraient juger capables de figurer dans des courses. Comme je pense que ce sera désormais parmi ceux qui auront figuré avec avantage dans ces exercices qu'on prendra les étalons et les plus précieuses poulinières, et que, par cette raison, il y aura avantage pour le cultivateur à y préparer ceux de ses poulains qu'il en croira capables; comme aussi c'est dans cette quatrième année qu'il faut commencer à y disposer l'animal, je vais dire un mot des soins particuliers à donner à ces poulains, et chercher, en éclaircissant un sujet dont on se fait presque partout des idées fausses, à diminuer l'espèce d'effroi qu'on conçoit à l'idée d'élever un cheval de course. Il ne faut pas que le cultivateur laisse à l'acheteur les bénéfices qu'il pourrait lui-même tirer de son cheval par un peu d'intelligence et de peine.

C'est dans leur quatrième année, à trois ans et demi, qu'on peut commencer à préparer les poulains pour les courses : plus tôt l'animal n'est pas encore assez fort, et on pourrait facilement le ruiner dans ses membres; il faudrait même tarder jusqu'à quatre ans révolus, si l'animal était peu formé ou légèrement souffrant; dans tous les cas, il vaut beaucoup mieux tarder jusqu'à quatre ans faits. Exercé à cet âge, il s'habitue petit à petit au genre de travail qu'il doit faire l'année suivante, et il a beaucoup d'avantage sur ceux qui sont commencés plus tard. Personne n'ignore combien une faculté, même corporelle, exercée de bonne heure acquiert d'étendue, et la faculté de courir rapidement est particulièrement dans ce cas. Les poumons, comme les muscles, ont besoin d'être disposés de bonne heure à ces efforts violens et continus; et à un certain âge la poitrine ne pourrait plus s'y prêter facilement et les permettre.

Il faut pour cela avoir dans l'exploitation un garçon intelligent, d'une stature petite, peu pesant par conséquent, s'il est possible; c'est lui qu'on placera sur le dos de l'animal. Comme un enfant, quelque intelligent qu'il soit, quelque habitude qu'il ait du cheval, ne peut pas maîtriser un si puissant animal surtout à cet âge; comme il est même nécessaire qu'il ne puisse pas le maîtriser entièrement, parce que cela pourrait nuire au cheval dans les momens où il ferait quelque défense, on sent combien il est avantageux d'avoir habitué le poulain de bonne heure à l'homme; combien il est utile de l'avoir habitué à faire tout ce que l'homme désire, et, pour cela, même de l'avoir habitué à travailler au trait: je pense donc que même pour le poulain de course il n'y a pas de raison pour ne pas l'employer au trait; seulement il faut le tirer du régime du vert au moins trois mois avant de commencer à l'exercer au galop.

Si jusqu'à cet âge de près de quatre ans on a laissé trotter l'animal, si même on l'a fait trotter à la longe, il faut cesser de lui faire prendre cette allure: les mouvemens du trot sont si différens de ceux du galop, que l'animal qui trotte le mieux a rarement le galop le plus franc et le plus alongé; ensuite le cheval qui a l'habitude du trot conserve celle de faire quelques temps de trot ou quelques mouvemens désordonnés avant de s'embarquer au galop, ce qui lui fait perdre un peu de temps au départ et dans une course disputée peut être cause de son retard. Les allures auxquelles il doit être mis sont le pas alongé ; de ce pas il doit être embarqué immédiatement au galop, autant que possible sans mouvemens brusques, sans contre-temps. Il ne sera pas long à prendre cette habitude, si on s'y prend avec douceur et intelligence.

On aura soin, dans les commencemens, que les courses soient petites, peu longues, proportionnées aux forces de l'animal, en sorte qu'il n'en soit pas fatigué. Dans les premières, il faudra le laisser aller le train qu'il voudra, sans le pousser : le coureur devra seulement s'occuper à le conduire et à en être parfaitement maître ; quand il sera arrivé à ce point, il commencera à pousser l'animal pour connaître de quoi il est capable, et les distances étant limitées pour chaque course, on pourra voir si l'animal a assez de vitesse pour faire un cheval propre à courir. Je répète que l'animal ne doit pas être lancé de toute la force dont il est susceptible, il faut réserver cette force pour le jour de la course et contre ses concurrens. Autant que possible il ne faut même user de tous les moyens de l'animal qu'à cinq ans faits, et ne pas le faire courir dans de longues courses avant que cette année ne soit tout à fait révolue.

En essayant ainsi le cheval, si l'on voit qu'il n'est pas assez vite pour être cheval de course, il faut le retirer de ce régime et se contenter d'en faire un excellent cheval de selle. Beaucoup de chevaux ne sont pas propres à courir très rapidement, et peuvent cependant encore faire de bons chevaux de chasse, d'escadrons, de maîtres. Il ne faudrait pas confondre un manque de vigueur momentané dû à une maladie avec un défaut de vigueur réel.

Entraîner est le mot dont on se sert maintenant pour exprimer l'action de préparer un cheval à la course. C'est une opération qui donne beaucoup de soucis à nos éleveurs de chevaux, et sur laquelle ils ont la plupart, selon moi, les idées les plus fausses, en se mettant dans la tête que c'est une chose difficile. Qu'ils se persuadent d'abord que le premier soin, le principal, est d'habituer l'animal à ne point faire de défenses en courant et à s'embarquer franchement et subitement au galop. Un garçon intelligent, en montant d'abord le cheval tous les deux jours et ensuite tous les jours, l'aura bientôt habitué à se laisser maîtriser ; quelques exceptions ne doivent pas rebuter à cet égard, encore tiennent-elles le plus souvent à ce que la course est trop rapide pour l'animal et à ce que sa respiration s'en trouve gênée. C'est à ce défaut qu'on doit attribuer l'action de se dérober, si fréquente dans les courses.

Quant à la nourriture, on peut dire en peu

de mots que ce doit être la plus nourrissante, en même temps que la moins volumineuse. Pour courir, l'animal ne doit point avoir de ventre, parce que le poids de l'abdomen rend d'abord l'animal matériellement plus pesant, mais surtout parce que, dans une course rapide, les intestins et l'estomac produisent toujours une pression sur le diaphragme et les poumons, empêchent ces derniers d'exercer leur action, et cela d'autant moins librement que le canal intestinal est plus gros, plus pesant; la respiration se trouve ainsi gênée, et la rapidité de la course d'autant diminuée. Sous ce rapport, les grains sont sans aucun doute la nourriture qui convient presque exclusivement au cheval destiné à courir.

Pour parvenir à diminuer le plus possible le ventre aux animaux, il faut encore avoir soin de ne donner que peu de nourriture à la fois; de sorte que l'estomac et les intestins ne soient jamais chargés, et que la digestion soit très facile et très prompte. Par cette raison, on devra lui en donner plus souvent qu'on ne le fait ordinairement. Cinq ou six repas distribués d'une manière régulière pendant le jour, et dont le premier sera de très bonne heure et le dernier très tard, rempliront bien ce but.

Je ne fixerai point la quantité de la nourriture, on sent qu'elle doit varier selon les individus; le tout est de consulter leur besoin, et de leur en fournir assez pour que, sans engraisser, ils acquièrent toute la vigueur dont ils sont súsceptibles; un homme intelligent aura bientôt saisi le terme moyen. Il en sera de même de la boisson, et pour empêcher l'animal d'en trop appéter, il ne faudra pas la rendre trop bonne. Pour les empêcher d'avaler l'avoine sans la mâcher, on doit avoir le soin de la mélanger d'un peu de foin et de paille hachés de la meilleure qualité.

Si je dis de mélanger un peu de paille hachée avec l'avoine, je ne dis pas pour cela de donner de la paille aux animaux; je conseille au contraire de ne point leur en laisser manger. La paille est, dans notre climat, une nourriture qui contient, sous un très grand volume, peu de principes nutritifs: elle est donc tout à fait contraire sous ce rapport au cheval de course, et les Anglais, pour empêcher leurs chevaux de course de manger leur litière, leur attachent très souvent un petit panier sous la bouche, qui ne leur permet de prendre aucune nourriture hors des repas. Dans le midi de la France la paille est bien plus substantielle, et par conséquent plus propre à nourrir.

On pourrait craindre qu'avec un pareil régime les animaux ne fussent portés à engraisser; mais l'exercice d'une course journalière et d'une longue promenade au pas, ensuite un pansement long et répété au moins deux fois par jour, en même temps qu'ils entretiendront la souplesse et l'énergie musculaire, produiront une transpiration et des excrétions assez abondantes pour empêcher l'animal d'engraisser, et pour le tenir seulement en état.

En Angleterre, presque tous les grooms ou coureurs ont leur secret pour préparer leurs chevaux à courir, secret qu'on ne livre souvent pas pour beaucoup d'argent. Qu'on se persuade bien malgré cela une chose, c'est que quelques uns de ces grooms, plus fins que les autres, se servent de ce moyen pour se faire une espèce de réputation; et que les autres, moins avisés, attachent à quelques drogues dont ils ont souvent payé la connaissance fort cher des vertus purement imaginaires, sur le compte desquelles ils sont les premiers trompés. En effet, toutes les personnes versées dans la connaissance de l'économie animale savent bien que si l'on peut donner à une faculté corporelle toute son étendue en l'exerçant de bonne heure et d'une manière convenable, il n'y a pas de moyen de la développer par des drogues qui, en nuisant au canal intestinal, ne peuvent au contraire qu'affaiblir la constitution de l'animal. Si les diurétiques (pissebols) et les purgatifs peuvent servir quelquefois, les premiers ne peuvent convenir que pour un animal qui aurait trop de propension à engraisser, et les seconds pour celui qu'un appétit trop grand engage à se charger trop fortement d'alimens; encore les uns et les autres ne peuvent-ils être employés qu'avec une extrême prudence. Je ne conseillerai jamais d'en faire usage. Le régime diététique sera toujours ce qui pourra le mieux convenir dans ces deux cas.

Il en est de même de l'idée de la nécessité de faire suer fortement les chevaux de temps en temps avant la course (de leur donner des suécs). Je pense que des courses régulières tous les jours, ou même tous les deux jours seulement, et un régime convenable leur font perdre suffisamment leur gros ventre quand ils en ont trop, tandis que les suées forcées doivent les affaiblir.

Je ne saurais trop au contraire recommander les soins du bouchonnement: cette opération répétée presque constamment deux fois par jour et continuée longuement entretient une souplesse extrême dans toutes les parties qui servent à la locomotion, dans les muscles et les articulations surtout; après l'exercice journalier, c'est certainement le moyen le plus efficace de donner de la force et de la légèreté aux animaux.

Quelques instans avant la course, des personnes administrent à l'animal quelques liqueurs spiritueuses pour l'animer et lui donner plus de vigueur; c'est ordinairement, en Angleterre, un peu de vin de Porto. Il faut étudier d'avance l'effet de ces boissons sur l'animal; je crois que, dans la plupart des cas, il vaut mieux s'en abstenir.

Les Anglais, lorsqu'ils exercent leurs chevaux à courir, les laissent chargés de leur couverture, de leur poitrail et de leur camail, afin qu'au moment de la course réelle ils se trouvent plus légers, plus dispos, lorsqu'ils sont débarrassés de tout cet attirail.

Une autre précaution enfin qu'ils ont toujours et qu'on néglige beaucoup trop en France, c'est de préparer les animaux au terrain de la course, en les y faisant courir plusieurs jours d'avance avec d'autres chevaux et à l'heure à laquelle les courses doivent avoir lieu. J'ai vu au Champ-de-Mars rester en arrière des chevaux qui certainement seraient arrivés les premiers, si, quelques jours d'avance, ils avaient appris à connaître le terrain, et s'ils n'avaient point été étonnés de tout ce qui les entourait.

L'action d'*entraîner les chevaux*, débarrassée

ainsi de tout le charlatanisme qu'y mettent les personnes qui ont pris l'état de la faire en Angleterre, devient une opération assez simple, qu'un cultivateur peut faire chez lui s'il a un domestique intelligent; mais s'il veut payer un piqueur, un écuyer pour y préparer les animaux, il se jette dans des dépenses qui lui ôteront une grande partie du bénéfice qu'il peut faire dans l'élève des chevaux les plus nobles; mieux vaudrait pour lui, après avoir accoutumé l'animal à bien obéir, le vendre à l'âge de quatre ans à ceux qui voudraient tenter de le faire courir.

Je ne parlerai point des soins à donner aux poulains dans le cours de la cinquième année. Si on a bien compris ma manière de penser à l'égard de ces soins dans les années précédentes, on a dû voir que le poulain, à quatre ans révolus, doit être, si c'est un cheval de trait, propre à tous les travaux qu'on exige de cet animal, et que si c'est un cheval de race noble il doit être préparé à être dressé à ceux auxquels on le destine. Son élève cesse donc, et son éducation commence.

Je ne crains pas de répéter que si les poulains ont été habitués au régime du grain, on aura bien moins à craindre pour eux ces gourmes meurtrières qui les attaquent si souvent dans cette cinquième année, alors qu'on soumet presque toujours subitement à ce régime des animaux qui n'y sont point préparés.

ARTICLE IX.

DE LA CASTRATION.

Une question embarrasse quelquefois les nourrisseurs, c'est de savoir s'il vaut mieux pour eux faire châtrer leurs poulains à une époque reculée que de bonne heure. Je vais leur présenter les avantages et les inconvéniens de l'opération faite dans l'un et l'autre cas, pour les mettre à portée de résoudre la question suivant leurs intérêts.

La coutume de hongrer tard a les inconvéniens suivans : 1°. les poulains entiers étant plus vifs, plus turbulens, ils sont plus difficiles à garder; il faut des pâturages bien clos pour leur ôter la tentation d'en sortir; et, malgré toutes les précautions, leur turbulence les y expose à beaucoup plus d'accidens; 2°. on ne peut pas les laisser avec les pouliches, il faut donc plus d'enclos, plus d'écuries; ce qui augmente les frais du haras; 3°. si on ne perd guère plus d'animaux par le fait de la castration tardive, l'opération nuit bien plus à la santé des jeunes chevaux qu'aux poulains très jeunes : les premiers sont souvent long-temps à se remettre des suites de l'opération, et il est très fréquent d'en rencontrer qui restent toute leur vie, à la suite de l'opération, avec des reins extrêmement faibles et une croupe maigre, chétive, sans vigueur ; 4°. enfin les changemens de formes que produit la castration sont moins prononcés dans l'âge avancé que dans le jeune âge ; ce qui est un désavantage, puisque ces changemens sont non seulement avantageux pour les services auxquels nous employons les animaux, mais encore parce qu'ils donnent souvent à ces animaux plus de gentillesse. Il est certain, en effet, que ceux qui sont châtrés de bonne heure acquièrent une croupe plus forte, plus large, des reins plus larges, plus musculeux; tandis que la tête et l'encolure diminuent d'ampleur d'une manière marquée, deviennent plus légères, ce qui est très agréable dans tous les chevaux nobles, surtout dans les chevaux de selle.

Quelques personnes prétendent même que si le cheval entier est supérieur au cheval hongre pour un exercice momentané et violent, ce dernier est supérieur pour supporter des fatigues continues, lorsqu'un régime peu abondant suffit à peine à réparer les forces. Il est reconnu en effet que la castration facilite l'assimilation et par conséquent la réparation des pertes; il paraît même résulter de l'expérience que cet effet se produit d'autant plus sûrement, que l'animal a moins souffert de la castration; et on ne peut pas mettre en doute que cette opération, faite de bonne heure, n'ait des suites bien moins graves que lorsqu'elle est pratiquée dans l'âge adulte.

Le seul désavantage que présente la castration hâtive est de priver l'éleveur, par une opération prématurée, de la possibilité d'avoir un bel étalon, et peut-être, dans un haras de chevaux nobles, d'avoir un cheval qui, s'il avait été entier, aurait pu figurer avantageusement dans des courses et y gagner des prix.

La castration différée jusqu'à l'âge de cinq ans a donc l'avantage contraire, mais c'est le seul qu'elle possède, puisqu'on a vu qu'il était au moins douteux que le cheval entier eût plus de vigueur que le cheval hongre pour des travaux pénibles et continus.

Je pense, d'après cela, que la castration faite de très bonne heure est généralement dans l'intérêt de l'éleveur, tandis que la castration tardive n'y est point. Je le crois d'autant plus fermement que, sur beaucoup de chevaux, il y en a toujours très peu qui peuvent devenir des étalons et encore moins qui peuvent être des chevaux de course. La race des ascendans et le soin qu'on aura mis dans les appareillemens indiqueront au reste quels seront les poulains qu'il faudrait se garder de châtrer. C'est en vain qu'on aurait l'espérance de voir un poulain devenir un animal supérieur, s'il n'était sorti d'une race très noble et d'un appareillement des mieux entendus. Aussi je conseille toujours au nourrisseur, dans tous les cas, de châtrer de bonne heure. Ce désir malheureux de conserver un poulain mâle fait souvent faire de mauvaises opérations dans la ferme; il empêche de cultiver certains champs comme on l'aurait fait; et c'est en partie à cette manie que quelques cultivateurs doivent attribuer l'espèce de déficit dont ils se plaignent dans l'élève des chevaux.

Il est beaucoup de personnes qui prétendent que, pendant les premiers jours qui suivent la naissance, on peut assez bien juger ce que le poulain sera plus tard, parce qu'il a, à cette époque, l'ensemble des formes qu'il doit avoir en grand à l'âge adulte; tandis que plus tard la croissance fait momentanément disparaître cet ensemble. J'ai retrouvé cette idée parmi les nourrisseurs les plus habiles des différens pays que j'ai visités, et j'ai beaucoup de propension, d'après leur autorité, à y ajouter foi. J'indique ce moyen comme pouvant encore servir au cultivateur à se décider pour ou contre la castration hâtive.

Les habitudes commerciales ou spéculatives préviennent, dans beaucoup de localités, le doute à cet égard; dans tous les cantons où le commerce est habitué à venir prendre ou des animaux entiers ou des animaux hongres, ce serait une grande faute de présenter des chevaux différens, sous ce rapport, de ceux qu'on recherche : on ne trouverait à les vendre qu'à un prix inférieur, parce que les acheteurs craindraient de s'en embarrasser.

En me résumant, je pense donc que l'éleveur a généralement le plus grand intérêt à faire châtrer ses poulains de très bonne heure, à moins qu'il n'ait un moyen assuré de se défaire avantageusement de ses poulains entiers à l'âge où ils pourraient devenir embarrassans.

Relativement aux chevaux nobles qui seraient propres à la cavalerie, il n'y a pas le moindre doute que les régimens, débarrassés de tous les accidens que la castration met à leur charge, n'achetassent les chevaux hongres plus cher que les chevaux entiers, et ne préférassent acheter des chevaux en France. Relativement aux chevaux de trait propres aux postes et aux diligences, il est très probable qu'en en faisant châtrer de bonne heure un très grand nombre les cultivateurs s'en ménageraient par là un débit considérable pour les entrepreneurs des voitures publiques de la capitale, qui sont obligés de faire acheter à l'étranger ceux dont ils ont besoin. Enfin, l'artillerie même et les équipages du train ne seraient plus embarrassés de trouver ceux dont ils auraient besoin, et formeraient de nouveaux débouchés avantageux pour ce produit agricole.

Quant au mode de pratiquer l'opération, qui est tout à fait du ressort de la chirurgie vétérinaire, je n'en parlerai point dans cet ouvrage.

ARTICLE X.

DE LA FERRURE.

J'ai dit que, dans le choix des étalons et des jumens, il fallait prendre garde à la conformation des sabots et rejeter les animaux qui avaient ces parties défectueuses : ce soin ne suffira pas encore si la ferrure, dans les premières années, est mal conduite, surtout si on l'emploie de bonne heure. Je vais chercher à faire comprendre pourquoi je voudrais qu'on ne la mît en usage que le plus tard possible.

La ferrure est indispensable pour le cheval domestique; mais quoique indispensable elle occasione toujours de la gêne dans le pied : *c'est*, on peut dire, *un mal nécessaire* : voici ce qu'elle produit.

Quand on met sous le pied un fer inflexible, fixé par des clous dans la corne, c'est presque comme si on mettait une bande de fer inflexible autour de la partie inférieure du sabot: or comme dans le jeune âge le sabot croît en même temps que tout le reste du corps, il s'ensuit évidemment que cette partie est gênée par le fer et que sa croissance et sa belle conformation doivent en souffrir. Ce n'est pas encore tout. Quoique le sabot soit composé d'une corne solide, cependant cette corne est élastique, et sa conformation, ainsi que la disposition des différentes parties qu'elle contient, tendent à prouver qu'elle est destinée à jouir d'une certaine motion, à avoir certains mouvemens des parties les unes sur les autres lorsqu'une puissance un peu forte agit sur elle. C'est ce qui arrive évidemment par le poids du corps, qui porte sur les sabots; c'est ce qui arrive surtout lorsque la marche est rapide et violente: très probablement alors le sabot s'écarte, s'élargit d'un côté à l'autre, et par suite de cet effet toutes les parties internes du pied éprouvent des mouvemens divers (1). C'est dans le jeune âge que

---

(1) Voyez l'ouvrage de M. *Bracy-Clark*, intitulé: *Construction du sabot du cheval, et expériences sur la ferrure, etc.* In-8°., fig.

ces mouvemens sont le plus étendus, et ils sont peut-être même nécessaires au développement de cette partie, comme le mouvement est nécessaire à toutes les autres pour leur entier accroissement.

Le fer, tel que nous nous en servons, vient arrêter en partie les mouvemens du sabot : il empêche le bord inférieur de la muraille de s'ouvrir sous le poids, tandis que le biseau de la couronne, la sole et la fourchette, qui sont libres, éprouvent des mouvemens, mais des mouvemens qui ne sont point ceux que l'extension de la partie inférieure du sabot leur aurait permis si elle n'avait point été arrêtée par le fer.

Ces mouvemens sont donc forcés, point naturels; non seulement ils empêchent la croissance, déforment le sabot, mais encore ils développent de la douleur dans les parties. L'animal, par suite de cette douleur, est gêné dans ses mouvemens de progression; il contracte l'habitude de mauvaises allures, et M. *Bracy-Clark* ne craint pas d'avancer que c'est à la douleur ressentie de bonne heure, dans les pieds de devant, que l'on doit attribuer en partie cette mauvaise marche qui fait dire qu'un cheval est *pris dans les épaules*. On conçoit en effet fort bien que la crainte de poser des sabots souffrans à terre empêche l'animal de donner au jeu des épaules toute l'extension qu'il peut avoir, et que *les épaules se prennent*, comme l'on dit, par cette seule cause. Cela est d'autant plus aisé à croire que la douleur que le pied éprouve étant peu vive ou pas assez même pour que le cheval boite, on n'y fait point attention et on continue à se servir de ses forces.

Plus la corne sera tendre, plus elle devra, dans les deux premières années, jouir d'un mouvement étendu, et plus alors la ferrure y produira de mauvais effets. C'est encore une des raisons qui doivent faire éloigner, autant que possible, les poulains des pâturages humides, qui ont l'effet indubitable d'attendrir la corne.

Maintenant si l'on fait attention qu'à un certain âge, à celui où le développement de toutes les parties est arrivé à son maximum, la corne, comme les autres, cesse de croître, qu'elle s'épaissit et devient alors moins flexible ; qu'elle permet par conséquent des mouvemens moins étendus aux parties intérieures, on en tirera naturellement la conséquence que la ferrure doit être retardée.

Les Anglais, par cette raison, tiennent leurs poulains de races précieuses aussi long-temps qu'ils le peuvent sans les ferrer ; et ils ne les ferrent pour leurs premières courses qu'avec des fers très légers, qui ne garnissent que la pince et les mamelles, afin de charger d'autant moins le sabot d'un poids étranger, et pour laisser aux quartiers et aux talons la possibilité de jouir de toute l'expansion, de tout le mouvement dont ils sont susceptibles. La pince et les mamelles, comme l'on sait, sont les parties les moins mobiles, et le pied souffre d'autant moins de cette espèce de ferrure.

Des personnes seront, je m'y attends, peu contentes de ces explications, qu'elles regarderont comme des hypothèses, et pour lesquelles elles pourront demander des preuves matérielles : je ne puis, dans ce travail, que les renvoyer à l'étude des lois générales de l'organisation des animaux, à celle de l'anatomie du pied du cheval, et en particulier à l'ouvrage de M. *Braçy-Clark* déjà cité. C'est là qu'elles pourront trouver les raisons de ma manière de voir sur la ferrure.

Il serait bon, d'après ces principes, d'empêcher de bonne heure la corne de devenir tendre. Les anciens, qui ne connaissaient pas la ferrure actuelle avec des clous, et qui, par cette raison, avaient intérêt, encore plus que nous, à ce que leurs chevaux eussent la corne très dure pour résister aux marches sur les terrains solides et pierreux, plaçaient ces animaux de bonne heure non seulement sur un sol sec et dur, mais même sur un sol pavé de cailloux ronds, pointus, sur lesquels le sabot se durcissait et s'arrondissait par le frottement. (Voyez *Bracy-Clark*, et aussi *Xénophon*, de l'*Équitation*.)

On aura peut-être remarqué que parmi les chevaux de race il se trouvait plus de chevaux à mauvaise allure, plus de chevaux *pris des épaules*, boiteux même, que parmi les chevaux de trait; deux causes principales rendent raison de cette différence, sans controuver ce que je viens de dire : la première, c'est que généralement les races communes ont le sabot plus épais et aussi moins élastique, moins expansible : en sorte que la corne est moins susceptible de s'ouvrir, et que toutes les parties intérieures, devant éprouver moins de mouvemens, ressentent moins de gêne quand ces mouvemens viennent à être restreints partiellement. Cette élasticité moindre et cette plus grande épaisseur de la corne du sabot dans les chevaux de trait sont un fait dont la physiologie donne une très bonne explication.

On sait que la corne n'est qu'un appendice de la peau et qu'elle en éprouve toutes les modifications : or, la peau étant toujours plus épaisse dans les races communes, aux extrémités surtout qui sont chargées de crins, la corne doit participer et participe en effet à l'épaisseur plus grande de la peau des membres dans les chevaux de trait. Cette plus grande épaisseur du sabot est déjà une cause suffisante du moins d'expansibilité du sabot dans les chevaux de race commune ; on peut encore peut-être en trouver une autre, c'est que ces races étant habituées, depuis nombre de générations, à ne faire qu'un service qui ne donne pas aux mouvemens du sabot toute l'extension qu'ils reçoivent dans les races employées à une allure rapide, le sabot n'a pas acquis chez les races de trait l'élasticité qu'il a acquise chez celles-là.

On devra faire attention que je ne parle point ici de la *dureté* de la corne qui n'empêche pas l'élasticité, s'allie au contraire très bien avec elle, et dépend souvent des localités où les poulains ont été élevés.

La seconde raison du plus grand nombre de chevaux à mauvaise allure qu'on remarque parmi les chevaux de selle, c'est que le système nerveux étant généralement moins irritable chez les chevaux de trait, les mêmes causes produisent chez ceux-ci une douleur beaucoup moins vive : ne voyons-nous pas en effet tous les jours les plus communs chevaux de trait, ceux de la Flandre, avec des sabots déformés à un point extrême par la ferrure, ne pas paraître éprouver de douleur de cette déformation ?

Mais il est temps de borner ces observations, qui commencent à rentrer dans le domaine de la science vétérinaire.

Je finirai en répétant que, s'il est avantageux de retarder la ferrure, il faut néanmoins habituer de bonne heure les animaux à toutes les sujétions auxquelles elle les expose, en leur levant les pieds, en frappant dessus et en prolongeant la durée de ces sujétions, afin d'habituer les animaux à les souffrir sans se défendre. Le ferrage tardif doit même faire porter plus d'attention à ces soins, parce que moins on les prendrait, plus on aurait de peine à habituer l'animal à se laisser ferrer, et plus on risquerait de le tarer dans les mesures violentes qu'il faudrait adopter ensuite pour y parvenir.

ARTICLE XI.

DE LA CÉCITÉ.

La cécité, dans l'espèce chevaline, est une tare si fréquente et qui diminue tellement la valeur de l'animal, que la maladie la plus ordinaire dont elle est la suite (la *fluxion périodique*, ou *ophthalmie périodique*, ou *ophthalmie interne intermittente*) est la désolation des éleveurs de chevaux, et que la crainte d'en voir attaqués les produits du haras détourne beaucoup de cultivateurs de ce genre de spéculation : c'est pour cette raison que j'ai cru devoir en dire un mot dans mon travail.

On a déjà vu, à l'article *Du choix des étalons et des jumens*, ce que je pensais de l'hérédité comme cause de la fluxion périodique; je crois que les personnes instruites dans la connaissance de l'économie animale, connaissance sans laquelle il n'est pas possible d'avoir une idée juste sur une pareille matière, se rangeront à ma façon de voir à cet égard; je ne reviendrai donc plus sur cette cause première de la fluxion périodique. Je passerai à l'examen des autres.

Quand on lit tout ce qui a été écrit à ce sujet; quand on voit que la fluxion périodique se développe dans des localités toutes différentes et par des régimes tout aussi divers; quand on a parlé avec un grand nombre d'éleveurs de chevaux et quand on a vu qu'ils ne pouvaient s'accorder sur les circonstances qui occasionent cette maladie, on est bientôt convaincu que l'affection doit tenir non à une cause spéciale *sui generis*, mais à des causes diverses; et si on les recherche attentivement et avec des connaissances médicales, on ne peut les voir que dans celles qui produisent aussi les autres maladies.

On s'aperçoit bientôt en effet que c'est dans les races soumises aux plus mauvais régimes que la fluxion périodique est le plus commune.

Les causes de cette affection sont donc, je crois, les mêmes que celles qui déterminent les autres maladies, ou qui portent un trouble général dans toute l'économie animale.

Ce sont d'abord la descendance de parens d'une mauvaise constitution, surtout de parens attaqués déjà de la maladie ; ce sont ensuite les intempéries des climats, des localités, la mauvaise nourriture et les mauvais soins de l'homme.

Si au milieu de ces causes générales agissantes en mal, et qui disposent l'animal à contracter des maladies par les accidens les plus légers, il en est une plus intense ou plus constante que les autres, et produisant son effet sur un organe en particulier, on peut être sûr qu'elle déterminera une disposition spéciale dans cet organe à contracter une maladie, et qu'il suffira ensuite, quand cette disposition sera prise par l'organe, que cette cause vienne à augmenter d'intensité, pour que l'organe tombe malade; bien plus, je crois qu'il suffira, dans un pareil sujet, que d'autres causes viennent produire du trouble dans l'économie, et agir même plus directement sur d'autres organes, pour que ce soit, par contre-coup, l'organe qui est déjà le plus en souffrance qui soit affecté particulièrement, presque exclusivement. Ne voyons-nous pas en effet, chez la plupart des individus même de l'espèce humaine, un organe être plus disposé à souffrir qu'un autre, et, par cette raison, la même cause maladive produire une affection de poitrine chez l'un et une affection de l'abdomen chez l'autre?

Par cette raison, le grain, qui, distribué de bonne heure et d'une manière convenable, sert à donner aux animaux une bonne constitution propre à les faire résister plus tard aux causes morbides, donné subitement à un cheval déjà parvenu à un certain âge sans en avoir mangé et disposé par une cause quelconque à avoir les yeux malades, produira un changement, un trouble dans toute l'économie, qui se manifestera presque aussitôt sur l'organe affaibli; et une ophthalmie s'y développera alors indubitablement avec d'autant plus d'intensité, que cette nourriture sera plus exclusivement celle de l'animal, ou que l'organe aura plus souffert et sera, par cette raison, plus disposé à s'irriter. La maladie se renouvellera de nouveau toutes les fois qu'une série de causes morbides se réunira sur l'animal, et elle deviendra enfin la fluxion périodique.

Il est même possible qu'une cause maladive, agissant sur un autre organe que celui de la vue, sur la membrane muqueuse intestinale par exemple, puisse déterminer cependant sympathiquement l'ophthalmie intermittente sans que l'œil ait été préparé à s'irriter par une cause morbide apparente et directe. L'histoire des maladies chez l'homme et chez les animaux fournit de nombreux exemples de ces sympathies.

J'ai dit que la fluxion périodique était plus particulièrement l'apanage des races soumises à un mauvais régime, et c'est d'après l'expérience que j'ai parlé; mais on pourra aussi présumer, d'après ce qui précède, que, malgré un bon régime, un très bon régime même, il soit possible que les animaux de certaines localités, de certaines fermes y soient exposés, parce que des influences maladives exerceront une action presque permanente sur l'organe de la vue: c'est ce qui arrive en effet, et il est des localités où les animaux, quoique soumis à un assez bon régime, sont exposés à la fluxion périodique.

Il est enfin un fait que je dois indiquer, c'est que dans les races soumises au meilleur régime, et dans lesquelles la fluxion périodique n'a été jamais comptée pour un mal à redouter, il est parfois des individus où elle se déclare sans qu'il soit possible de savoir par quelle raison : ce sont des exceptions qui doivent être mises dans le chapitre des accidens, et qui sont assez rares pour ne devoir influer en rien sur le désir qu'on aurait à se livrer à l'élève des chevaux.

Si, lorsqu'une foule de circonstances maladives enveloppent les animaux, il est assez difficile de deviner celle qui agit spécialement sur la vue ; s'il est plus difficile encore d'arriver à cette découverte quand quelques unes de ces circonstances, agissant fortement sur un autre organe, ne réagissent que secondairement ou sympathiquement sur les organes de la vue, il n'en est pas ainsi dans le cas où les animaux, quoique soumis à un bon régime, sont néanmoins exposés à la maladie ; et il est rare, dans ce cas, qu'un examen approfondi ne fasse pas connaître assez vite la cause principale de l'affection et souvent alors les moyens d'y remédier.

Si l'on adopte ma manière de voir sur les causes de la fluxion périodique, on doit cesser de craindre cette maladie dans l'élève des chevaux : on sent en effet qu'il sera facile de la prévenir presque partout ; qu'il suffira pour cela de soumettre la race à un bon régime et à tous les soins qui servent à faire de bons animaux. Comme je ne conseille pas d'élever des chevaux si l'on ne prenait pas ces soins, parce qu'il n'y aurait point de bénéfice à le faire, il s'ensuit que les conditions que j'exige pour éviter la fluxion périodique sont précisément celles qu'il faut toujours remplir.

Je ne m'étendrai un peu sur un pareil sujet, qui est presque étranger à l'élève des chevaux, que pour énumérer les causes morbides qui paraissent plus particulièrement produire la maladie qui nous occupe et qui pourraient échapper à l'agriculteur au milieu de tous les soins qui l'agitent. Je renverrai les personnes qui voudront s'en occuper davantage à l'excellent travail sur cette maladie, présenté à la Société royale et centrale d'agriculture par M. *Bouin*, vétérinaire au dépôt royal d'étalons à Saint-Maixent, et imprimé dans le volume 1823 des *Mémoires* publiés par cette Société.

Localités.

La fluxion périodique est plus commune dans les lieux bas, humides, dans ceux boisés et dans les pays où les rivières ont peu de cours et sont sujettes à submerger les prairies; elle l'est également dans les contrées où les brouillards sont fréquens, stagnans et ont de l'odeur; dans celles où les changemens de température sont plus subits et plus intenses; dans celles où l'air est chargé de vapeurs salines, sulfureuses ou irritant la conjonctive, de quelque nature que soient ces vapeurs. Enfin, dans toutes ces localités on remarque qu'elle sévit surtout sur les animaux qui passent les nuits à la pâture.

Habitation.

On la remarque plus ordinairement dans les fermes dont les écuries sont établies sur un sol humide, sont privées de lumière et sont trop petites pour que la masse d'air ne s'y vicie pas promptement; dans les écuries surtout où on laisse les fumiers s'accumuler et où leur odeur et principalement l'ammoniaque se font sentir; dans celles où le plancher, mal joint, laisse continuellement passer la poussière du grenier; dans celles enfin, qui, par leur exposition et leurs ouvertures, laissent des courans d'air frapper sur la tête des animaux.

Alimens.

Enfin la maladie sévit dans les exploitations où les mères et les poulains sont soumis à l'usage de l'herbe de prairies qui reçoivent annuellement ou des engrais animaux ou les égouts des villes (*Mémoire* de M. *Bouin*).

Elle sévit là où on a l'habitude de donner des plantes ligneuses d'une difficile mastication et contenant peu de principes nutritifs. Il est si probable en effet, d'après la physiologie, que les alimens d'une difficile mastication peuvent concourir à produire la fluxion périodique, que beaucoup de personnes ne veulent pas qu'on donne même de l'avoine aux poulains, par la raison qu'elle est difficile à broyer pour eux, et que la plupart des auteurs qui, comme je le fais, conseillent d'en donner, indiquent de la faire concasser. C'est en effet une très bonne précaution.

Elle sévit là où on a de mauvaise avoine et du foin de basses prairies, dont les herbes sont grandes, aqueuses et sans suc, ou bien sont habituellement vasées.

Enfin elle se montre encore là où on a la mauvaise habitude de sevrer les poulains de trop bonne heure.

Pour faire voir que c'est d'après de bonnes autorités que j'ai avancé que le mauvais régime, quel qu'il soit, et tout ce qui produit des effets nuisibles sur l'économie animale, même sur d'autres organes en particulier que celui de la vue, sont les causes ordinaires de la fluxion périodique, je citerai *Thiery* (*Mémoire sur l'amélioration des chevaux en Alsace, et particulièrement sur le moyen de les préserver de la cécité*, in-4°.); — *Maynenc* (*Mémoires d'agriculture, etc.*, publiés par la Société royale et centrale d'agriculture, 1822, t. Ier., p. 436), qui la considère comme une fièvre intermittente, dont la fluxion sur l'œil n'est que la terminaison des accès; *Bouin*, déjà cité, qui dit: *Il est peu de maladies présentant plus souvent le caractère sympathique que l'ophthalmie et elle est très ordinairement l'effet de l'irritation gastrique*; enfin *Hurtrel d'Arboval* (*Dictionnaire de médecine et de chirurgie vétérinaires*), qui, après avoir reproché à la Société royale et centrale d'agriculture d'avoir donné attention à l'opinion de M. *Maynenc*, dit: « Dans de tels lieux (humides et bas), les émanations effluviennes agissent sur l'œil en irritant la conjonctive, *tandis que les nourritures peu substantielles, ingérées sous de gros volumes, ne fournissent pas les élémens d'un bon chyle, et ont une action irritante sur le canal intestinal, dont la sympathie avec l'organe de la vue est connue.*

Je terminerai en répétant ce que j'ai déjà dit, que le cultivateur qui soumet à un bon régime ses animaux, c'est à dire qui annule les causes de maladies que je viens d'indiquer, par de bons abris à la ferme et dans les pâturages, par une bonne nourriture, et par des soins convenables, ne doit pas craindre la fluxion périodique; et que si, par accident, il a dans son haras quelques animaux affectés, ce seront des cas très rares : encore est-il probable que ce sera plutôt dehors de ses mains qu'entre les siennes que le mal arrivera.

ARTICLE XII.

DE L'ÉTALON APPARTENANT AU CULTIVATEUR.

J'ai dit que le cultivateur devait avoir chez lui l'étalon propre à son haras toutes les fois qu'il n'avait pas la certitude de pouvoir se procurer, au moment de la monte et à volonté, *de bons étalons purs :* mais la présence d'un étalon dans le haras domestique est ordinairement un tel sujet de crainte, que peu de cultivateurs, excepté ceux qui font une spéculation du saut de leurs chevaux entiers, veulent avoir un étalon à eux. Il semble, à les entendre, qu'un étalon soit un cheval d'une nature toute particulière, qu'il n'est pas possible de faire travailler et dont il faut prendre des soins extraordinaires. Cette malheureuse idée, à laquelle ajoutent encore créance même la plupart des personnes qui possèdent un étalon de luxe, fait que non seulement l'étalon coûte ainsi pendant presque toute l'année sans rien rapporter, mais encore qu'il devient d'une pétulance extrême; ce qui le rend plus difficile à conduire, plus sujet à se blesser, et d'un embonpoint qui rend les maladies plus fréquentes et plus graves : d'où il résulte que la pensée qu'il n'est pas de l'intérêt du cultivateur d'avoir son propre étalon paraît avoir quelque fondement.

Mais, d'une part, quand on sera bien persuadé qu'une fois le système de métissage ou de progression adopté, il est du plus grand intérêt qu'il soit suivi sans interruption par des étalons purs, et qu'on ne doit pas risquer de manquer de pareils étalons au moment de la monte ;

Et, d'autre part, quand on réfléchira à ce que j'ai dit que l'étalon devait être un cheval qui eût fait ses preuves de bon cheval; qu'il devait être bon parmi les bons, c'est à dire très dur à la fatigue; quand on réfléchira que le manque d'exercice est toujours pour de pareils animaux une cause de maladies; qu'il est immanquablement la cause des mouvemens désordonnés qu'un excès momentané de vigueur produit chez ces animaux, et par conséquent la cause des accidens qui résultent de ces mouvemens désordonnés; qu'en outre le repos prolongé fait perdre aux animaux leur rusticité; que par conséquent il peut ôter des qualités à l'étalon et par suite à ses productions,

On en conclura nécessairement 1°. qu'il faut, autant que possible, posséder l'étalon dont on a besoin, et 2°. qu'il faut faire travailler cet étalon. Ce sont deux choses que je recommande donc particulièrement au cultivateur.

Quelques personnes diront peut-être que le conseil de faire travailler l'étalon est facile à donner, mais qu'il est difficile à mettre en pratique dans une exploitation cultivée par des jumens poulinières, parce que d'abord on ne pourra pas souvent employer l'étalon seul, et ensuite parce que, malgré les précautions, l'étalon sera toujours pour les jumens une cause d'accidens. C'est une objection que j'ai entendu faire.

Je ne la crois fondée néanmoins sous aucun de ces deux rapports.

Il est une foule de travaux que cet étalon peut faire seul : il peut servir à transporter le fermier dans ses champs, aux foires, aux marchés; il peut herser, rouler; il peut faire enfin tous les transports qui n'exigent que la force d'un animal, et les transports sont fréquens dans une ferme. Qu'on ne croie pas que l'étalon de selle ne puisse pas exécuter les mêmes travaux; non seulement il fera une belle et bonne monture pour le cultivateur, si celui-ci veut l'employer à ce service; mais dans le cas contraire il fera aussi un bon cheval de cabriolet, même un cheval propre à tous les autres travaux de la ferme, travaux qui certainement ne le ruineront pas autant que le séjour à l'écurie. Le cheval de selle employé à charrier du fumier ne perdra pas pour cela sa noblesse; il n'en acquerra pas du poil aux paturons et aux canons; il n'en prendra pas des formes grossières, lourdes; il n'en perdra pas son énergie. Le travail, quel qu'il soit, pourvu qu'il soit modéré, ne fera au contraire qu'entretenir l'animal en santé, tant que la nourriture sera bonne et abondante; que les soins hygiéniques, le pansement répété de la main, des couvertures, des abris dans de bonnes écuries et sur une litière abondante concourront à entretenir la vigueur, la souplesse des membres, la finesse de la peau, celle des crins, etc.: jamais non plus il ne sera à craindre que le travail du trait, auquel sera soumis un étalon de selle qui aura couru ou chassé avec distinction, puisse influer sur ses productions, si ses productions, dès leur jeune âge, sont soumises à toutes les bonnes méthodes de régime que j'ai indiquées; les productions en seront tout aussi propres à faire un cheval de selle ou de course, et peut-être plus que si l'étalon avait été sans travailler et seulement promené, pour l'empêcher de pourrir à l'écurie.

Sous le second rapport que l'étalon, dans une exploitation rurale cultivée par des jumens, sera une cause féconde d'accidens, je ne crois pas l'objection fondée davantage; j'ai visité des fermes où cette cause d'accidens existait et où ceux-ci n'avaient point lieu. Je ne parlerai point ici de la possibilité d'habituer l'étalon à rester à côté de quelques jumens, nous ne consacrons pas encore assez de soins à l'éducation de nos chevaux en France, pour que nous arrivions à ce point comme en Espagne; mais je dirai qu'il suffira d'avoir une écurie à part et de prendre quelques précautions pour que l'étalon ne se rencontre pas avec les jumens. Je dirai que si la proximité des jumens tourmente quelquefois l'étalon, la proximité de l'étalon, pourvu qu'il ne puisse arriver jusqu'aux jumens, ne tourmente point celles-ci; que par conséquent il n'y a rien de moins difficile pour le cultivateur que de posséder l'étalon de son haras. Il lui suffira, je le répète, de faire travailler cet étalon et de lui donner tous les soins qu'exige un animal précieux, mais d'une bonne constitution.

Que le possesseur d'un haras fasse donc tous ses efforts pour posséder l'étalon de la race qu'il veut avoir. S'il opère par métissage, il arrivera plus vite à son but. Le père, accouplé avec ses filles, donnera presque sûrement des productions qui lui ressembleront. S'il peut couvrir encore ses petites-filles, il produira certainement alors une génération d'animaux semblables entre eux et avec le type qui le distinguait lui-même. Par des métissages avec des étalons de la race, mais changeant à chaque génération, le cultivateur sera souvent loin encore, à la troisième génération, d'avoir des animaux de formes et de tournure semblables, but auquel j'ai déjà dit qu'il avait intérêt à arriver le plus promptement possible.

Par métissage avec le même père, peut-être pourra-t-il déjà, dès la troisième génération, obtenir des productions assez belles pour n'avoir plus besoin de chercher autre part que parmi elles l'étalon propre à remplacer le premier étalon père de la race (page 146): seulement alors il aura soin de prendre la production qui aurait, au moindre degré, les petites défectuosités qu'il croirait devoir se propager dans la race, et que les accouplemens entre le père et les enfans tendent toujours à propager et à augmenter quelquefois.

Dans l'opération par progression, il est peut-être moins essentiel, il est vrai, d'avoir des animaux qui se ressemblent tous entre eux, parce qu'étant de la même race, ils auront toujours les caractères de cette race et seront d'une défaite assurée. Je conseille néanmoins encore dans ce cas de se servir du même étalon pendant plusieurs générations, parce qu'on imprime ainsi aux productions les caractères particuliers qui le distinguent; caractères qui font reconnaître ensuite la race du haras et ne peuvent manquer de lui donner de la valeur et de la réputation.

Quant à l'économie, je ne ferai que rappeler ici combien est infructueuse la monte qui se fait loin du lieu où les jumens sont habituées, comparativement à la monte qui se fait tranquillement dans le local même que les jumens habitent, et quand elles sont bien disposées et saillies par un étalon qu'elles connaissent. Le plus grand nombre des poulains qui en résulteront compensera certainement les jours rares dans l'année où l'étalon ne pourra pas travailler fructueusement pour la ferme: ce nombre compensera même, je crois, bien au delà le capital déboursé pour l'achat d'un étalon de trait; il compensera probablement aussi le capital de l'achat d'un cheval de selle.

En me résumant, je pense donc que le cultivateur qui possède un haras, soit qu'il agisse par progression, soit qu'il agisse par métissage, a intérêt, même un intérêt très grand à posséder son propre étalon. Il lui est possible ainsi de se former vite une race et d'arriver à un résultat. Il n'aura jamais cette possibilité s'il compte sur les étalons des dépôts de l'État ou sur ceux des particuliers, à moins qu'il se borne à une race très répandue dans les environs. Nous avons vu que pour les chevaux nobles en France, il n'existait plus comme race que celle des chevaux d'attelage, dits *de la plaine de Caen*, ou *du Cotentin*. On va voir, dans la seconde Partie, pourquoi les établissemens de l'État sont presque tous impropres à remplir le but de leur institution, celui même de fournir aux particuliers les étalons dont ils ont besoin pour leurs haras domestiques.

DEUXIÈME PARTIE.

DES INSTITUTIONS ET DES ÉTABLISSEMENS PUBLICS DESTINÉS, OU A PROPAGER L'ÉLÈVE DES CHEVAUX, OU A AMÉLIORER LES RACES DE CES ANIMAUX.

J'ai donné, dans l'Introduction, page 27 et suivantes, les raisons qui font un besoin aux grands États qui, comme la France, sont appelés à soutenir des prétentions par la force des armes, d'avoir assez de chevaux pour en fournir aux services de l'armée. Ces raisons sont si fortes qu'il est suffisant, je crois, de les avoir énoncées pour avoir amené la conviction ; je ne reviendrai donc plus sur cet objet.

Quelques Gouvernemens de l'Europe, celui de la France surtout, persuadés de la force de ces raisons, ont cherché à encourager la multiplication et l'amélioration de leurs races de chevaux, et ils ont pour cela pris diverses mesures. Ce qu'il y a de bien singulier en France, c'est que l'Administration, en reconnaissant que le peu d'instruction des cultivateurs et une foule de mauvaises pratiques, de coutumes et d'usages agricoles ayant presque force de lois, étaient les principales causes qui s'opposaient à l'amélioration des races de chevaux, n'ait formé aucune espèce d'institution pour instruire les cultivateurs, et qu'elle n'ait pris aucune mesure pour lever les obstacles qui s'opposaient aux progrès de cette branche de l'agriculture: elle s'est contentée d'institutions ou d'établissemens qu'elle a crus propres à donner un intérêt aux cultivateurs à multiplier leurs élèves en chevaux. C'est de ces établissemens ou institutions de diverses natures que je vais m'occuper ici, en examinant s'ils ont atteint le but proposé : tels sont les *haras parqués*, les *dépôts d'étalons*, les *dépôts de poulains*, les *distributions de primes pour les poulains et les jumens poulinières*, les *courses de chevaux*, les *haras militaires*, les *dépôts de remonte pour la cavalerie*, les *foires de chevaux*.

Quoique dans les chapitres suivans il y ait des données qui puissent s'appliquer aussi bien aux races de chevaux communs de postes et de trait qu'aux races nobles, j'avertirai, en commençant, que ce qu'on va lire devra, tant qu'il ne sera pas question d'une manière spéciale des chevaux de races communes, s'appliquer plus particulièrement aux races nobles, dont la multiplication et l'amélioration, portées assez loin, peuvent fournir tous les chevaux dont nous avons besoin, soit pour le luxe des grandes villes, soit pour l'armée, et dont les moins bons iront augmenter le nombre de ceux employés aux charrois et à l'agriculture.

CHAPITRE VII.

HARAS PARQUÉS.

Les haras, avons-nous vu, se divisent en *haras sauvages*, *haras parqués* et *haras domestiques* ; mais si on se rappelle ce que j'ai dit, dans le premier chapitre, *Des haras sauvages*, du peu de produits qu'ils peuvent donner sur une grande étendue de terrain, et des inconvéniens qu'ils présentent, on sera bientôt persuadé que les terres sont trop rares en France, qu'elles sont par cette raison trop chères pour que le Gouvernement puisse songer à avoir de tels haras pour remonter sa cavalerie : ils ne peuvent créer, au reste, par eux-mêmes aucun intérêt pour le cultivateur à élever des chevaux ; je n'en parle donc que pour dire qu'ils me paraissent aussi peu avantageux pour l'État que pour les particuliers.

Les *haras domestiques* étant accessoires à des domaines ruraux, et l'État ne pouvant faire cultiver économiquement ces domaines que par des fermiers, il ne peut être question de *haras domestiques* lorsqu'il s'agit de haras de l'État.

Les *haras parqués*, au contraire, n'ayant point les inconvéniens des haras sauvages, et paraissant jusqu'à un certain point devoir présenter quelque avantage, ont seuls été tentés; et l'État en possède en France quelques uns où les animaux sont tenus avec tout le soin qu'il est possible d'y mettre.

En créant ces haras, l'Administration a eu un but, qui devait être un bien public certainement; mais quel est ce but? Il est difficile maintenant de le connaître, on ne peut faire que des conjectures à cet égard; je vais chercher cependant quel il pouvait être, en examinant chacun de ceux qu'on pourrait croire que l'institution devait atteindre et en cherchant si elle l'a atteint en effet.

Lorsqu'on a formé les premiers de ces haras, on n'a pas cru, je pense, qu'on pourrait les multiplier assez pour qu'ils pussent fournir à la France la quantité de chevaux qu'elle achète à l'étranger. Si tel avait été le but primitif de l'institution, le relevé du nombre des chevaux fournis par les haras existans aurait bientôt prouvé que les productions sortant de ces établissemens étaient trop peu nombreuses pour qu'il fût d'une bonne économie publique d'acheter et de convertir en haras parqués les terrains nécessaires pour l'élève du nombre des chevaux dont la France a besoin.

Les haras parqués ne peuvent donc avoir qu'un autre but : est-ce celui de donner un bon exemple aux particuliers qui veulent élever des chevaux, ou est-ce celui d'élever seulement de beaux et de bons chevaux propres à faire des étalons pour entretenir et améliorer les races? Examinons-les sous ces deux rapports.

J'ai déjà dit qu'en France les particuliers ne possédaient pas de haras parqués, c'est à dire d'exploitation rurale où l'élève de chevaux fût l'objet principal, celui auquel tout le reste de l'exploitation fût subordonné.

Si l'institution des haras parqués avait été faite dans le but de montrer aux cultivateurs soit propriétaires, soit fermiers, s'il y avait avantage ou non à avoir de ces haras, on aurait publié annuellement les comptes de recettes et de dépenses de ces haras. Or, jamais il n'a été publié de pareils comptes. En supposant cependant que c'eût été le but de l'institution et qu'on n'eût pas voulu publier ces comptes avant d'avoir obtenu un résultat positif, on serait depuis long-temps arrivé au moment de pouvoir tirer des résultats de ce qui a été fait; et il n'y a pas de doute que si le relevé des recettes et des dépenses était publié maintenant, ils ne montrassent des pertes énormes. L'institution des haras parqués aurait donc rempli un but en enseignant que de la manière dont ils ont été dirigés il n'y a pas de bénéfices à avoir de ces haras, et il faudrait les supprimer.

Si les haras parqués de l'État ont été établis seulement dans le but de faire voir comment il fallait s'y prendre pour créer de beaux et bons chevaux, ils ont réussi peut-être sous ce rapport; mais en même temps ils ont dégoûté de l'élève de ces animaux, par la raison que je viens de citer, c'est que tout le monde voit qu'il est dépensé dans les haras de l'État un argent considérable pour faire des chevaux de prix, et que presque tout le monde est porté à croire d'après cela qu'il faut faire de pareilles dépenses pour en élever. Sous ce rapport, il faudrait supprimer encore ces haras, pour ne pas ôter aux cultivateurs le désir et le dessein de faire des chevaux de race noble.

Les personnes les plus au fait de la chose ont pensé que les haras de l'État devaient tendre seulement à fournir de bons étalons qui pussent servir à améliorer les races des particuliers. Cette idée était simple, et elle paraissait bien fondée. On disait : le Gouvernement seul peut sacrifier un argent considérable pour se procurer les meilleurs étalons et jumens de race étrangère, et par une première mise de fonds un peu forte, il évitera en grande partie à la France une dépense annuelle considérable pour le renouvellement des étalons les plus précieux ; ce sera un capital placé à de gros intérêts. C'était vouloir faire ce que les Allemands appellent un *haras de tête* (*haupt-gestut*), un *haras de souche;* mais cela a-t-il été fait dans aucun des haras de l'État en France? mais cela était-il même possible, avec une Administration composée d'un grand nombre de personnes d'opinions diverses sur ce sujet, dirigeant les haras de la capitale et forcée de changer les directeurs de haras assez souvent de place; tandis qu'il est nécessaire, pour qu'un homme puisse faire quelque chose de passable à ce sujet, qu'il soit libre de faire ce qu'il veut, et cela pendant plusieurs générations successives de chevaux? Aussi qu'est-il arrivé? C'est que, dans le petit nombre de chevaux sortis des haras, il s'en trouve si peu de bons pour être des étalons, et surtout pour être des étalons de choix, que l'Administration est obligée de faire acheter toujours la plus grande partie de ceux qu'elle emploie, et que le peu qu'elle tire de ses haras lui revient plus cher encore que ceux qu'elle achète du dehors.

Un fait me porte même à croire que ce but n'est pas possible à atteindre. Lorsqu'on voit que, quelle que soit la beauté de la race et quelle que soit celle du père et de la mère dans les accouplemens, il sort de ces accouplemens un si petit nombre de *chevaux propres à être étalons*, parce que l'animal, pour être employé comme tel, a besoin d'une réunion de qualités qu'on ne rencontre jamais que sur un très petit nombre d'individus, on est bientôt effrayé de la quantité d'animaux de premier choix qui doivent composer le haras et de la dépense que ce haras occasionerait en France. Pour s'en convaincre, on n'aurait qu'à examiner le nombre d'*étalons de choix* qui sortent annuellement des plus célèbres haras, par exemple de ceux de Newstadt sur l'Adosse, en Prusse; de celui de Babolna, en Hongrie; de celui du Pin, en France, où, depuis un grand nombre de générations, les plus beaux étalons et les plus belles poulinières ont été amenés ou conservés pour la reproduction, et on verrait combien ce nombre est petit, relativement aux poulains de choix qui s'y élèvent.

Mon père, qui avait eu lieu de voir que les

haras de l'État avaient été inutiles à l'amélioration des races de chevaux, et surtout à la multiplication de ces animaux, avait proposé d'en changer quelques uns en *haras d'expérience*, où l'on aurait cherché, par exemple, à savoir combien de générations il fallait pour transformer une race en une autre par la métisation; comment le régime et les localités modifient les races importées; quels moyens il fallait employer pour arrêter ces effets, etc.

Je ne pense pas cependant que ces haras aient pu amener à aucun résultat positif avec une Administration des haras directrice. Un homme qui conçoit un plan d'expériences à ce sujet peut le suivre dans un troupeau de bêtes à laine dont il est propriétaire, dans lequel il fait tout ce qu'il veut, et dont les générations se suivent assez rapidement; il pourrait même faire ces expériences dans un haras à lui appartenant; mais il est impossible qu'il les suive sous une Administration composée de plusieurs individus, changeante par cette raison, et incapable par conséquent d'être persévérante dans ses projets.

Pour éviter l'inconvénient du haut prix auquel reviennent presque partout les productions dans les haras parqués de l'État, on a tenté, dans quelques pays, de confier les jumens poulinières aux cultivateurs à certaines conditions. On verra, au chapitre *Des haras militaires*, que je ne crois pas ce moyen même bon pour faire des chevaux de cavalerie.

Le seul bien que les haras peuvent avoir fait, et celui sur lequel insistent seulement les personnes qui parlent encore en faveur de ces établissemens, c'est, en employant les étalons mêmes des haras à saillir les jumens des campagnes des environs, d'avoir laissé dans ces campagnes quelques individus plus nobles que ces races, ou d'avoir, comme l'on dit actuellement, mis du sang noble dans ces races : mais alors ce n'est plus comme haras qu'ils ont produit cet effet, c'est comme dépôts d'étalons, et c'est à ce dernier genre d'établissement qu'il faut l'attribuer : encore est-ce un bien? Nous verrons plus loin qu'en commençant des croisemens qui n'ont pu avoir de suite aucun bien n'a été produit.

A quoi peuvent donc servir les haras parqués de l'État? demandera-t-on. Je répondrai, et d'accord avec un grand nombre de personnes, que je n'en sais rien, à moins qu'on ne veuille regarder comme un avantage l'effet qu'ils ont de ramener continuellement l'attention des cultivateurs sur ce genre de spéculation agricole; ce qui pourrait réellement en être un si les calculs qu'ils font faire des dépenses et des bénéfices ne servaient à décourager de l'élève des chevaux plutôt qu'à y encourager, et si les dépôts d'étalons, qui ne font pas faire ces réflexions, ne remplissaient pas encore mieux ce but.

On pourra peut-être trouver ces conclusions un peu sévères, et d'abord un peu hasardées; mais quand on pèsera les raisons que j'ai avancées et quand on cherchera à quoi servent les haras (qu'on fasse toujours bien attention qu'il ne s'agit pas des dépôts d'étalons), on se rangera, je crois, à mon avis: aussi l'Administration des haras compte-t-elle très peu de ces établissemens. J'ai dit avec d'autant plus d'empressement ce que je pensais à cet égard, que la malheureuse idée *que des haras de l'État sont le seul moyen d'améliorer les races de chevaux en France* prédomine même chez beaucoup de personnes qui s'occupent de haras, et qu'elle empêche de fixer l'attention de l'Administration sur d'autres moyens tout à fait de son ressort, vraiment utiles et capables peut-être de donner l'impulsion nécessaire pour arriver au but proposé.

CHAPITRE VIII.

DÉPÔTS D'ÉTALONS.

Les dépôts d'étalons sont des établissemens dans lesquels l'État tient à sa charge en réserve des étalons destinés à couvrir les jumens des particuliers au moment de la monte. Dans ce but, lorsque l'époque ordinaire de la saillie arrive, il fait distribuer à ses frais les étalons par petits lots dans les localités où il se trouve le plus de jumens poulinières.

Quoique les dépôts d'étalons soient souvent réunis dans le même local et sous la même direction que les haras, quoiqu'ils soient même souvent appelés *haras*, ils n'en sont pas moins une institution toute différente, qu'il ne faut pas confondre avec ceux-ci, et dont il est bon de s'occuper à part, puisque l'on va voir que leur résultat pour l'amélioration des races peut être tout différent en présentant un avantage réel.

Cet avantage serait de rendre plus lucrative l'élève des chevaux, en évitant aux cultivateurs peu aisés l'achat ou la location d'étalons, mais surtout en leur donnant, au moyen d'étalons de race plus précieuse, la facilité de changer, par métissage, des races communes en races nobles d'une valeur plus grande.

Ces avantages apparens ont fait instituer ces dépôts dans quelques États de l'Allemagne, où on a, comme en France, cherché à améliorer les races de chevaux.

Ces dépôts d'étalons n'ayant point, comme les haras, l'inconvénient d'élever des chevaux avec des dépenses qui surpassent de beaucoup la valeur de l'animal, auront l'avantage, plutôt encore que les haras, d'exciter les cultivateurs à des tentatives d'élèves ou d'améliorations.

Mais en indiquant le bien que ces dépôts d'étalons peuvent produire, il ne faut pas passer sous silence les inconvéniens que leur organisation actuelle en France présente; ce sera peut-être le moyen de les diminuer.

Le principal est celui de ne pas distribuer toujours aux mêmes jumens des étalons de la même race. Il en résulte, pour les cultivateurs qui se servent de ces étalons, qu'ils n'ont point de races fixes, qu'ils ne peuvent pas s'en créer une par métissage progressif et qu'ils n'ont toujours que des animaux, tantôt d'une forme, tantôt d'une autre, ce qui est un très grave inconvénient: aussi voit-on dans les pays d'élève beaucoup de cultivateurs refuser les étalons des dépôts, qui ne leur conviennent point, pour se servir d'étalons appartenant à des particuliers.

C'est principalement dans les dépôts d'étalons de selle et de carrosse que cet inconvénient du changement existe, et il a été poussé si loin, qu'il a presque détruit toutes les races de selle et de carrosse qui existaient en France, sans qu'il s'en soit formé d'autres qui les approchent. Il n'en a pas été tout à fait ainsi des dépôts d'étalons de trait, et celui d'Abbeville en particulier a concouru à conserver une race de trait, la race boulonnaise, qui est, sans contredit, sinon la première sous ce rapport, au moins une de celles qui occupent le premier rang.

Le désavantage résultant du changement de la race des étalons pour les jumens d'une localité n'avait pas échappé aux administrateurs des anciens haras, et l'on trouve dans le *Réglement du Roi et Instructions touchant l'administration des haras du royaume de* 1717, in-4°., 1724, page 111, le passage remarquable suivant, qui faisait allusion à ce qui se passait alors, et qui est malheureusement applicable à ce qui se passe aujourd'hui.

« On a souvent representé que le changement
» d'estalons d'une parroisse à l'autre estoit con-
» traire à l'establissement des haras, parce que
» nulle espece d'animaux ne conserve plus

» long-tems dans sa race ses bonnes et mau-
» vaises qualitez, et qu'il faut plusieurs généra-
» tions pour purifier celle-cy de tous les deffauts
» qu'elle apporte en naissant; en sorte qu'un
» haras n'entre dans sa perfection qu'après cin-
» quante ans de soins et d'applications sans re-
» lâche, etc. »

Un bon moyen de détruire ce grave inconvénient des dépôts actuels d'étalons serait donc (s'il n'en est pas d'autre meilleur) que l'Administration directrice des haras, après avoir cherché quelle serait la race de chevaux la plus dans le goût des cultivateurs dans une localité, tînt la main à ce que le dépôt d'étalons n'eût point d'animaux d'une autre race. (Voyez le chapitre *Des chevaux propres au trait seulement.*)

Nous avons dit que l'Administration des dépôts d'étalons, tout entière à la charge de l'État, ne coûtait rien aux cultivateurs. Cependant, pour récupérer en partie ses dépenses, l'État fait payer une petite somme par jument saillie; cette somme est plus considérable pour les chevaux de selle, moins forte pour ceux de carrosse, et encore plus petite pour ceux de race commune.

Si le cultivateur était certain que sa jument retînt et que le poulain arrivât à l'âge d'être vendu avec profit, la rétribution pour la monte, telle qu'elle est actuellement, serait payée très volontiers; mais si l'on fait attention que la moitié des saillies opérées par les étalons des dépôts est infructeuse, à cause de la manière très anormale dont se fait la monte; et si on calcule que quelques uns des poulains qui en proviennent tournent mal encore, on ne sera pas étonné que les petits cultivateurs trouvent que la rétribution pour la saillie ne soit une charge, qu'ils ne veuillent pas en conséquence faire couvrir leurs jumens par les étalons des dépôts, et qu'ils préfèrent les faire couvrir par les étalons des particuliers, moins beaux quelquefois il est vrai, mais dont les saillies sont moins coûteuses et généralement plus certaines pour la fécondation. Partout il n'y a qu'une réclamation contre le prix de la saillie, de la part des petits comme des grands cultivateurs, et je puis assurer, sans crainte de me tromper, que c'est une des causes qui empêchent les premiers de se livrer davantage à l'élève des chevaux nobles. C'est un autre inconvénient qui empêche les dépôts d'étalons de remplir le but de leur institution.

Dans l'ancienne Administration des haras, le droit de saillie par jument, qui n'était que de trois livres et d'un boisseau d'avoine (mesure de Paris), avait déjà excité des réclamations assez fortes. Elles avaient même paru assez fondées pour que dans le *Réglement du Roi du* 31 *août* 1718, *touchant le service des haras à establir dans l'intendance du Roussillon, Conflans, etc.*, le Roi, en conservant aux gardes-estalons leurs priviléges, en excepte cependant la rétribution d'un écu et d'un boisseau d'avoine pour le saut de chaque jument : *Sa Majesté ordonnant qu'elles seront servies gratuitement par les estalons royaux.* (*Réglement du Roi et Instructions touchant l'administration des haras du royaume*, ouvrage déjà cité, page 89, article XVII.) Faisons donc des vœux pour que le droit de saillie des jumens par les étalons des dépôts soit de nouveau supprimé.

Une autre cause de la répugnance que les cultivateurs éprouvent à conduire leurs jumens aux étalons des dépôts royaux est la prétention que s'arrogent très souvent les employés de ces établissemens de choisir les étalons pour les jumens, et, qui pis est, de remettre à une époque plus éloignée, et quelquefois même de refuser tout à fait celles qui sont amenées les premières, pour réserver les étalons pour d'autres jumens qu'ils savent devoir être amenées ; sous prétexte que ces dernières, étant plus belles, doivent avoir la préférence : comme si le petit cultivateur, qui n'a qu'une jument médiocre, en payant les impôts ne contribuait pas à l'achat de ces étalons, ne supportait pas proportionnellement et même d'une manière plus sensible pour lui les charges de l'État, et n'avait pas autant de droit aux faveurs de l'Administration que le riche; comme si, d'autre part, il ne pouvait pas être aussi avantageux à l'amélioration des races d'étendre cette amélioration aux jumens communes de ceux qui veulent la tenter que de la continuer par celles déjà améliorées! Il n'y a pas de doute, pour qui veut réfléchir, que l'Administration n'a pas le droit de refuser de faire saillir la jument qu'on lui présente, quelle que soit la race, par l'étalon qu'on demande pour elle, et à son tour d'inscription ou de présentation sur le rôle de cet étalon.

Pour échapper à cette obligation on se retranche derrière les inconvéniens des appareillemens ou accouplemens bizarres, derrière l'ignorance prétendue des cultivateurs et, sous ce rapport, derrière les connaissances bien plus positives des employés des haras.

Mais si l'on fait attention que dans les *stations* ce sont les palefreniers qui sont chargés de la monte et des accouplemens, on aura raison, malgré *la routine solidement établie* qu'on leur a attribuée pour défendre la mesure que je combats, on aura raison, dis-je, de ne pas croire à leur infaillibilité. Qui verra dans cette mesure autre chose qu'un amour-propre ordinaire qui fait croire à chacun qu'il en sait plus que les autres? Cette mesure est donc on ne peut pas plus mal fondée, puisque d'abord elle est évidemment injuste, contraire au droit que chacun a de participer également aux faveurs de l'Administration, et ensuite parce qu'elle suppose à certaines personnes une absence de connaissances, qu'elles possèdent souvent dans les pays d'élève beaucoup mieux que celles qui croient l'avoir exclusivement; enfin parce qu'elle tend à priver les cultivateurs de la faculté de suivre un système régulier de progression ou un système de métissage commencé, pendant le nombre de générations dont il est besoin pour arriver au but désiré.

Les personnes qui n'ont pu se rendre compte des raisons que je viens de citer ont souvent attribué le peu de propension des éleveurs à se servir des étalons royaux à la facilité de trouver des étalons appartenant à des particuliers, quoique ces étalons fussent quelquefois moins convenables : des personnes ont conseillé d'employer des réglemens coercitifs, de faire des lois pour réprimer l'emploi des mauvais étalons des particuliers, et pour forcer les cultivateurs à faire saillir leurs jumens par ceux des dépôts: heureusement que les progrès de la science de l'économie publique ont mis en garde contre ces systèmes coercitifs, en faisant voir que l'industrie libre de toute contrainte et apercevant un intérêt prend un essor bien plus fructueux, bien plus rapide. Espérons qu'il ne sera plus jamais question d'une manière sérieuse de ces projets tout à fait en opposition avec ce qu'on sait des moyens qui excitent l'industrie et créent la richesse des nations.

Au moment où j'écrivais ces lignes, j'étais loin de penser que l'Administration des haras était conseillée de demander une loi pour faire châtrer les chevaux entiers non approuvés qui servent d'étalons dans les campagnes; j'étais plus loin de penser encore que cette proposition acquérait quelque faveur. En effet, que peut-on attendre d'une pareille mesure? Je suppose que la loi soit sanctionnée, et que l'Administration des haras reçoive le pouvoir de faire châtrer tous les chevaux entiers qui sont dans les campagnes, croit-on que par là on aura créé un intérêt pour les laboureurs à élever des chevaux? Croit-on qu'ils voudront élever de ces animaux quand ils sauront que la libre jouissance de ce produit de leur industrie leur sera ravie? Il faut ne pas connaître les hommes pour penser qu'ils veuillent supporter une pareille contrainte. L'élève des chevaux sera bientôt abandonnée à quelques privilégiés, qui trouveront des bénéfices assurés à peu près d'avance dans la vente de leurs poulains pour étalons : les neuf dixièmes des autres éleveurs actuels auront bientôt tourné leurs spéculatious vers l'élève des bêtes à cornes ou de tout autre bétail qui leur laissera la libre jouissance des produits qu'ils en tireront.

Je vais plus loin encore : je suppose que l'Administration des haras obtienne cette loi, eh bien ! je dis qu'elle est inexécutable. Quelles mesures, quelles bases, en effet, adoptera-t-on pour dire que tel cheval entier devra être châtré ? Il n'est pas possible de laisser à l'arbitraire d'une commission de décider cette question, de décider une violation manifeste du droit de propriété. Il faudra que la loi précise les défauts de l'étalon, ses vices, sa taille ; il faudra qu'elle indique même la race, car il est quelques races qu'on peut employer malgré une taille petite. Croit-on de bonne foi qu'une pareille loi soit possible, quand on voit les personnes qui passent pour les plus instruites dans l'élève du cheval différer d'opinion sur presque tous les principes qui doivent guider dans cette élève; quand on voit toutes ces personnes encore en contestation sur les vices qui sont héréditaires et sur ceux qui ne le sont pas; quand j'ai entendu dire par une personne qu'on croit au fait de la matière que la pousse était héréditaire en Normandie et qu'elle ne l'était pas en Limousin?

Encore, pour qu'une pareille loi eût quelques résultats, il faudrait qu'elle s'étendît aux chevaux de trait comme aux races propres aux autres services; car on ne peut douter que sans cela elle ne fût destructive des races nobles, que l'on abandonnerait de suite pour se livrer exclusivement à celles propres au trait. La loi viendrait alors en contradiction avec l'intérêt de tous ceux qui élèvent des chevaux entiers, elle viendrait en contradiction avec l'intérêt de tous ceux qui les emploient.

Enfin, une dernière considération à avoir, c'est que tous les chevaux entiers qui périraient par suite de la castration ordonnée par l'État retomberaient nécessairement à la charge de l'État; car il ne serait pas juste que le propriétaire fût privé de sa propriété pour le service de l'État sans indemnité convenable; car il serait même contraire au but de l'institution des haras, au but de la loi, que les éleveurs de chevaux pussent être dans la position d'éprouver des pertes qui arriveraient par suite des mesures dépendantes de l'Administration, pertes qui, dans ce cas, les détourneraient à tout jamais de se livrer à cette élève. L'État paierait donc tous les chevaux qui mourraient des suites de l'opération.

Mais, ce qui serait pire encore et forcé cependant, c'est que l'État serait obligé d'avoir des établissemens où l'on châtrerait et où l'on soignerait à ses frais les chevaux châtrés jusqu'au moment de leur entier rétablissement; car sans cela le cultivateur aurait intérêt à laisser, à faire périr même le cheval châtré, pour en recevoir le prix.

Telles sont les conséquences inévitables d'une pareille loi, elle est donc impossible. Il en sera de même de toute autre loi coercitive. Elle conduira à des mesures vexatoires, souvent même injustes, et, dans tous les cas, au découragement et à la perte de l'industrie qu'elle serait appelée à protéger.

En réfléchissant à l'impossibilité de cette loi, quelques personnes ont voulu seulement qu'il fût défendu aux particuliers d'employer à la reproduction tout cheval entier qui n'aurait pas été *approuvé*. La castration forcée du cheval n'était plus qu'une peine de la contravention à la loi.

Il me semble que cette loi est tout aussi inexécutable que la précédente. Elle existait sous l'Administration ancienne des haras, sous

Louis XV ; mais comme elle était une source de délits, de procès et de vexations, elle n'était que très imparfaitement exécutée. Son exécution fût-elle au reste sévèrement poursuivie, elle n'en contrarierait que davantage la libre jouissance de la propriété, et il n'y a pas de doute qu'elle ne fît abandonner bientôt l'élève des chevaux par le plus grand nombre des cultivateurs qui s'y livrent actuellement.

Un exemple prouvera mieux que tout raisonnement l'impossibilité de cette loi : un cultivateur aura chez lui une jument pleine sans avoir été saillie par un étalon des dépôts ou par un étalon approuvé, et quand la justice se transportera chez lui pour constater le délit, il dira : *Je vais souvent à tel marché, je dépose ma jument dans une auberge et c'est probablement là qu'elle aura été couverte*, ou bien : *Ma jument était dans mon pré, et le lendemain matin j'ai trouvé que le cheval appartenant à un tel avait passé du pré où il était dans le mien.* Il pourra même dire : *Mon bidet s'est détaché une nuit et a été saillir mes jumens.* Une instruction judiciaire deviendra nécessaire pour constater la réalité *du fait exprès* ou *du fait accidentel ;* et comment prouver le premier? Quel tribunal ensuite ne répugnera pas à trouver et à prononcer une culpabilité de cette nouvelle espèce?

Cette loi est hors de nos mœurs, en même temps que son exécution est impossible. Qu'on ne dise pas que la facilité de trouver d'autres étalons approuvés empêchera de commettre le délit : par cela seul que la loi blessera au vif le droit de propriété, et qu'il sera facile de la violer, on se fera gloire et plaisir de la contravention.

La seule loi de la castration forcée de tous les chevaux entiers non approuvés peut donc remplir le but, et j'ai prouvé qu'elle était impossible.

Les dépôts d'étalons coûtent des sommes considérables à l'État; ils sont loin cependant de pouvoir approvisionner les campagnes de la quantité d'étalons dont elles ont besoin : ce serait donc rendre un service signalé que de substituer à leur mode d'organisation un autre mode qui pût diminuer les frais, de manière qu'avec les mêmes dépenses on pût augmenter le nombre des étalons.

En considérant quelle était l'Administration qu'on appelait l'*Administration des haras* sous Louis XV, on ne peut pas douter qu'elle ne remplît mieux le but que l'organisation actuelle des dépôts d'étalons. S'il y avait quelques haras parqués, et il y en avait qui appartenaient aux domaines du Roi, ils n'avaient rien de commun avec l'Administration des haras, qui ne dirigeait réellement que des stations d'étalons et qui aurait mieux été appelée peut-être, sous ce rapport, *Direction des stations d'étalons*, ou *Direction des gardes-étalons*. En parcourant le Réglement, on n'y trouve en effet rien qui ait rapport à un haras. Voici quelle était cette organisation.

Une Administration des haras (je n'entre point ici dans le détail du personnel) achetait des étalons et les répartissait chez les habitans de la campagne connus pour les plus intelligens. Ceux-ci, qu'on appelait *gardes-étalons*, avaient, pour indemnité de la nourriture des étalons et des soins qu'ils en prenaient, des priviléges, qui consistaient en exemptions des taxes, des corvées, de la milice, du logement des gens de guerre, etc.

Quelques uns des étalons étaient payés en entier par le Roi ou l'État; d'autres étaient payés par les États Provinciaux, selon les lieux; d'autres enfin étaient payés par moitié par les gardes-étalons : ces gardes-étalons étaient tenus de les conserver en bon état et de leur faire saillir les jumens du canton au nombre de vingt-cinq à trente par étalon, et ils recevaient dans le plus grand nombre des provinces, outre les exemptions dont j'ai parlé, un écu de trois livres, et un boisseau d'avoine par jument amenée à l'étalon.

De cette manière, l'État ou l'Administration des provinces n'avait pas besoin de locaux pour ces dépôts d'étalons, il n'avait besoin que d'un certain nombre d'administrateurs chargés d'acheter les étalons, de les distribuer et d'en surveiller l'emploi.

De cette manière encore, le même étalon restait dans la même localité jusqu'à sa réforme, il pouvait y produire plusieurs générations; et s'il était remplacé par un autre étalon de la même race, ce qui avait lieu presque toujours, il devait se former dans la localité un assemblage d'animaux de mêmes formes, ou une véritable race. Il devait en effet être de l'intérêt du garde-étalon de demander un étalon de la race de celui qui était réformé, pour continuer le système de croisement qu'il avait commencé dans son haras particulier, parce que, presque toujours, les gardes-étalons étaient des propriétaires de jumens poulinières.

Que l'on considère maintenant à quel prix un particulier cultivateur voudrait se charger de bien nourrir, bien soigner et faire servir à la monte un étalon du Gouvernement; que l'on considère qu'un seul employé (un vétérinaire mieux que tout autre) suffirait peut-être pour surveiller une cinquantaine d'étalons, distribués ainsi dans un département, et que l'on calcule ce que coûterait chaque étalon par année comparativement à ce qu'il coûte dans notre système actuel de dépôts d'étalons, et je crois que la balance d'économie serait fortement en faveur du mode employé sous Louis XV. Ce serait un essai bien désirable, et il me semble bien facile à faire par l'Administration.

On demandera probablement pourquoi une Administration qui paraît aussi bonne a été supprimée, il ne sera pas difficile de répondre à cette question.

Il ne faut pas croire que l'ancienne Direction des haras fût aussi simple que celle que je viens d'indiquer et aussi facile à conduire que le serait actuellement une Administration reposant sur ces mêmes bases. Ces exemptions, qui faisaient le bénéfice ou l'indemnité des gardes-étalons, étaient une source de jalousies et de réclamations. Ensuite l'obligation où étaient les habitans de la campagne de ne faire saillir leurs jumens que par des étalons remis aux gardes-étalons était la source d'une foule de mesures administratives et même de délits impossibles à prévenir, impossibles même à connaître en grande partie, qui, en nécessitant un grand nombre d'employés, compliquaient la direction et augmentaient les dépenses. (*Voyez* les réglemens déjà cités.) Lors de l'abolition du système des priviléges, c'était donc une Administration qui devait être supprimée, et c'est ce qui est arrivé.

Maintenant que, par le droit justement respecté de la propriété, les cultivateurs ont la liberté de faire couvrir leurs jumens comme bon leur semble, et qu'ils ne peuvent être amenés à les conduire aux étalons royaux que par l'avantage qu'ils doivent y trouver; maintenant qu'une somme annuelle pour la nourriture et une prime pour les bons soins remplaceraient les exemptions et les priviléges accordés aux gardes-étalons, toutes les complications disparaîtraient, et l'organisation serait on ne peut pas plus simple. Il me paraît donc inutile d'entrer dans tous les détails de l'ancienne Administration, et ce que je viens de dire suffit pour faire voir sur quelles bases devrait poser la nouvelle organisation des gardes-étalons, si on voulait l'essayer.

Qu'on fasse bien attention que je ne parle pas ici d'*approuver des étalons appartenant à des particuliers*. Ce système a un inconvénient très grave qu'il est impossible d'éviter et qui l'empêchera toujours d'être bon : c'est que la faiblesse de caractère des personnes chargées d'approuver les étalons, la parenté, les relations d'intimité et l'influence de la richesse ou de la position sociale, feront très souvent approuver des étalons médiocres, qu'on ne pourra plus ensuite empêcher de saillir, qu'on ne pourra plus *désapprouver*, qu'on me passe l'expression, qu'on ne pourra plus changer de localités et qu'on ne pourra même réformer que difficilement quand ils seront devenus vieux ou tarés; tandis que dans le système de *stations d'étalons appartenant à l'État ou au Département* et jamais aux particuliers, et placés chez des gardes-étalons, on pourra toujours facilement réformer un étalon, ou changer de localité celui qui ne conviendrait point à celle où il aurait d'abord été placé, puisque personne ne serait intéressé à sa conservation. Il sera en outre toujours bien plus facile aux personnes chargées de l'achat de refuser à l'importunité de la parenté ou de l'amitié l'achat d'un animal que l'approbation de ce même animal.

Ces considérations sont assez fortes selon moi pour empêcher d'adopter le système des étalons approuvés, qui, au reste, tenté plusieurs fois, même à l'étranger, ne paraît pas avoir produit de bons résultats.

En me résumant, je pense que le système des stations d'étalons ou de gardes-étalons permettrait non seulement d'entretenir avec les mêmes dépenses un beaucoup plus grand nombre d'étalons royaux dans nos campagnes, puisque l'ancienne Administration, toute mauvaise qu'elle était, en entretenait quatre mille, le double de l'Administration actuelle; mais encore qu'il servirait plus efficacement à l'amélioration des races, en produisant plus sûrement dans les croisemens une suite que l'expérience a prouvé ne pouvoir pas être mise par nos dépôts actuels d'étalons.

Quelquefois l'Administration supérieure actuelle des haras a tenté de revenir à ce moyen en confiant à demeure des étalons de l'État à des particuliers; mais ce que l'on ne pourra concevoir, c'est qu'on ne trouvait pas de cultivateurs qui voulussent garder ces étalons, malgré les primes qu'on donnait à ces cultivateurs : ou bien c'est que ces étalons ont été donnés à des personnes qui n'en avaient point de soins, qui, disait-on, les laissaient dépérir, en sorte qu'on était bientôt obligé de les leur retirer.

Enfin, on ne l'a pas essayé quelquefois, parce qu'on demandait comment on trouverait des particuliers assez instruits pour être juges des qualités des jumens qu'on présenterait à la monte, et pour prévenir ces appareillemens, ces accouplemens bizarres, disparates, qui empêchent l'amélioration des races de faire des progrès, et dont les employés de l'Administration sont bien meilleurs juges. J'ai fait voir suffisamment, il me semble, combien cette prétention de l'Administration était injuste d'abord, contraire ensuite à l'amélioration, et par conséquent au but de l'institution des dépôts d'étalons. J'ajouterai à ce sujet que M. le comte de Montendre, chef du Dépôt royal d'étalons de Montier-en-Der, convient cependant, dans l'ouvrage qu'il a publié sur le haras qu'il dirige, qu'il a trouvé des cultivateurs auxquels il a pu confier des étalons avec autant de tranquillité qu'à ses palefreniers, et sur lesquels il a pu se reposer aussi bien pour faire des accouplemens ou des appareillemens convenables.

Par les raisons que je viens de donner; par la considération de l'effet avantageux qu'il y aurait, pour l'avancement de l'art d'élever des chevaux, d'intéresser forcément un bon nombre de cultivateurs à soigner convenablement les étalons qui leur seraient confiés et de leur apprendre par là, ainsi qu'à leurs enfans et à leurs domestiques, ce que peuvent ces bons soins; par la considération enfin que cette mesure ne peut manquer d'enfanter le goût pour les chevaux distingués, beaucoup plus sûrement que ni les haras, ni les dépôts actuels, ni toute autre institution peut-être, les courses exceptées, il n'y a pas de doute pour moi que le *système des gardes-étalons* (les étalons appartenant à l'État) ne fût plus avantageux que le système des dépôts d'étalons.

CHAPITRE IX.

DES DÉPÔTS DE POULAINS.

Par le peu d'effets produits par les dépôts d'étalons dans les lieux où ils étaient placés, on a vu qu'outre les défauts inhérens au système, défauts que je viens de signaler, ils ne créaient point pour le nourrisseur un intérêt assez grand, et qu'ils resteraient peu utiles si on ne parvenait pas à augmenter cet intérêt : on a donc cherché des moyens de le faire. Comme, aussi, on avait vu que les poulains mâles gênaient souvent les méthodes agricoles, et que, par cette raison, des poulains qui promettaient d'être de fort beaux animaux étaient quelquefois châtrés ou vendus par le nourrisseur à un prix qui ne lui donnait pas le bénéfice qu'il en aurait obtenu s'il avait attendu plus tard pour s'en défaire, l'Administration a adopté la mesure d'acheter tous les ans quelques uns des plus beaux poulains, et de les élever jusqu'à l'âge d'en faire des étalons ou de les revendre comme chevaux de service, s'ils n'étaient propres au premier but. C'est dans les haras que sont formés ces dépôts de poulains; ils sont néanmoins une institution toute différente. Cette mesure, au premier coup-d'œil, paraît avoir des avantages; mais en voyant les effets qu'elle produit on ne tarde pas à voir qu'elle a aussi des inconvéniens : ils doivent donc entrer en balance.

L'avantage de cette mesure pour qu'elle pût exciter à l'élève des chevaux serait que le cultivateur fût à peu près certain d'avoir un bon prix de son poulain mâle ou femelle à l'âge où ce poulain pourrait lui être à charge; mais cela n'est déjà pas possible pour les femelles: l'Administration n'achète que les mâles, et elle n'achète que les mâles les plus beaux. Ainsi le cultivateur n'a aucune certitude que son poulain sera acheté, il ne peut en avoir que l'espérance; et une espérance comme celle-là est un stimulant bien léger. Disons-le même, il sera sûr que son poulain ne sera pas acheté, tel beau qu'il soit, s'il n'est pas le fils d'un étalon d'un haras ou d'un dépôt d'étalons de l'Administration. Ce sont des partialités qui ne peuvent pas être évitées. Les dépôts de poulains sont attachés à des haras de l'État; c'est le Directeur ordinairement qui achète les poulains, et pour donner plus d'importance à son établissement, pour qu'on y ait plus recours, toutes ses faveurs (et l'achat des poulains à un bon prix est une très grande faveur dans toutes localités) tombent sur les éleveurs qui se servent de ses étalons : c'est une conséquence inévitable. Quelques personnes prétendent même que la mesure était pour forcer à se servir des étalons du Gouvernement de préférence à tous les autres ; comme s'il n'y avait de bons étalons que dans les haras ou les dépôts d'étalons, et comme s'il n'était pas commun d'y voir employer de mauvais animaux ; comme s'il y avait toujours dans le haras l'étalon qui pût convenir au système d'amélioration suivi par le nourrisseur.

Ces dépôts de poulains sont si peu considérables, qu'il n'y a encore qu'un très petit nombre d'animaux achetés, et que l'Administration est obligée de rejeter même la plus grande partie de ceux qui proviennent de ses étalons, en sorte qu'elle fait beaucoup plus de mécontens que de contens. Quel est le cultivateur, en effet, qui n'a pas le plus beau poulain quand il le présente pour la vente, et qui ne soit désappointé si son poulain n'est pas acheté? Il est même souvent encore mécontent, si, lorsqu'il est acheté, il n'est pas payé au plus haut prix.

« Les propriétaires, dit M. *Alexis de Royère* (1), » toujours portés à croire que ce qu'ils ont vaut » mieux que ce qu'ont les autres, voudraient » toujours qu'on leur payât leurs poulains » au maximum. — M. tel a vendu son poulain » tant... ; le mien vaut bien mieux, et cependant vous ne voulez pas le payer le même » prix, etc. Le Directeur de haras, ou le Chef » du dépôt, ne peut cependant pas se rendre à » de si bons raisonnemens, et le plus souvent » il fait dix mécontens pour un de satisfait. »

M. *A. de Royère* ajoute : « L'achat des poulains, à un an, a le *grave inconvénient* d'empêcher les étrangers de venir acheter des » chevaux dans les provinces; ils sont convaincus que tout ce qui est bon a été acheté par » les haras ; ils ne prennent guère la peine de » venir pour voir quelques trop rares chevaux » gardés par les particuliers, etc.

» On peut, je crois, porter à vingt-quatre le » nombre des poulains achetés à Pompadour, » chaque année, à l'âge d'un an. Sur cette quantité à peine un quart est des étalons pour le » haras, et un autre quart pour les autres dé-

(1) *Quelques idées sur les courses et sur l'éducation des chevaux en France, particulièrement en Limousin*. In-8°., 1825.

» pôts, où on les reçoit souvent avec répugnance
» comme étant de second choix.

» Voilà donc tout au plus la moitié des che-
» vaux achetés à un an, qui seront des étalons;
» le reste se vend à quatre ou cinq ans, à la ré-
» forme et à vil prix. »

J'ajouterai à ce qu'a imprimé M. *de Royère* un mot qu'il n'a pas voulu dire relativement à l'achat de poulains par l'Administration; c'est que la personne qui est chargée de l'achat est presque toujours accusée de partialité envers ses amis, envers les personnes influentes ou attachées à l'Administration. On déduit facilement quel découragement pour les éleveurs il doit résulter d'une pareille manière de penser, et quels inconvéniens elle produit quand on l'émet; ce qui arrive souvent devant toutes les personnes qui veulent l'entendre.

Quelle influence, au reste, peut avoir pour l'élève des chevaux en France l'achat annuel d'une soixantaine de poulains? La somme employée pour ces achats est une espèce de prime qui se partage entre quelques propriétaires, qui sont presque toujours les mêmes, et ne fait que coûter de l'argent à l'Administration sans exciter aucun intérêt général.

Si l'on pouvait penser qu'en élevant ainsi un certain nombre de poulains ceux qui seraient propres à faire des étalons, en évitant à l'Administration l'achat d'autant d'étalons, compenseraient par leur valeur l'argent que l'Administration aurait dû dépenser pour cet achat, on en conclurait avec raison qu'ils sont encore utiles : mais les poulains coûtent à nourrir dans les dépôts, et les pertes et le peu d'argent qu'on tire de ceux qu'on réforme ne font pas de cette mesure même une mesure d'économie.

M. *A. de Royère* pense que, pour que cette mesure fût utile, il faudrait que les achats fussent plus considérables : j'ajouterai qu'il faudrait aussi qu'ils portassent indistinctement sur tous les beaux poulains, que ceux-ci provinssent des étalons de l'État ou non. Mais si l'on calcule qu'en augmentant le nombre des poulains il faudra acheter des terres, et que ces terres sont très chères ; si on additionne ensuite l'intérêt du capital, les sommes annuelles pour l'achat des poulains, pour les frais de culture, pour la solde des employés surtout ; si on fait attention que ces terrains cesseront de payer l'impôt en argent et en hommes, que les pertes seront toujours fort considérables dans un grand nombre d'animaux rassemblés ; enfin que les haras parqués pour faire des étalons n'ont pu réussir jusqu'à présent en France, on mettra peut-être en doute l'opportunité de faire de pareils essais. Dans l'Introduction, j'ai dit qu'il était possible qu'il y eût avantage pour un cultivateur à faire une ferme à chevaux; que c'était un essai à tenter : je dirai ici que je ne doute pas qu'un dépôt de poulains, au compte de l'État, ne fût en perte considérable, par cela seul qu'il serait au compte de l'État.

En achetant du reste des poulains à cause de leur beauté, on a toujours l'inconvénient d'engager le cultivateur à élever principalement de beaux poulains au lieu de bons; ce qui devrait être tout le contraire. En voyant, dans le chapitre suivant, que les procédés pour élever de beaux poulains peuvent être différens de ceux employés pour en élever de bons, on sentira le mal qui peut résulter de cet état de choses. Je dirai encore quelques mots de ces dépôts de poulains au chapitre des *Dépôts de remonte*.

CHAPITRE X.

DES PRIMES D'ENCOURAGEMENT POUR LES BEAUX POULAINS.

Quand on fait attention aux effets que la distribution des primes pécuniaires a produits relativement à l'avancement de quelques branches de l'industrie agricole, en particulier relativement à l'amélioration des races de bestiaux, on est tout naturellement amené à penser que de pareilles distributions produiront les mêmes effets pour l'amélioration des races de chevaux. Cette manière de raisonner a poussé des hommes passionnés de l'amour du bien public à engager le Gouvernement à établir des primes d'encouragement pour les chevaux. J'ai partagé cette opinion, je l'ai perdue en parcourant la France et en voyant l'effet que ces primes produisaient; enfin en voyant qu'en Angleterre, où on avait institué depuis long-temps de pareilles primes pour presque toutes les branches de l'économie rurale, on n'en distribuait point pour l'élève des chevaux, et que celles qu'on distribue en Écosse pour l'encouragement à l'élève de ces animaux sont d'institution toute moderne, et seulement pour les chevaux de trait.

En effet, les primes données aux poulains ont les principaux inconvéniens attachés à l'achat de ces mêmes poulains par l'Administration: c'est une source d'amours-propres blessés, de récriminations, de découragemens. C'est d'autant plus inévitable que les reproches de partialité ou d'ignorance adressés aux personnes chargées d'adjuger ces primes paraissent très souvent justes, parce que les poulains qu'on a primés à l'âge de deux ans, par exemple, pour telle conformation, ne peuvent plus l'être à trois, cette conformation étant changée, et que celui qu'on a primé à trois ans ne le serait plus à quatre par la même raison.

Que signifient ensuite des primes données à la beauté? Qui ne sait pas que les règles qui établissent la beauté ne peuvent être stables, qu'elles sont sujettes à la mode; qu'en fait de chevaux, les formes qui paraissent belles à une personne sont vilaines pour une autre? *Pichard*, dans son *Manuel des haras*, avait déjà dit : « On » sent que des primes données uniquement à » la figure ne signifient rien, et que c'est le » mérite seul qui doit les obtenir. »

Je vais beaucoup plus loin, je prétends que les primes, si elles sont distribuées pour encourager l'élève des bons chevaux, je dis des *bons* chevaux, ont l'effet inévitable d'encourager l'élève des *mauvaises races*, et par conséquent des mauvais chevaux. Il ne me sera pas difficile de prouver cette assertion, tout extraordinaire qu'elle puisse paraître.

Les qualités du cheval sont la beauté et la bonté : la beauté, comme il est nécessaire de l'entendre ici, n'a rapport qu'aux qualités qui frappent les yeux, et elle se compose, pour le cheval, le plus ordinairement d'une certaine rondeur dans les formes, d'une taille élevée, de la vivacité et de la fierté dans les mouvemens; la bonté, au contraire, consiste dans l'aptitude à résister le plus long-temps possible aux travaux auxquels nous soumettons les chevaux : c'est la *dureté au service*, comme disent les Allemands. La jeunesse, la bonne nourriture et peu de travail donnent toujours une certaine beauté à un cheval qui n'est pas disproportionné : cette beauté est d'autant plus sûrement acquise que les animaux proviennent de père et mère employés de bonne heure à la reproduction, parce que les animaux jeunes ont la propriété de donner des produits dont les formes sont généralement arrondies et gracieuses : ces produits ont de plus l'avantage, quand ils sont nourris abondamment, d'acquérir un développement très prompt en même temps qu'une taille élevée; ce qui facilite beaucoup la vente de l'animal.

Quels avantages éminens n'a donc pas l'éleveur de chevaux à livrer de bonne heure à la reproduction les animaux qu'il y destine? Mais qui ne sait pas que les chevaux provenant de père et mère très jeunes sont moins forts, plus délicats, moins propres aux travaux et aux fatigues, que des animaux venus de père et mère dans la force de l'âge; en deux mots qu'ils sont *moins bons* (1)?

Les primes, en ne récompensant que les beaux poulains, détruisent tout intérêt à en créer de bons : elles produisent d'autant plus cet effet que l'élève des beaux poulains est tout entière dans l'intérêt de la grande masse des cultivateurs, qui ne veulent élever des chevaux que pour les vendre, qui n'ont besoin par conséquent que d'en avoir de beaux à l'age où ils font cette vente, et auxquels il importe peu que ces animaux soient bons. Le cultivateur fait saillir des jumens à deux ans, en obtient un

---

(1) Les jeunes animaux ont la chair ou les muscles plus tendres, plus délicats que les animaux dans la force de l'âge; et c'est dans les muscles que réside la force. Les autres tissus qui concourent à la locomotion, les tendons et les os sont aussi plus mous dans le jeune âge et par conséquent moins propres à résister sans souffrir aux tractions et aux frottemens qu'ils éprouvent dans une locomotion violente ou très long-temps prolongée : or, de jeunes animaux ne peuvent pas donner à leurs productions des qualités qu'ils n'ont pas. On sait encore que le système lymphatique prédomine dans le jeune âge : les jeunes animaux donnent des productions d'un tempérament lymphatique, tempérament qui, comme l'on sait encore, est de tous le moins énergique, et en même temps le plus sujet aux maladies.

produit à trois, en obtient un second à quatre et vend encore ses jumens avant cinq ans, dans le moment où elles ont toute leur valeur pour le commerce.

Ce même cultivateur, qui possède un joli poulain, le fait saillir depuis l'âge de deux ans à quatre ans ; il le châtre ensuite et le vend au moment où il a encore le plus de valeur. De pareilles coutumes, très communes dans nos pays d'élève, ne peuvent pas donner de bons chevaux, au dire de toutes les personnes au fait de cette élève. Les primes ont l'effet inévitable d'encourager ces accouplemens précoces, qui donnent certainement les animaux des formes les plus arrondies, les plus agréables, mais qui sont généralement les moins énergiques.

Je sais bien que quelques personnes prétendent connaître la bonté d'un cheval à ses formes ; mais n'est-il pas possible qu'une race ait des formes qui paraissent indiquer la force, et qu'elle soit cependant une mauvaise race ? N'est-ce pas même ce qu'on reproche aux races normandes de carrosse, qui ont des extrémités larges, fortes en apparence, qui ont un coffre bien conformé, une poitrine assez large, assez ouverte, des muscles assez prononcés, et qui cependant sont des races généralement molles, sans énergie, sujettes aux maladies des articulations, de la poitrine et du système lymphatique ? Aussi voyons-nous que c'est dans ces races que le funeste système des accouplemens précoces est adopté principalement.

Ce n'est pas encore le seul inconvénient qu'il y ait à encourager l'élève des beaux poulains au lieu des bons chevaux ; le désir d'avoir les plus beaux fait faire, à l'égard des animaux tarés, ce que l'on fait à l'égard des trop jeunes. Certains éleveurs recherchent les père et mère des formes à la mode, quelques vices qu'ils aient : peu leur importent ces vices, qui ne se développent ordinairement dans les productions que par le travail soutenu, ou seulement après la jeunesse : ils auront le temps d'élever leurs poulains, de remporter des primes par leur moyen, et de les vendre avant le développement de ces vices. Tant pis pour les acheteurs ! Je le dis à regret, mais consulté quelquefois sur l'emploi d'animaux pour la reproduction, telle a été la réponse aux observations que je faisais sur le mauvais état du flanc, de la poitrine, sur des tares des extrémités, sur la mauvaise conformation du sabot. La pousse, me répondait-on aussi, ne paraît dans les poulains qu'avec le travail ; les sabots ne se déforment pas avant cinq ans, et il y aura déjà du temps que j'aurai vendu les jeunes animaux.

Selon ma manière de voir, et d'après les inconvéniens visibles des primes distribuées aux poulains, je pense que c'est une mesure qui peut exciter, il est vrai, quelques personnes à l'élève des chevaux, mais que ce stimulant tourne souvent au découragement, et qu'en résultat définitif il ne remplit pas le but, puisqu'au lieu d'exciter à faire de bons chevaux, il n'invite qu'à en faire de mauvais.

CHAPITRE XI.

PRIMES AVEC CONCOURS POUR LES POULINIÈRES, ET PENSIONNEMENS ANNUELS DE CES JUMENS.

Les raisons qui ont fait établir des primes pour les plus beaux poulains ont fait instituer ces primes pour les plus belles jumens poulinières. Si, par rapport à cette mesure, on n'a pas l'inconvénient de voir les jumens changer de formes d'une année à l'autre, comme cela arrive à l'égard des poulains, on a toujours celui de baser ces primes sur une chose de mode, de fantaisie, sur la beauté, qui, comme l'on sait, est toujours idéale : je ne les crois donc pas plus avantageuses que celles distribuées aux éleveurs des plus beaux poulains. Pour prouver que l'effet produit par ces distributions n'est pas toujours celui que l'on attend, et en même temps que je ne suis pas le seul de mon opinion, je vais rapporter ici quelques passages d'une lettre adressée à ce sujet à la Société royale et centrale d'agriculture, dans sa séance du 7 mars 1827; elle était écrite, suivant le rédacteur, au nom des principaux propriétaires du midi de la France.

« Les juges, y est-il dit, qui composent le » jury sont la plupart incapables de remplir les » fonctions qui leur sont confiées, et *la distri-* » *bution des primes produit un effet contraire à* » *celui qu'on avait droit d'en attendre.* Les pro- » priétaires se découragent, etc.: aussi qu'arrive- » t-il? La plus belle partie des jumens sont li- » vrées au baudet.

» Quelles sont en effet les jumens régulière- » ment primées? Ce sont les plus grasses, celles » qui ont le poil le plus luisant, qui ont cette vi- » vacité passagère que donnent un long repos et » de bon fourrage: aussi les jumens de la plaine » sont-elles toujours les seules couronnées, » quels que puissent être leurs défauts: elles ont » d'excellens fourrages en abondance, tandis » que celles des coteaux en ont très peu, qui » est encore fort maigre: c'est là qu'on trou- » vera cependant des animaux sains, vigoureux, » et généralement sans tares, etc.; et ce sont

» ceux précisément qui ne sont jamais récom-
» pensés. »

Il résulte évidemment de cette lettre que ces distributions de primes font des mécontens, et qu'elles découragent des éleveurs. Dans la lettre que je viens de citer, on attribue les mauvais jugemens à l'ignorance des juges. Je suppose que les juges soient on ne peut pas meilleurs, je prétends que le même effet sera toujours produit. Il y aura toujours des mécontens qui taxeront les juges d'ignorance, de partialité, et qui, pour ne plus recevoir de prétendus préjudices, ne se présenteront plus au concours, n'élèveront peut-être plus de chevaux. Combien ce découragement ne s'augmentera-t-il pas quand les juges seront réellement étrangers aux fonctions qu'ils ont à remplir? Dans un jugement aussi systématique que celui de la beauté des chevaux, qu'il est si difficile de baser sur des faits, qui donne lieu à tant de manières de voir, qui peut se flatter d'avoir le meilleur? Même ne voyons-nous pas que la plupart des juges ne sont pas nourrisseurs, et que quelques uns manquent souvent des notions les plus essentielles de la connaissance de l'Extérieur du cheval?

M. *de Marivault*, dans son *Opuscule du système suivi pour l'amélioration des chevaux et des modifications à y apporter,* dit : « Les primes

» n'ont presque jamais conduit à des résultats » avantageux : on peut les considérer comme » une faveur plutôt que comme la récompense » d'un succès mérité; elles seraient plus utiles » si elles n'étaient déférées qu'à ceux qui pré- » senteraient dans les concours les plus beaux » élèves provenant d'*étalons entretenus par eux;* » ce qui, dès lors, les ferait rentrer dans la » catégorie des prix. »

Je citerai encore, à l'appui de mon opinion, celle d'un employé supérieur des haras qui s'est exprimé, comme on va le voir dans le *Journal des Haras*, 11e. livraison, 1er. septembre 1828, dans une Notice intitulée : *De l'industrie particulière et de l'action du Gouvernement dans la reproduction et l'élève des chevaux :* « Si dans » quelques pays ce mode d'encouragement a » produit un bon effet, il est constant que » dans un très grand nombre il a été nul ou » peu profitable. Les opinions, dirigées tou- » jours par les intérêts, diffèrent partout sur le » mode de distribution de ces primes : les grands » propriétaires voudraient qu'elles fussent très » élevées, *parce qu'ils se les adjugent d'avance » et sont presque assurés de les obtenir;* les pe- » tits demandent, au contraire, qu'elles soient » divisées, afin qu'il y en ait un plus grand » nombre, et dans l'espoir qu'elles seront mé-

» prisées par leurs riches concurrens. En résul-
» tat, on voit ces concours si peu suivis dans
» certaines contrées, que très souvent on ne
» peut trouver l'emploi des sommes à distri-
» buer ; quelquefois même on se voit forcé d'ac-
» corder des primes à des animaux qui ne va-
» lent pas l'argent que leurs propriétaires reçoi-
» vent : voilà le tableau exact de ce qui se passe.
» J'invoque, à l'appui de cette assertion, le té-
» moignage de beaucoup de préfets et sous-
» préfets qui assistent à ces distributions, et des
» membres du jury. »

J'ai vu des distributions de primes. Il m'a paru impossible que les juges ne se trompassent pas, je ne dis pas rarement, je dis très souvent. Je les ai vus extrêmement embarrassés, et un d'eux, à la Saint-Floxel, M. *Colard*, maire de Cherbourg, me dit à peu près : « J'aimerais bien mieux qu'une fois le choix des meilleures jumens fait, on tirât au hasard le nom de celles qui recevraient des primes ; de cette manière nous ne ferions point de mécontens, et nous ne découragerions pas, parce que celui qui n'obtiendrait rien ne pourrait s'en prendre qu'au sort, et pourrait espérer qu'il lui serait plus favorable l'année suivante. Quelques primes de moindre valeur tirées également au sort pour les jumens refusées renverraient chacun à peu près content, et avec l'intention de revenir tous les ans ; ce qui est souvent le contraire. »

Si l'on considère maintenant que les primes distribuées aux belles poulinières ne sont données qu'à celles qui ont été couvertes par les étalons du Gouvernement, et que toutes les autres en sont exclues ; si l'on considère que le nombre des jumens admises est bien peu considérable en raison de celles qui n'y ont pas droit, parce que le plus grand nombre des chevaux produits en France ne provient pas des étalons des dépôts de l'État, il n'est pas possible de ne pas penser que ces primes n'aient été instituées principalement pour attirer aux étalons de l'État des jumens que les cultivateurs conduiraient à d'autres s'ils n'avaient pas quelque espérance d'avoir des primes : elles ne viennent donc qu'au secours d'une institution qui semble ne pouvoir se soutenir par elle-même.

Une nouvelle preuve de leur inutilité, c'est que le nombre des jumens qu'on présente à ces concours diminue presque continuellement; en 1827, elles étaient, à la Saint-Floxel et au Pin, en plus petit nombre qu'en 1826, et déjà, en 1826, elles avaient été moins nombreuses que dans les années précédentes. A ces deux distributions on entendait les cultivateurs se promettre même de diminuer le nombre de leurs poulinières de race noble, pour augmenter de préférence celui des poulinières communes, dont les productions trouvaient un débit plus assuré.

Le *pensionnement annuel* des belles jumens destinées à la reproduction est tout à fait dans le même cas que les primes distribuées en concours. Ces encouragemens sont donnés à quelques personnes privilégiées, presque toujours à la condition explicite sinon écrite, qu'elles feront conduire leurs jumens aux étalons du Gouvernement. Un pareil encouragement n'a aucun effet sur celles qui ne le reçoivent point; et combien ce nombre est-il grand en raison de celles qui le reçoivent? Il est inutile même de dire combien de graves abus peuvent s'élever d'un pareil ordre de choses. Comme institution, cette mesure est, disons le mot, dérisoire.

On pourrait peut-être opposer à mon opinion sur le peu de bons effets produits par les primes et les pensionnemens annuels, l'opinion contraire de quelques Sociétés d'agriculture, et même de plusieurs Conseils généraux ou d'arrondissemens. On devra seulement faire attention que si ces institutions ne sont pas dans l'intérêt général, elles sont très utiles à ceux qui reçoivent les primes ou les pensionnemens. Aussi je demande s'il est possible que les Sociétés d'agriculture et les Conseils d'arrondissemens ou de départemens, quand même ces encouragemens seraient encore plus insignifians, viennent réclamer contre une mesure qui tend à faire rentrer dans les mains de quelques contribuables une partie des impôts annuels, puisque c'est l'État qui fait presque partout les frais de ces primes : il faudrait, pour que cela eût lieu, d'abord que les personnes qui les composent fussent détrompées sur les effets de ces primes, et ensuite qu'elles fissent abnégation entière des intérêts locaux: ce n'est pas ordinaire, et tous ces Conseils et Sociétés doivent demander que les primes soient augmentées autant que possible. On voit un exemple frappant de ce que j'avance dans le *Rapport fait à M. le Préfet du département de la Marne par le Comice agricole de ce département, le* 22 *mars* 1829, où ce Comice, en demandant avec tant de raison le retour à l'ancien système modifié des gardes-étalons, demande cependant encore le maintien des primes pour les poulinières.

Malgré tous ces mécomptes, les primes *distribuées en concours* aux poulinières et aux poulains ont toujours l'avantage de ramener l'attention des cultivateurs sur l'élève des chevaux, et je ne m'éleverais pas aussi fortement contre leur institution, d'une part si je ne croyais pas qu'elles eussent autant d'inconvéniens au moins que d'avantages, et, d'autre part, si je ne croyais pas qu'il y eût un moyen plus avantageux d'employer l'argent dépensé pour elles, un moyen beaucoup plus puissant surtout pour ramener l'attention des cultivateurs vers les haras domestiques. Je ne me laisserai donc pas engager à dire, avec quelques personnes qui ne pouvaient disconvenir de l'inutilité de ces institutions : *Encourageons les cultivateurs dans l'élève des chevaux, afin d'avoir au moins quelques chevaux nobles de plus, si nous ne pouvons en avoir un grand nombre.* Je vais, dans le chapitre suivant, dire quel est le moyen d'encourager l'amélioration des races, et surtout développer les raisons qui doivent le faire choisir de préférence.

CHAPITRE XII.

COURSES DE CHEVAUX.

Ce qui prouve d'une manière assez positive que les institutions dont j'ai parlé dans les chapitres précédens ont servi peu à encourager la multiplication et l'amélioration des chevaux, c'est que, depuis la cessation des troubles de la révolution, elles n'ont rien opéré à cet égard, puisque les chevaux de luxe et de cavalerie sont aussi rares qu'ils l'étaient il y a vingt ans, et plus peut-être qu'il y a quarante : ce qui prouve encore mieux l'inefficacité de ces institutions, c'est qu'il est peu de personnes, en France, d'accord sur celles qui sont bonnes, sur celles qui sont mauvaises ; c'est qu'il est des personnes qui ont demandé jusqu'à l'abolition des dépôts d'étalons pour les transformer en dépôts de poulains : il me semble cependant qu'en comparant ce qui se passe à l'étranger avec ce qui a lieu en France sous ce rapport, on en peut tirer des conséquences propres à mettre sur la voie de ce qu'il y a à faire pour créer un intérêt à l'élève des chevaux.

Dans aucune contrée de l'Europe, les haras de l'État ne créent assez de chevaux pour la remonte de la cavalerie, tous les Gouvernemens sont obligés d'acheter la presque totalité de ceux dont ils ont besoin pour leurs armées. Il faut donc convenir que les particuliers sont les vrais fournisseurs de cette denrée; mais pour que ces particuliers fassent des chevaux, *il faut qu'ils aient un intérêt à en faire : pourquoi et comment ont-ils cet intérêt?*

Dans la Prusse du nord, dans la Pologne, la Russie, la Hongrie, la Turquie, une population très rare, pauvre, laisse la terre sans culture, sans valeur, permet d'en abandonner à l'élève des chevaux, des bêtes à laine ou du gros bétail une vaste étendue; et ces pays trouvent dans leurs immenses pâturages tous les chevaux dont ils ont besoin, ils en pourraient même élever assez pour en fournir aux pays qui en manquent, si leurs chevaux étaient améliorés. Dans ces pays, l'élève du cheval se fait en grand, en haras parqués: elle est facile, occasione peu de frais, et les propriétaires du sol ont un intérêt marqué à élever des chevaux.

Dans le Danemarck, le Hanovre, le Mecklembourg, la Nord-Hollande et dans quelques contrées de l'Allemagne, la population plus considérable, mais cependant beaucoup plus rare qu'en France, comparativement à l'étendue des terres, permet encore de livrer à l'élève des bestiaux et des chevaux un espace de celles-ci relativement plus considérable: d'un autre côté, les frais de la culture des terres, d'autant plus élevés que le climat est plus rude, ne permettent pas aux petits cultivateurs de se livrer, avec autant d'avantages que dans les climats plus méridionaux de l'Europe, à la culture des céréales; tandis qu'au contraire cette culture est peu dispendieuse dans les grandes propriétés féodales (1), et laisse les grains à un prix

(1) Dans les grandes propriétés féodales du nord et de

assez bas pour que le petit propriétaire n'ait pas, ou que très peu, d'intérêt à en cultiver plus qu'il n'en a besoin pour sa consommation ; d'un autre côté encore, le climat, généralement plus humide dans les nuits d'été que dans la France, permet d'avoir en prairies naturelles des terres qui ne donneraient rien en France en prairies de cette nature, en sorte que l'élève des che-

---

l'est, la culture s'opère assez généralement de la manière suivante : une partie du sol (un huitième plus ou moins suivant le pays) est abandonnée aux paysans pour leurs besoins et ceux de leurs familles. Cette partie, divisée entre les familles, est assez bien cultivée en petites cultures. Le restant du sol (les sept autres huitièmes) est divisé par lots, dont un est cultivé en blé ou en seigle, un autre en avoine ou en orge, un autre en pommes de terre ou en toute autre culture, et le reste abandonné en jachères, qui, la seconde année, forment des prairies naturelles coupées et récoltées pour fourrages d'hiver, ou employées au pâturage des troupeaux de bêtes à laine, de bêtes à cornes ou de chevaux. Les parties cultivées sont labourées et mises en culture par *corvées*, dont les paysans doivent annuellement une certaine quantité au propriétaire. Ces terres ne reçoivent ordinairement point d'engrais ; une jachère de trois à quatre ans et qui dure quelquefois beaucoup plus, et les labours en tiennent lieu. Ce mode de culture laisse les céréales à bas prix, et ôte à la petite culture, très dispendieuse, tout intérêt à en cultiver plus qu'il n'est nécessaire pour la nourriture de la famille.

vaux et des bestiaux y forme une des branches les plus profitables de l'industrie agricole.

Si l'on ajoute encore que ces pays ont, de temps immémorial, été ceux où l'on s'est le plus occupé de l'élève des chevaux, que c'est peut-être là que cette industrie est le plus économiquement conduite, que c'est maintenant le produit exportable du sol qui rend le plus au pays, on comprendra l'intérêt qu'un grand nombre de propriétaires fonciers et même de tenans ont à élever des chevaux, et on verra pourquoi ces pays sont en général chargés de remonter notre cavalerie et nos attelages de luxe.

L'Italie (excepté le Piémont, le Milanais et quelques pays de petite culture), divisée généralement en très grandes propriétés mal cultivées, entrecoupée dans le sud et le centre de vastes parties naturellement peu saines, que la dépopulation et la cessation des cultures ont rendues plus malsaines encore, trouve dans ces parties, dans ses maremmes à peine cultivées malgré leur étonnante fertilité, et dans les vallées et sur les sommités des Apennins, des pâtures excellentes pour de nombreux haras : plus de soins même dans la pratique d'élever des chevaux donneraient la possibilité d'en vendre aux provinces du nord et même d'en exporter en France. Dans l'Italie comme dans le nord de l'Europe, des terres resteraient peut-être sans rapport si on n'y élevait point des bestiaux et des chevaux; les propriétaires ont donc intérêt à en élever.

Dans la Suisse, des pâturages multipliés, très fertiles, dont le défrichement pourrait même être destructif de la terre végétale, donnent la facilité d'élever des chevaux, concurremment avec le gros bétail : de plus, le débouché avantageux de ces animaux en France, où une partie de nos postes et de nos diligences du sud-est est servie par des chevaux suisses, a augmenté cette branche d'industrie; mais l'industrie ne s'est encore occupée que de cette espèce de chevaux, et on en trouve en Suisse peu de convenables pour la cavalerie.

Je ne parlerai point de la Péninsule espagnole, que je ne connais que par relation et pas assez bien, je passerai maintenant à la France.

Une population plus nombreuse, comparée à celle des pays dont nous venons de parler, et la facilité de cultiver très lucrativement la vigne, le mûrier, l'olivier et quelques autres productions précieuses, ont rendu les terres plus chères, ont donné plus de valeur aux céréales, au menu et au gros bétail: d'un autre côté, un climat généralement plus sec que celui des Etats du nord-ouest de l'Europe, moins favorable par conséquent aux prairies naturelles, ne permet pas de laisser en prairies de cette nature des terres qu'un climat différent permet d'y laisser dans le nord ; enfin une température douce, prolongée pendant quelques mois de plus, rend le travail de la terre moins pressé, moins dispendieux; et par toutes ces raisons, l'élève du cheval devient généralement moins avantageuse en France que dans les pays que je viens de citer, ou, en d'autres termes, un cheval élevé en France doit coûter davantage que dans ces pays. Si l'on ajoute encore que, de toutes les industries agricoles, l'élève du cheval est celle qui exige les connaissances les plus longues, les plus difficiles à acquérir; qu'il existe des genres de baux qui gênent cette industrie, qu'il y a des modes de culture qui l'excluent ; que l'agriculture est livrée communément à des fermiers routiniers, sans éducation préliminaire, et plus généralement encore à des métayers, moins instruits et sans aucuns capitaux; qu'il résulte de là qu'un grand nombre de ceux qui élèvent des chevaux ne peuvent faire aucune avance pour se procurer de bonnes jumens, et que ceux qui achètent des chevaux pour leurs opérations agricoles ne peuvent acheter que les moins chers ou les plus mauvais; enfin que le commerce, habitué à se procurer de l'étranger les chevaux que l'armée et les grandes villes consomment, a cessé de les chercher dans la plupart de nos campagnes, où ceux qui s'y trouvent encore sont trop rares et sont disséminés, on concevra pourquoi il se fait si peu de chevaux en France, et pourquoi les cultivateurs en élèvent de mauvais là où l'homme, au fait de cette industrie, voit que l'on pourrait en élever de bien supérieurs.

Est-il un moyen de créer pour les cultivateurs un intérêt à élever des chevaux, ou plutôt *y a-t-il un moyen de stimuler cet intérêt de manière à les résoudre à faire dans ce but des sacrifices, soit en argent, soit en soins mieux entendus, soit en abandon d'anciennes méthodes agricoles?* Là, réside la solution de la question de la possibilité d'améliorer les chevaux en France et de les multiplier. Nous y parviendrons, je pense, plus facilement après avoir dit un mot de ce qui se passe en Angleterre à cet égard.

L'Angleterre, plus que la France encore, a intérêt à cultiver les céréales : elle en consomme beaucoup plus qu'elle n'en produit, et l'impôt mis sur les céréales étrangères tient à un si haut prix cette sorte de denrées, que les prix des fermages sont très élevés, que les propriétés foncières de la grande culture y ont généralement plus de valeur que dans le reste du monde ; que nulle part il n'a été fait autant de tentatives en agriculture, et tant dépensé d'argent pour mettre en culture des marécages, des tourbières, des landes et des friches.

Tous les produits de la culture y sont à un taux généralement plus élevé qu'en France et que par toute l'Europe : sous ce rapport, c'est donc le pays de cette même Europe, qui a le moins d'intérêt à consacrer à l'élève des chevaux ses terres cultivables.

Il faut convenir cependant que l'humidité du climat, plus grande que celle du climat de la France, rapproche ce pays de la Nord-Hollande, du Mecklembourg, du Hanovre: elle rend certains terrains plus productifs en prairies naturelles qu'ils ne le seraient sous les climats secs du centre et du midi de la France, et les hivers, plus rigoureux dans sa partie Nord, rendent les frais de culture plus grands; sous ces nouveaux rapports, l'élève des bestiaux, et par conséquent des chevaux, pourrait paraître plus lucrative, et il en serait ainsi si les hauts prix des céréales n'engageaient point à mettre en labours et en rotation de culture des terres de médiocre qualité, qu'on laisserait en prairies naturelles dans d'autres pays semblables par le climat: il n'y a que les prairies d'une fertilité extraordinaire que la cherté des céréales n'a pu forcer et ne forcera probablement jamais à mettre en labours.

Ce qu'il y a de réel encore sous ce rapport dans les Royaumes-Unis, c'est que ce n'est pas dans les contrées où l'on élève le plus de bestiaux que l'on crée le plus de chevaux : l'Écosse et l'Irlande, qui fournissent le plus de bestiaux aux grands approvisionnemens de l'Angleterre, sont précisément les pays qui élèvent le moins de chevaux (1).

La quantité même des bonnes prairies n'y est pas plus considérable proportionnellement que dans d'autres États ; elle est bornée à quelques comtés, et si l'on pouvait avoir un recensement exact des terres conservées dans la Grande-Bretagne toujours en prairies naturelles, et de la quantité de ces prairies que possède la France, on serait peut-être étonné de l'infériorité de l'Angleterre à cet égard. En effet, celle-ci renferme beaucoup de pays montueux, et ces pays, même un grand nombre de plateaux des pays de plaines, ne sont point revêtus de terre végétale assez profonde pour former des prairies abondantes ; l'herbe fine et rare qui s'y voit procure à peine de la nourriture aux bêtes à

---

(1) L'Écosse achète des chevaux pour son agriculture, et n'en vend point de races nobles ; l'Irlande, au contraire, vend quelques uns de ces derniers chevaux en Angleterre.

laine et jamais aux chevaux : c'est avec les plus grandes difficultés et la science agricole la plus éclairée qu'on est parvenu à en mettre quelques parties en culture.

Si l'on parcourt l'Angleterre et si l'on examine son système agricole sous le rapport de l'élève des chevaux, on voit qu'il n'y a point de haras du Gouvernement, qu'il n'y a point de dépôts d'étalons, qu'il n'y a point de dépôts de poulains, qu'il y a si peu de grands haras particuliers, qu'on peut dire qu'il n'y a point de haras parqués proprement dits; mais on voit cependant que la plupart des fermiers, des propriétaires cultivateurs, des petits cultivateurs même, élèvent des chevaux; qu'ils sont possesseurs de belles jumens poulinières ; qu'ils font des sacrifices pour élever de beaux et bons animaux ; qu'ils y mettent un soin, une attention, une perspicacité dont on ne se doute pas dans la plupart de nos provinces; par conséquent, que les haras domestiques y sont très nombreux et on ne peut mieux entendus. Quel intérêt ont-ils donc à tous ces soins, à toutes ces dépenses, auxquels la plupart se livrent même de nouveau avec ardeur quand des accidens viennent en faire des pertes ?

Selon moi, une institution devenue nationale pour ainsi dire est la source et la cause principale de cette multiplication des chevaux de luxe : c'est elle qui donne aux fermiers, aux cultivateurs cet intérêt qui les excite à élever des chevaux de premier choix ; c'est elle qui leur fait compter pour peu de chose les soins, les dépenses, les pertes même que cette élève entraîne : cette institution est celle des *courses de chevaux*.

Quand on assiste aux courses de New-Market, de Duncaster, d'York, d'Epsom, aux premières surtout, qui se renouvellent sept ou huit fois par an, et qui durent quelquefois une semaine, on est étonné d'abord de l'affluence des chevaux qui y sont amenés, et l'on cherche pourquoi il s'en présente autant. Bientôt la multiplicité des prix et leur valeur dans des poules qui sont quelquefois de quinze à vingt mille francs, et qui se sont élevées jusqu'à cinquante mille et même jusqu'à cent mille francs, donnent une raison de cette grande affluence, surtout lorsqu'on voit des chevaux remporter dans une année plusieurs de ces prix, et lorsque l'histoire équestre fait voir que, par des prix gagnés dans différentes courses, des chevaux ont augmenté de beaucoup la fortune de leurs maîtres. Est-il étonnant alors que le désir d'avoir la même chance engage les cultivateurs à des peines et à des dépenses pour se mettre en état d'avoir de tels animaux ?

Aussi le nombre des cultivateurs qui assistent aux courses est-il très grand ; et quoique beaucoup d'entre eux ne s'occupent pas de tous les détails que la préparation aux courses exige, élèvent-ils généralement des chevaux de race, de sang, qui peuvent se présenter à ces jeux. Ceux qui ne veulent pas s'occuper de dresser eux-mêmes leurs chevaux s'arrangent avec des gens qui font profession de faire courir les chevaux, ceux-ci les dressent, les disposent ; et tout cheval qui a figuré aux courses une première fois avec quelque distinction acquiert par cela seul une valeur bien supérieure à sa valeur commerciale ordinaire ; tandis que s'il ne s'y est pas distingué, il reste néanmoins avec la même valeur qu'il avait avant de courir. Je ne parle ici que des jeunes chevaux qui se présentent aux courses pour la première fois : ceux qui ont déjà gagné des prix ont une valeur supérieure qu'ils ne perdent que quand des accidens ou la vieillesse viennent les rendre impropres à courir ou à servir à la reproduction.

Le désir d'avoir de bons chevaux fait qu'il n'y a guère que les chevaux qui ont gagné des prix dans les courses, ou au moins qui se sont distingués comme de bons chevaux de chasse, qui servent à reproduire l'espèce ; et quand on voit qu'ils couvrent vingt ou trente jumens à deux, trois et jusqu'à vingt guinées par jument, et qu'ils donnent à leurs propriétaires un bénéfice aussi considérable, on n'est plus étonné que ces cultivateurs cherchent à élever des chevaux propres à devenir de tels coureurs ou de tels étalons, et le plus ordinairement étalons après avoir été coureurs.

Je ne reviendrai point davantage sur tout ce que j'ai dit à ce sujet dans un travail précédent (1). J'examinerai une controverse qui s'est établie au sujet de ces courses, et ensuite quelques objections qu'on a élevées contre elles; je terminerai par des réflexions sur leurs effets relativement à l'amélioration des races.

Ce n'est point, a-t-on dit, aux courses qu'il faut attribuer l'amélioration des chevaux en Angleterre; les courses ne sont qu'une suite du goût pour ces animaux, goût déterminé par le besoin que les riches en ont eu pour les promenades, et surtout pour les chasses. C'est donc, selon ces mêmes personnes, à ce qu'il se trouve en Angleterre de très riches propriétaires capables d'avoir des équipages de chasse, des écuries

---

(1) *Notice sur les chevaux anglais et sur les courses en Angleterre.* (*Mémoires de la Société royale et centrale d'agriculture*, année 1817.)

nombreuses qui consomment beaucoup de chevaux d'une grande vitesse, qu'il faut attribuer l'amélioration produite. Selon les mêmes personnes, le système des grandes propriétés et des grandes fermes contribuerait pour beaucoup aussi à cette amélioration, parce que, selon elles, ce ne serait que dans les grandes fermes qu'on pourrait avoir des haras, et parce que c'est dans les grandes fermes qu'on a plus d'avantages à cultiver par les chevaux que par les bœufs. En résumé, ce serait la richesse très grande des particuliers qui, en consommant beaucoup de ces chevaux, aurait excité l'intérêt à en produire, et le système des grandes propriétés et des grandes fermes aurait favorisé cette industrie : en sorte que les courses, au lieu d'être pour quelque chose dans l'amélioration, n'auraient été qu'une suite de cette amélioration, et seraient des jeux seulement insignifians. La preuve, a-t-on même avancé, c'est que le Gouvernement anglais a cherché à arrêter la production de ces chevaux de luxe par un impôt établi sur eux en 1801.

En supposant que le besoin d'avoir d'excellens chevaux de selle pour la chasse ait commencé l'amélioration des races, et en supposant que la vanité de pouvoir dire qu'on avait le plus vite coureur ait donné origine aux courses, s'ensuit-il que ces mêmes courses n'ont servi à rien ensuite pour l'amélioration ? Je suis très loin de le croire. Jamais l'achat pur et simple des chevaux propres à la chasse par un riche propriétaire n'aurait pu donner aux animaux la valeur que les courses leur donnent ; jamais, par conséquent, il n'aurait pu en résulter pour l'amélioration le stimulant et l'élan général que les courses ont produits. Je suis persuadé qu'il sera évident, d'après ce que j'ai dit, pour tout esprit non prévenu, qu'en regardant comme possible, comme probable même, que les courses aient commencé en Angleterre par suite du goût des bons chevaux dans la classe riche de la société, il n'en est pas moins réel qu'elles ne soient à leur tour la cause principale de la grande amélioration des races et de la grande multiplication des bons et beaux chevaux.

Selon moi, les riches propriétaires fonciers n'ont même pas contribué d'une manière particulière à l'amélioration des races de ces animaux.

Le système des grands propriétaires du sol, qui exerce une influence si marquée sur l'état politique des États, et particulièrement de l'Angleterre, n'a aucune influence directe sur l'agriculture, lorsque la grande propriété est divisée en fermes dont le propriétaire ne s'occupe que pour en toucher les revenus ; et si l'organisation du système politique et municipal de l'Angleterre donne plus d'intérêt et d'agrémens aux propriétaires à habiter et même à cultiver leurs terres eux-mêmes qu'aux propriétaires en France, le nombre de ceux qui le font est encore borné en raison de la masse des fermiers. J'ai fait voir, dans une petite Notice, qu'une institution spéciale servait à répandre d'une manière particulière parmi les cultivateurs la science de l'agriculture beaucoup plus que ne le peut encore l'exemple isolé d'un grand propriétaire (1).

La grande propriété n'exerce donc une influence que par ses richesses, qui lui permettent de consommer des animaux de prix, aussi bien que ces mêmes richesses le permettent au grand commerçant, au grand capitaliste et au possesseur des hauts emplois de l'État. Si la propriété foncière, moins divisée et plus riche, par cette raison, en Angleterre, y permet à quelques personnes d'avoir des équipages de chasse, ces personnes se comptent facilement, et elles sont en trop petit nombre pour qu'elles exercent une grande influence sur la consommation des chevaux; la grande demande de ces animaux est donc produite par la richesse générale du pays, et non par celle de quelques familles.

---

(1) *Des assemblées agricoles en Angleterre*, imprimé par ordre du Ministre de l'intérieur.

Si les terres étaient en immenses propriétés soumises au régime féodal et encore incultes pour la plupart pendant une série consécutive d'années, comme cela arrive dans le nord et dans l'est de l'Europe, je concevrais que la grande propriété trouvât un grand intérêt à élever des chevaux sur des terres dont elle ne saurait que faire : mais dans un pays où la culture se fait par des fermiers ou par des mains qui récoltent tout le fruit des améliorations qu'elles produisent ; où la connaissance de la culture des terres est portée aussi loin que partout ailleurs ; où les grains sont tenus à un prix assez élevé pour qu'il n'y ait point de terrains que la charrue n'ait tenté, à plusieurs reprises, de défricher, quelque mauvais qu'ils fussent ; où un grand nombre de chevaux de luxe sont élevés presque à l'écurie ou dans de petits enclos, afin de soumettre, autant que possible, toutes les terres à des rotations régulières de récolte ; où ces terres ne sont laissées en pâturages perpétuels que lorsque ces pâturages sont très abondans, et donnent plus de bénéfices que les terres labourées, soit par l'engrais rapide du bétail, soit même par la vente en nature du foin qu'on y récolte ; dans un pays où la grande propriété a intérêt à être divisée en fermes de moyenne grandeur, parce qu'alors ses revenus sont et plus grands et plus certains ; dans un pays où les très grands propriétaires sont presque tous occupés exclusivement des affaires de l'État : là je ne vois que l'influence des richesses qui puisse exciter à l'amélioration des chevaux en en consommant un certain nombre.

Mais alors la production s'arrêterait là où la consommation cesserait; elle n'atteindrait même peut-être pas les besoins de la consommation, si le pays se trouvait, comme nous le sommes actuellement, en contact avec des pays qui lui fourniraient des chevaux de luxe en abondance. Qu'est-ce donc qui a pu faire qu'en Angleterre tous les chevaux des diligences, des fiacres, des postes soient des chevaux de luxe ; tandis que, chez nous, ce sont des chevaux communs de trait? Certainement il y a des causes à cette multiplication, et je ne les trouve nulle autre part que dans les courses de chevaux.

Qu'on ne croie pas davantage que la grandeur des fermes influe sur la production des chevaux de luxe : les fermes, en Angleterre, peuvent être divisées d'une manière relative en deux sortes, en *tillage-farms* et en *grazier-farms*, *fermes de labourage* et *fermes d'engrais* (1).

---

(1) Je ne parle pas ici des grandes fermes d'Écosse et

Dans les fermes de labourage, qui sont les plus grandes et qui se composent rarement de plus de cinq à six cents de nos arpens, parce que c'est presque le maximum de ce qu'un seul homme actif et sa famille peuvent cultiver avec les soins convenables pour en tirer le plus de produits, l'on élève peu de chevaux de luxe: l'animal qui porte le fermier, ou celui qui roule son espèce de tilbury, est quelquefois une belle jument; quelquefois ce fermier en a deux. Dans les autres fermes, dans celles d'engrais, en général plus petites, en Angleterre seulement, je le répète, on trouve néanmoins plus de chevaux; cinq ou six belles et fortes jumens poulinières, employées en même temps aux travaux de l'exploitation, donnent des poulains, dont quelques uns, de temps en temps propres aux courses ou propres à faire d'excellens chevaux de chasse, se vendent excessivement cher, et viennent compenser avec bénéfice tous les petits sacrifices faits pour avoir et pour entretenir une belle race. Dans ces fermes encore, l'élève des chevaux n'est-elle que très accessoire, et n'a-

---

même de celle du nord de l'Angleterre, où l'on ne fait qu'élever un nombreux bétail : comme on n'y élève généralement point de chevaux nobles, elles ne doivent pas exercer d'influence sur cette élève.

t-elle lieu qu'autant qu'elle n'entrave pas les autres spéculations : ce sont assez généralement l'engrais du gros bétail et l'engrais et l'élève du menu bétail qui tiennent le premier rang.

Ces parcs très vastes que les propriétaires se réservent souvent, et qu'on croit bien à tort qu'ils conservent en prairies pour leur plaisir seulement, ne sont pas plus productifs en chevaux de luxe que chez nous; ils n'en donnent que lorsque les propriétaires eux-mêmes s'amusent à élever de ces animaux, et, je l'ai déjà dit, il y en a bien peu dans ce cas.

Il est plus simple et plus agréable, en effet, pour le riche de payer de 100 à 500 guinées un cheval quand il est élevé, que d'en créer dix ou douze, vingt même souvent, avant d'en avoir un qui ait les qualités ou qui parvienne à la célébrité qu'on voudrait que l'animal eût.

La grande multiplication des chevaux de luxe ne tient donc pas plus aux grandes fermes qu'à la grande propriété, puisqu'on n'élève pas ces animaux en masse; elle tient à ce que presque partout on en élève un peu, et c'est la réunion de toutes ces petites sommes partielles qui forme la grande masse de production.

Qu'on ait voulu arrêter la multiplication des chevaux en Angleterre par un impôt mis sur ces animaux, c'est une assertion dépourvue de tout fondement et qui se détruit elle-même.

Si l'impôt avait été en contradiction avec les besoins, il aurait été subversif de tout principe d'économie publique, il aurait été en contradiction avec les prix distribués aux courses par le Gouvernement : ce n'était purement et simplement qu'un impôt fiscal, et si je n'ai pas été induit en erreur, cet impôt, augmenté en 1806, ne l'avait été que pour le cheval qui ne servait qu'à la selle, et non pas pour les jumens poulinières.

Maintenant je passerai à une objection faite contre les courses, et que je regarde comme une des erreurs les plus patentes à cet égard, c'est l'assertion que les chevaux de course sont une espèce à part, qui, si elle n'est bonne aux courses, n'est bonne à rien. On ne réfléchit pas, en avançant ce dire, que pour qu'un cheval soit bon à courir il faut que toute sa machine soit excellente, que la poitrine et les membres soient fortement organisés ; et qu'en mettant en fait que sur un nombre de chevaux coureurs il n'y en ait que peu qui soient de première qualité, on trouve cependant que beaucoup sont de bons chevaux de selle, de chasse, et que le plus grand nombre sont toujours d'excellens chevaux de carrosse, de diligences, de postes : et pour ne pas aller chercher en Angleterre les innombrables exemples qu'elle fournirait, je m'appuierai seulement de l'opinion de M. *A. de Royère*, qui, dans l'écrit que j'ai déjà cité, annonce qu'il a vendu très avantageusement de jeunes chevaux et jumens qu'il avait fait courir plusieurs fois.

Ce qui a donné quelque fondement à cette première erreur, c'est une seconde qui s'est glissée parmi les personnes peu au fait de ces matières. Elles ont cru remarquer que les chevaux de course étaient mal conformés, qu'ils ne devaient point avoir de corps, qu'ils devaient avoir les extrémités grêles. Elles n'ont pas réfléchi que ce peu de corpulence, nécessaire pour rendre les chevaux propres à courir avec rapidité, ne devait pas tenir à la conformation, qu'il ne devait être qu'un effet du régime auquel sont momentanément soumis les animaux, et n'avoir lieu qu'au détriment de l'abdomen et de la graisse; que tel animal qui doit être presque un squelette avant de courir est méconnaissable six mois après; que toujours néanmoins il doit être dans les proportions qui constituent la meilleure organisation.

D'un autre côté, on a confondu la sécheresse des extrémités avec la finesse; on n'a pas vu que cette finesse apparente ne devait être due qu'à l'absence d'une peau épaisse, soulevée par un tissu cellulaire abondant et recouverte de poils longs et grossiers, toutes particularités généralement étrangères aux chevaux de race qui sont les meilleurs coureurs. On n'a pas fait attention que la finesse des canons, quand elle existe, est compensée par l'ampleur, par la force et surtout par la longueur des avant-bras et des jambes, et même souvent aussi par la largeur des canons, vus latéralement de devant en arrière. L'*Éclipse*, un des plus fameux coureurs de l'Angleterre, l'*Highflier*, un autre de ces chevaux, retirés du régime du cheval de course, paraissaient, par l'aspect athlétique de leurs formes, plus propres à tirer la charrue qu'à parcourir la moindre distance avec célérité.

Quelques autres personnes ne pouvant, d'après toutes ces considérations, disconvenir que les courses ne dussent être bonnes à stimuler la production des chevaux de luxe en France comme elles l'étaient en Angleterre, ont avancé, pour repousser leur institution, que ces courses ne pouvaient faire que des chevaux de course inutiles ou des chevaux de selle d'un très grand prix, qu'elles ne pouvaient ainsi servir l'État dans son plus grand besoin, dans celui d'exciter les cultivateurs à faire des chevaux de cavalerie. Je ne pense pas qu'il soit très difficile de réfuter complétement cette nouvelle assertion. Elle ne peut venir, de leur part et des personnes qui les croient, que d'une erreur encore générale dans laquelle on est relativement aux chevaux anglais, et dans laquelle les Anglais eux-mêmes ont quelque intérêt à maintenir non seulement les étrangers, mais encore leurs compatriotes qui ne sont pas au fait de ces matières, pour leur faire payer horriblement cher certains animaux : cette erreur est de croire que les chevaux anglais de course sont une variété distincte, que ces chevaux sont peu nombreux, et qu'il n'y a réellement que les *purs sangs* qui puissent être considérés comme tels.

Mais si l'on fait attention, d'abord, que s'il y a quelques chevaux de *pur sang*, c'est à dire provenant sans mélange des deux côtés paternel et maternel de chevaux orientaux, ce que je ne crois pas, malgré le *Stud-Book* même, il y a beaucoup plus de *demi-sang*, beaucoup plus de *trois quarts de sang*, et enfin que tous les autres ont au moins une *tache de sang* (*a bit of blood*) ; si l'on fait la remarque que dans les courses il se trouve beaucoup plus de chevaux de sang mêlé que de chevaux de sang pur, que ces chevaux de sang mêlé battent quelquefois les premiers, et qu'alors ils vont de pair avec eux ; si l'on fait attention surtout que tous les individus qu'on reconnaît comme chevaux anglais (ceux provenant des races propres seulement aux labours et aux charrois exceptés) ne sont qu'une même race, modifiée de diverses manières par les localités, par le plus ou le moins de mélange avec le sang oriental, et par les influences résultant de la manière de voir de chaque éleveur; si l'on fait attention que des milliers d'individus de cette race pourraient être employés, outre ceux qui le sont déjà annuellement, dans la cavalerie anglaise, et qu'il y en aurait assez pour la composer exclusivement si le Gouvernement ne voulait pas, par des considérations politiques et d'économie, remonter en partie sa cavalerie dans le Hanovre; si l'on se rappelle que ce Gouvernement a entretenu sa cavalerie avec des chevaux anglais pendant le temps que le Hanovre a été soustrait à sa domination; si l'on fait attention que tous les carrossiers, que tous les chevaux des innombrables diligences en Angleterre, que ceux des fiacres, que ceux de toutes les postes, dont on trouve souvent plusieurs établissemens distincts par localité de poste, à cause du libre exercice de cette profession, sont tous des chevaux d'une tournure convenable pour la cavalerie, et qu'ils sortent de cette race anglaise améliorée, dont les chevaux de course sont les plus perfectionnés et forment, pour ainsi dire, la tête, on conviendra qu'il est bien à désirer que nous puissions nous faire en France une race de chevaux comme la race des chevaux anglais, et on devra en tirer la conséquence que, si nous parvenons à rendre proportionnellement aussi commune sur tous les points de la France cette race qu'elle l'est en Angleterre (1), nous aurons alors une masse suffisante de chevaux propres à remonter toutes les armes de la cavalerie, suffisante même pour une consommation beaucoup plus grande que celle que ferait notre armée en temps de guerre.

Comme les courses de chevaux ont été, je crois l'avoir à peu près prouvé, le *seul moyen* par lequel on est arrivé à ce résultat en Angleterre; comme il n'y a pas de raison de croire qu'elles ne puissent le produire en France, je crois pouvoir dire qu'elles sont un des meilleurs moyens d'arriver à faire créer chez nous les chevaux de cavalerie dont nous avons besoin.

---

(1) Suivant le compte fourni, en 1814, à la Chambre des communes, il y avait en Angleterre six cent dix-huit mille chevaux de luxe, sans compter les élèves (ouvrage de M. *de Marivaux*, déjà cité); qu'on mette que, sur ce nombre, il y avait trois cent mille jumens, et on verra si ce que je viens de dire est exagéré.

D'autres considérations importantes vont corroborer ces conclusions, que je regarde comme positives.

En effet, si nous recherchons les résultats que donnent les courses de chevaux par rapport à l'amélioration de ces animaux, nous les trouvons aussi avantageux à la propagation des bonnes races que nous avons trouvé peu favorables ceux produits par les primes et par l'achat des poulains.

Dans une lutte comme une course, on ne peut accuser les juges de partialité, on ne peut les accuser d'ignorance; il n'y a pas même besoin de juges pour le mérite des animaux, il n'en faut que pour fixer les règles de la course. Les personnes qui font courir ne sont pas découragées par la persuasion qu'il y a injustice, puisqu'il ne peut y en avoir. La défaite au contraire est un stimulus qui invite à mieux faire; et combien de fois n'ai-je pas entendu le vaincu se promettre de remporter le prix ou avec des chevaux différens, ou avec le même cheval, qui, disait-il, n'était pas assez préparé à la course ou était malade! L'amour-propre a mille moyens de se consoler d'une pareille défaite, il en a peu pour se consoler d'une injustice réelle ou prétendue; c'est le découragement qui en est le résultat.

C'est surtout par rapport aux effets pour la reproduction que ces courses sont avantageuses : les seuls chevaux les plus vigoureusement constitués peuvent être des chevaux coureurs. Il faut, je le répète, une poitrine excellente, de bonnes jambes, de bons pieds; il faut que ces animaux soient exempts, je ne dis pas de vices, je dis de défauts; il faut qu'ils soient exempts de toute maladie interne : sans cela, les forces de l'animal, toujours plus ou moins affaiblies, ne lui permettent plus de lutter contre des rivaux plus favorisés sous ce rapport.

Le cultivateur qui veut élever un cheval pour la course doit donc rechercher d'abord des père et mère ni trop jeunes ni trop vieux; il doit les rechercher exempts de vices, de défauts essentiels, de toute espèce de maladies, parce que des animaux malades ne donnent pas en général des productions aussi vigoureuses que des animaux sains : il faut même que l'éleveur prenne des chevaux qui ont fourni des courses rapides, longues, qui ont donné des preuves qu'ils avaient du fond, qu'ils avaient une vigueur durable et non momentanée. Il faut, de plus, que les mères soient exemptes de souffrances pendant l'allaitement ; il faut ensuite que les jeunes poulains soient tenus au régime le plus favorable au développement de toutes leurs forces, de toutes les qualités qu'ils peuvent réunir plus tard ; il faut, en peu de mots, qu'ils soient soumis à tous les bons soins qui font d'excellens chevaux.

Par là se trouvent écartés de la reproduction tous les chevaux et jumens tarés, tous les animaux maladifs, même tous ceux qui, seulement beaux, n'ont point donné de preuves suffisantes de leur vigueur ; chevaux parmi lesquels on trouve si fréquemment, même dans les haras de l'État et dans les dépôts d'étalons, des chevaux poitrinaires, maladifs, source de tous ces mauvais produits, si communs dans nos meilleures races.

Si l'on fait attention encore à ce que j'ai déjà avancé, que les chevaux de course ne peuvent sortir que d'une race supérieure, que souvent l'on n'en trouve qu'un parmi cent excellens chevaux, on verra qu'aucune institution n'est aussi bonne pour remplir un des buts de l'État, celui de faire naître la plus grande quantité possible de bons chevaux.

Je sais bien que les bons coureurs ne sont pas tous de bons étalons, et que quelques uns des bons étalons de l'Angleterre, c'est à dire quelques uns de ceux qui ont donné les meilleurs coureurs, n'étaient pas eux-mêmes les meilleurs chevaux de course : mais s'ensuit-il, à cause de ces cas, que le principe général ne soit pas vrai? On ne pourra pas le penser : on ne pourra pas non plus ne pas croire que ce ne soit parmi les chevaux qui auront fourni les courses les plus rapides, mais surtout les plus longues sans détériorer leur constitution, qu'il faudra chercher les animaux les plus propres à donner une race noble, bonne et solide. Ces étalons qui ont donné les meilleurs coureurs étaient du reste eux-mêmes des chevaux de course ou de chasse d'une excellente constitution. Ce sont donc leurs productions, plutôt qu'eux-mêmes, qui étaient des cas exceptionnels pour leur grande vigueur.

En provoquant bien davantage que les distributions de primes des réunions d'un grand nombre d'animaux, elles appellent des marchands de chevaux, facilitent l'établissement des foires, et peuvent concourir à rappeler dans les campagnes les marchands qui vont s'approvisionner à l'étranger.

Quelque grands que soient les avantages matériels dont je viens de parler, il en est un bien plus grand encore quand on envisage cette institution dans ses effets moins immédiats, moins sensibles peut-être, mais non moins sûrs, dans ceux que le véritable administrateur doit prendre en considération, c'est celui de produire un système d'amélioration constant, qui ne peut pas changer, quels que soient les hommes, quelles que soient les théories sur l'amélioration des races. La manière de créer des chevaux coureurs sera toujours une, elle ne peut varier; et cette manière de créer des chevaux est celle d'en créer de bons, puisque, avons-nous vu, les chevaux de course ne peuvent être que les meilleurs parmi les bons. Si de faux systèmes d'élève sont prônés, s'ils sont mis accidentellement en pratique, la pierre de touche est là. Les premières courses où se présenteront les animaux feront justice de ces faux systèmes : ils tomberont plus vite qu'ils n'auront été de temps à être mis en pratique ; ils deviendront des exceptions, tandis que les bons seront les règles : en est-il de même à présent?

Je ne crains pas d'avancer que si les Anglais ont la meilleure race de chevaux, s'ils en ont suffisamment pour leurs besoins et pour en vendre à l'étranger de manière à retirer un bénéfice assez considérable de cette exportation; je ne crains pas d'avancer, dis-je, que leurs courses de chevaux sont la seule cause de cet état prospère, et qu'elles ne l'ont amené qu'en forçant les hommes à agir constamment dans le même but, dans le même sens : l'intérêt qu'elles créent est plus déterminant, plus positif que tout autre : l'éleveur, intimement convaincu que la bonté doit être la première chose, ne s'occupe qu'en seconde ligne de la figure, des formes; et il faut qu'on ait reconnu une supériorité réelle dans les chevaux anglais pour que le goût des formes de cette race, certainement moins agréables que celles de beaucoup d'autres, ait pu prévaloir.

Il ne faut pas croire qu'il suffira de mettre des chevaux anglais dans les haras et les dépôts d'étalons de l'État pour changer nos races médiocres et mauvaises en chevaux anglais. C'est le système d'élève qu'il faudrait introduire, et on ne pourra le faire qu'en créant l'intérêt qui l'a fait adopter autre part, c'est à dire en créant des courses.

Mais surtout il ne faut pas croire que des courses improvisent des chevaux, et faire, comme quelques conseils de départemens qui, embarrassés de diriger ces institutions, embarrassés de trouver des coureurs pour mener les chevaux, et peu au fait de leurs résultats médiats, n'ont vu en elles que des jeux insignifians, où des hommes et des chevaux couraient les uns contre les autres au risque de se casser le cou, et qui, par leur suppression, consentie à tort par le Ministère, ont privé leurs départemens de l'avantage qu'elles peuvent produire. Si on avait supprimé les courses de Paris parce que, dans les commencemens, des paysans en blouse et avec des clous passés dans les talons de leurs souliers sont venus faire courir leurs chevaux, on ne verrait point actuellement les beaux élèves qui commencent à se faire en Normandie, et qu'on vend déjà comme chevaux anglais. Heureusement à Paris on avait examiné un peu plus ces institutions qu'on ne l'avait fait dans quelques conseils de départemens.

Il n'est pas difficile cependant de diriger des courses et de leur faire produire le bien progressif qu'elles peuvent opérer : peu d'obstacles à vaincre se présentent; le principal est, dans les commencemens, la difficulté d'éloigner une concurrence trop supérieure, qui peut jeter du découragement parmi les éleveurs qui commencent, et dont les races ne sont pas encore améliorées. On est parvenu toujours à ce but lorsque des réglemens généraux ne sont pas venus empêcher chaque localité d'adopter les mesures qui pouvaient lui être convenables.

Par toutes les considérations précédentes, je pense que les courses de chevaux sont un des meilleurs moyens, le principal peut-être, que le Gouvernement ait en son pouvoir d'encourager l'amélioration et la multiplication des chevaux nobles en France; qu'il ne saurait par conséquent trop multiplier ces courses et augmenter l'intérêt qu'elles présentent, en ajoutant des prix à ceux qui existent déjà.

Malgré les effets avantageux que je crois que les courses doivent produire en France, je ne dissimulerai pas quelques inconvéniens qu'elles présentent : en montrant ceux-ci dans tout leur jour, ce sera même le moyen de les empêcher chez nous.

Ce qu'on reproche d'abord à ces courses comme un inconvénient, mais qui, selon moi, n'en est pas un réel, c'est, en faisant préférer exclusivement les chevaux les plus vites, d'avoir successivement grandi la race en Angleterre.

On conçoit en effet qu'une taille élevée étant avantageuse pour la course, les chevaux les plus élevés en taille ont dû battre, à égalité de moyens, ceux dont la taille l'était moins ; et comme ce sont toujours les vainqueurs qui sont préférés pour la reproduction, il en est résulté que la race a successivement grandi autant qu'il était possible que cela eût lieu.

Or comme les chevaux, quand ils arrivent à une certaine taille, perdent de leur qualité, de leur force ; ou comme, autrement, il est rare de trouver dans un nombre donné de chevaux de grande taille autant de bons chevaux que dans le même nombre d'animaux de moyenne taille, on en a conclu que la race des chevaux anglais était déjà dégénérée, ou qu'elle dégénérerait infailliblement. J'ai moi-même eu cette opinion d'abord, et je l'ai manifestée; mais depuis j'ai bien changé : un raisonnement plus serré devrait même empêcher de l'avoir.

En effet, l'expérience ayant prouvé que la grande taille poussée trop loin ne pouvait plus s'allier avec la plus grande vélocité et la plus grande durée de la course, il était tout naturel de penser que les chevaux coureurs, à mesure qu'ils parviendraient à cette plus grande taille, seraient battus par ceux d'une taille moindre, et qu'ainsi la reproduction des meilleurs coureurs aurait toujours lieu par les animaux d'une taille moyenne. C'est ce qui a lieu en effet : à mesure que les animaux arrivent à cette plus grande taille, ils sont battus; et par cela seul qu'ils sont battus, ils sont éloignés de la série des chevaux propres à créer de bons coureurs, et ils ne servent plus qu'à faire des étalons pour les variétés d'attelages auxquels, du reste, leur grande taille les rend plus particulièrement propres. Il résulte de cet état de choses que le plus grand nombre des chevaux de course est toujours parmi ceux d'une moyenne taille, et que les très grands sont les exceptions. Il en résulte aussi évidemment que, sous ce rapport, les courses portent avec elles le remède à l'inconvénient de trop grandir la taille. En calculant le nombre d'années qui s'est écoulé depuis leur institution, il est fortement à présumer que le grandissement de la taille qui devait résulter de ces courses est arrivé depuis long-temps à son plus haut point, et que la race anglaise restera ce qu'elle est actuellement tant que les courses subsisteront.

Si le grandissement de la taille n'est qu'un inconvénient imaginaire, il n'en est pas ainsi de celui de faire courir les animaux à un âge trop tendre. Comme la légèreté est plus l'apanage des jeunes animaux que de ceux plus avancés en âge, les Anglais font courir leurs poulains aussitôt que possible, aussitôt que les jeunes animaux sont assez forts pour porter un conducteur. Dès l'âge de trois ans révolus, de deux ans et demi, on en voit courir. C'est une faute, une faute grave, que l'appât du gain seul fait commettre; et c'est à ces courses prématurées qu'il faut attribuer tant de chevaux de luxe ruinés de bonne heure en Angleterre, et qui ne peuvent plus servir à monter des cavaliers, quoiqu'ils soient encore excellens pour les attelages. Jamais un poulain ne devrait être couru avant quatre ans révolus. On pourrait facilement en France, par les réglemens des courses, parer à ce grave inconvénient, et il suffit de le connaître pour l'éviter.

Quant aux personnes qui ont prétendu que les courses pouvaient nuire à l'amélioration des races en Angleterre, en faisant employer à la reproduction des animaux qui étaient tarés par ces courses, je dirai que ces cas sont encore en Angleterre des exceptions, et des exceptions très rares, dont je n'ai pas vu d'exemples. En examinant même un peu cette assertion, on ne pourra pas la comprendre. Comment se pourrait-il faire en effet que des Anglais employassent à la reproduction de jeunes animaux tarés, battus dans les courses; tandis que partout ils trouvent, sinon des animaux du premier mérite, du moins des animaux vainqueurs dans des courses de second ordre et non tarés? J'ai vu cependant, je l'avouerai, des chevaux estropiés employés à la reproduction; mais c'étaient des chevaux de chasse renommés, qui s'étaient abîmés en franchissant des fossés ou des barrières, mais c'étaient des chevaux de course renommés aussi, qui s'étaient emportés, qui s'étaient brisé les extrémités contre des poteaux, ou dans des chutes violentes; mais c'étaient de pareils chevaux qui étaient célèbres par les bonnes productions qu'ils avaient déjà données, et qu'on employait encore à la reproduction malgré de légers défauts qu'un âge avancé avait développés, parce qu'on espérait, parce qu'on savait que la production d'un bon animal, quoique vieux, serait préférable à celle d'un animal jeune et sans vigueur. Je ne comprendrais pas l'assertion que les Anglais emploient à la reproduction des animaux jeunes, connus par leurs défaitetes par des tares, quand même je n'aurais pu m'assurer qu'elle était inexacte. Comment donc croire ce qu'a avancé un écrivain allemand à ce sujet, que la détérioration de la race anglaise marchait si promptement en Angleterre par cette cause et par la cause précédente, qu'en dix ans d'intervalle, qu'il avait mis entre un premier et un second voyage dans ce pays, il avait vu une dégénération marquée, et qu'il avait été extrêmement embarrassé à ce second voyage pour trouver des chevaux propres à faire des étalons pour le haras qu'il dirigeait?

Si les courses ont donc l'inconvénient réel de ruiner de bonne heure un certain nombre de chevaux, ce nombre ne pourra être grand quand on ne fera pas courir trop tôt les jeunes animaux, et quand on ne fera pas courir des animaux trop faibles contre des forts : elles ne pourront même produire aucun mal, selon moi, relativement à la bonté de la race; elles ne pourront, au contraire, produire que du bien, en faisant rejeter de la reproduction de beaux chevaux qui ne seraient pas solidement constitués, qui seraient de belles rosses.

Il est un autre inconvénient très réel en Angleterre, que l'institution de ces courses, abandonnées presque complétement à des clubs, a produit, c'est l'intérêt que les hommes qui dressent les chevaux à ces courses ont de tromper les cultivateurs relativement aux qualités de leurs chevaux.

La personne qui veut faire courir un cheval est dans l'habitude de le confier, un certain temps, à un de ces entraîneurs (*trainer*), comme on les appelle, pour qu'il le dresse à la course : le propriétaire paie, pour cela, une somme assez forte. Les entraîneurs, qui, par cette raison, ont intérêt à avoir le plus de chevaux, cherchent, par tous les moyens possibles, à captiver les cultivateurs, à leur persuader que l'*entraînement* ou la préparation à la course est une chose difficile, dont ils ont seuls le secret ou au moins le meilleur secret : ils leur disent que leurs animaux sont assez bons, assez âgés, ou au moins assez forts pour courir ; et c'est ainsi qu'ils sont cause souvent de la ruine prématurée de poulains qui auraient, plus tard, pu devenir de bons animaux. Mais si le cultivateur se ressouvient de ce que j'ai dit, dans la première Partie, relativement à la facilité de l'élève des chevaux de course, il ne fera pas la sottise de confier son animal à un autre qu'à lui ou à ses gens; ou, s'il le fait, ce ne devra être que quand il sera sûr de la personne.

Mais ce n'est pas là le plus grand mal que produisent ces hommes.

Ils sont à l'aise par les gains qu'ils font; ils ont à leur service des grooms, des palefreniers, des coureurs qui soignent, qui montent, qui courent les chevaux aux jours des courses; les plus fins gagnent même beaucoup d'argent, et quoiqu'ils cherchent à s'attraper les uns les autres, ils savent s'entendre sur les points d'intérêt général pour eux, et ils forment une masse d'associés dont les moyens d'existence ne se trouvent que dans la bourse des parieurs riches et ignorans, et dans celle des gens qui leur confient leurs chevaux. Ce sont ces hommes qui font en partie les règles des courses; car parmi eux je range tous les gageurs de profession. Ce sont eux qui, en Angleterre, fondent souvent des prix; ce sont eux qui ont intérêt à embrouiller les notions les plus claires pour pêcher plus facilement en eaux troubles, qu'on me pardonne l'expression; ce sont eux qui sont parvenus, pour avoir plus de chevaux entre leurs mains, pour avoir plus de sujets de paris, à établir des courses de chevaux de deux ans et demi, qui engagent les propriétaires des chevaux tarés à les faire courir, qui les engagent peut-être à les employer à la reproduction : c'est la véritable lèpre de cette institution. Mais quand on a soulevé le voile qui la cachait aux regards ; quand on pense que les courses de chevaux en France, soumises à la direction des autorités locales et soustraites à l'influence de ces associations, n'auraient que les avantages de l'institution sans ses grands inconvéniens ; quand on pense que les personnes qui ont le plus écrit contre les courses en Angleterre, telles que *Burgsdorff*, ne sont nullement ennemies de ces institutions, mais seulement contraires à la manière dont elles ont lieu actuellement en Angleterre, on ne peut qu'être persuadé, comme je le suis, qu'elles seront pour l'amélioration de nos races une des institutions les plus avantageuses.

CHAPITRE XIII.

HARAS MILITAIRES.

J'ai dit qu'en Autriche les propriétaires du sol avaient généralement plus d'intérêt qu'en France à élever des chevaux. Cet intérêt fait qu'on trouve dans cet empire, en Hongrie particulièrement, beaucoup de haras parqués, et qu'il s'y élève beaucoup de chevaux. Cependant le Gouvernement, dans des guerres prolongées, est exposé encore quelquefois à ne pas trouver sur son territoire toute la quantité d'animaux dont il a besoin : par cette raison, il s'est occupé, comme celui de France, de la multiplication des chevaux, et il a créé, à ce sujet, une Administration dépendante de la chancellerie de la guerre, qu'il a appelée le *département des remontes* (*remuntirung-departement*). Cette Direction a des haras parqués, qu'on appelle des *haras militaires*, soit parce qu'ils dépendent de la chancellerie de la guerre, soit parce qu'ils sont administrés par des officiers et régis militairement dans leur intérieur. Ces haras sont destinés à fournir des étalons à des dépôts d'étalons qui dépendent aussi de la Direction des remontes, et même à quelques autres haras militaires qui n'ont point de races aussi bonnes. Les premiers haras militaires sont donc de véritables pépinières d'étalons, et on les nomme encore sous ce rapport *haras de pépinières*, *haras de souche.*

Les animaux de qualité inférieure, ou dont on n'a pas besoin pour la reproduction, passent directement au service de l'armée. Les haras militaires de *Babolna* et de *Mezohëgies* sont des haras de la première qualité. Le dernier présente de particulier que les pâturages immenses n'y sont point enclos, et que les animaux y sont gardés par des espèces de recrues qu'on appelle des *sicoches*, qui logent dans des caveaux voûtés creusés dans le sol même. Ce haras serait ce qu'on appelle ordinairement un *haras demi-sauvage*.

La Direction des remontes, outre les haras et les dépôts d'étalons, est chargée des dépôts de remonte pour la cavalerie, et c'est de là même qu'elle a pris son nom. Les employés de ces diverses divisions ont des grades militaires; ils forment ainsi une espèce de régiment, dont les derniers sont des soldats. (Voyez *Notice sur quelques races de chevaux, sur les haras et sur les remontes dans l'empire d'Autriche, etc.*)

Ces haras militaires ne sont donc réellement que des haras parqués, dont les uns sont destinés à fournir en même temps des étalons et des chevaux de cavalerie, et les autres des chevaux de cavalerie principalement.

J'ai déjà dit que je ne croyais pas qu'en France il pût être de l'intérêt des particuliers d'avoir des haras parqués : il n'y a pas le moindre doute que les haras parqués de l'État, qui sont destinés à donner des étalons, ne peuvent remplir le but d'une manière économique : il n'y a donc aucune probabilité qu'il puisse être avantageux, chez nous, d'avoir des haras parqués uniquement destinés à fournir l'armée de chevaux.

Quelques personnes penseront néanmoins peut-être que la crainte d'en manquer dans une guerre prolongée ne doive faire mettre de côté la considération de l'économie, et qu'il n'est point de sacrifices qu'on ne doive faire pour assurer la remonte de la cavalerie; que, par conséquent, on ne saurait trop avoir de haras parqués au service de l'armée, tant qu'on n'en aurait pas assez pour pouvoir fournir annuellement le nombre de chevaux nécessaire à l'armée en temps de guerre.

Si l'on considère la quantité de terrains qu'il faudrait acquérir pour des établissemens assez grands pour fournir annuellement douze mille chevaux environ, qui seraient nécessaires à l'armée (1); si l'on fait attention que les pertes résultant des épizooties accidentelles, inévitables dans tout rassemblement considérable

(1) M. le comte *de la Roche-Aymon*, dans son ouvrage *De la cavalerie*, in-8°., Paris, 1828, t. Ier. partie Ire., page 140, dit que les besoins de l'armée se montaient, pour l'effectif actuel, à quatre mille chevaux; on peut bien estimer qu'il en faudrait deux fois plus pour une guerre active, ou douze mille.

d'animaux, forceraient de porter l'étendue de ces terrains plus loin qu'il paraîtrait d'abord nécessaire de le faire, que les terrains appartenant à l'État et convertis en haras militaires cesseraient de fournir des contributions en argent et en hommes; si l'on calcule les sommes annuelles qu'il faudrait consacrer au personnel, sommes d'autant plus grandes que ce personnel ne pourrait pas être composé entièrement de militaires retraités, mais qu'il devrait l'être, au contraire, en grande partie d'hommes actifs et vigoureux; mais surtout si l'on fait attention qu'en diminuant les achats de chevaux que l'armée fait encore à l'agriculture, on ôte au cultivateur un genre d'industrie qui s'allie parfaitement à la plupart des cultures, et donne par les engrais qu'il procure un des moyens de porter celles-ci au plus haut point de perfection; enfin qu'il est de l'intérêt bien entendu des cultivateurs de se livrer beaucoup plus qu'ils ne le font à l'élève des chevaux, et surtout qu'il est des moyens de stimuler cet intérêt par quelques autres mesures que j'indique, on pensera peut-être, comme moi, qu'il serait d'une très mauvaise économie publique de chercher à établir des *haras militaires* ou *haras parqués pour le service de l'armée.*

En Autriche même, le Gouvernement, peu content, à ce qu'il paraît, de ceux qu'il possédait, a essayé, à la fin du siècle dernier, de 1770 à 1780, un autre système de haras qu'on a appelé *haras de l'armée* : il a été célèbre par la déconfiture dont il a été suivi. Comme il est généralement bon de connaître ce qui a été fait en bien et en mal relativement à une institution aussi demandée que celle des haras de l'État, j'en parlerai ici d'une manière très brève.

Ces haras de l'armée étaient destinés à recevoir, hors des momens de guerre, les jumens de l'armée : dans ces haras, elles devaient faire des poulains qui, à leur tour, seraient destinés au service de l'armée. En temps de guerre, jumens et poulains disponibles devaient retourner dans les régimens respectifs.

On espérait qu'un pareil ordre de choses éviterait de grandes dépenses à l'armée ; on croyait que, pendant la paix, les jumens, quittant les corps de cavalerie, ne leur coûteraient plus rien, et qu'elles seraient toujours disponibles pour l'armée, au moment de la guerre, soit elles-mêmes, soit leurs produits ; on avait destiné à ces haras de vastes domaines, celui de Mezohëgies entre autres.

Dans un État comme l'Autriche, où quelques parties du territoire sont encore presque sans population et sans culture, parce que le produit de la vente des denrées qu'on en tirerait serait souvent inférieur aux dépenses qu'occasioneraient la culture et les transports; dans un pays où l'on n'a pas encore compris que l'État, en vendant ces terrains, ou même en les donnant à des cultivateurs libres, gagnerait de la population et des impôts; dans un pareil État, dis-je, il n'est pas étonnant que ce projet ait pu être essayé; mais il n'est pas étonnant aussi qu'il n'ait pas réussi : en effet, il n'a pas même été économique sous le rapport financier, et les maladies qui ont assailli les jumens qui passaient du régime de l'armée au régime des jumens poulinières en ont fait périr un si grand nombre, que le haras est tombé de lui-même sans donner l'envie de tenter d'en établir un autre sur de pareilles bases. (*Voyez* la Traduction d'une Critique allemande de ce haras, *Annales d'Agriculture*, 2e. série, tome XXXVIII, page 166). Je ne m'arrêterai point davantage sur une pareille institution, que je ne crois pas possible en France.

J'ai entendu parler en Allemagne d'une autre espèce de haras militaire, dont il est bon peut-être encore de dire un mot, quoique je ne puisse plus me rappeler où elle a été essayée, si même elle l'a jamais été. Cette espèce de haras consistait dans un nombre de jumens distribuées gratuitement aux cultivateurs, à la condition par eux d'en tirer race et de donner à l'État un poulain sur deux, ou un tous les deux ans, et d'un âge fixé, jusqu'à la mort de la jument, ou jusqu'au moment où il était constaté qu'elle ne pouvait plus servir à la reproduction. C'était, comme l'on voit, une espèce de cheptel passé avec les cultivateurs à certaines conditions, dont les deux principales étaient, la première, que le cheptelier tirerait race de la jument, et la seconde, que le croît serait partagé avec le bailleur.

Je conçois que, dans des localités favorables à l'élève des chevaux, et où cette élève est souvent plus lucrative que la culture des céréales, comme dans le Hanovre et le Mecklembourg, le propriétaire du sol puisse obliger ses paysans, serfs pour la plupart, à faire de pareilles transactions, et qu'il en résulte même un avantage pour le propriétaire, ainsi qu'il paraît que cela avait lieu chez le comte *du Plesse :* je conçois même qu'un propriétaire résidant sur son bien en France, dans les pays soumis encore au malheureux système des métayers, puisse imposer à son colon un pareil cheptel ; mais je suis certain qu'il ne pourra jamais résulter, pour le propriétaire, un gain d'un semblable système d'élève du cheval. Je pense donc que le Gouvernement, qui ne serait qu'un être de raison pour le métayer, qui de plus serait obligé d'avoir une administration pour suivre ce système, aurait bien plus de difficultés qu'un particulier à le mettre en pratique, et qu'il n'y ferait que des pertes sans aucune compensation.

Au reste, il est, je pense, encore impossible chez nous. Les forts cultivateurs ne voudraient point de jumens à de pareilles conditions, et les petits cultivateurs ne s'y soumettraient que si on leur permettait de faire travailler la jument, pour avoir sans débours un animal qu'ils excéderaient alors souvent, et qui ne pourrait donner par cette raison que des productions mal venantes, tarées, incapables de faire aucun des services de l'armée.

Je ne crois donc aucune des espèces de haras militaires dont il vient d'être question avantageuse à la France.

CHAPITRE XIV.

DÉPÔT DE REMONTES POUR LA CAVALERIE.

En lisant le titre de ce chapitre, on sera peut-être étonné de ce qu'avant de traiter des dépôts de remonte je n'ai point parlé des remontes elles-mêmes et de l'influence qu'exercerait sur la propagation des chevaux la mesure que le

Gouvernement paraît vouloir adopter, de faire faire en France exclusivement tous les achats de chevaux pour la cavalerie : en voici la raison. Après la lecture de l'article étendu et lumineux que M. le comte *de la Roche-Aymon* a consacré à ce sujet, dans son ouvrage intitulé, *De la Cavalerie*, et déjà cité, j'ai vu qu'il m'était impossible de mieux traiter la matière; je me contenterai donc de dire ici, en résumé, que le noble Pair s'est efforcé de prouver, et qu'il a réussi à le faire, 1°. la nécessité politique de se remonter exclusivement en France, et 2°. la possibilité d'y parvenir.

Un des moyens d'arriver à ce but est fourni par la création des dépôts de remonte, M. *de la Roche-Aymon* traite ce sujet au long ; j'ai cru cependant que je pouvais encore m'en occuper après lui, parce qu'il est quelques mesures qui lui sont échappées, propres à rendre ces dépôts beaucoup plus utiles qu'ils ne le sont.

En recherchant les causes qui empêchent les cultivateurs d'élever autant de chevaux qu'ils le pourraient, on trouve qu'une de ces causes est le bas prix auquel ces cultivateurs sont obligés, dans beaucoup de lieux, de vendre leurs jeunes productions, et dans quelques autres la nécessité plus dure encore de les garder, faute d'acheteurs.

La cause de cet inconvénient n'est pas difficile à indiquer.

Les éleveurs de chevaux de luxe ne sont sur aucun point en contact avec le consommateur ; les éleveurs de chevaux de charrois ne le sont pas eux-mêmes pour tous les chevaux qu'ils produisent : il est donc de nécessité qu'il y ait une agence intermédiaire entre les éleveurs et les consommateurs; cette agence est formée par les marchands de chevaux de toute espèce.

Mais la marchandise dont ces hommes trafiquent ne peut s'acheter sur échantillon : chaque pièce est différente et d'une valeur diverse, chacune doit être examinée à part par l'acheteur ; et comme elles ne peuvent être déplacées par le vendeur, sans la certitude d'être vendues, à cause des frais que ce déplacement occasione, il est de nécessité presque absolue que ce soit le marchand acheteur qui aille les chercher sur les lieux où elles se fabriquent. Maintenant s'il est des localités où il s'en trouve peu et des localités où il s'en trouve beaucoup, le marchand ira la chercher dans les dernières, parce qu'il pourra, dans un court espace de temps, s'approvisionner; et il n'ira pas dans les premières, où il lui faudrait beaucoup plus de temps et beaucoup plus de frais pour rassembler la même quantité. Ces localités restent donc privées de la visite des marchands, et les éleveurs ne peuvent s'y défaire de leurs chevaux; ou si par hasard un marchand s'y rend, il n'y achetera la marchandise qu'à un prix d'autant plus bas, que ses déboursés pour la rassembler seront plus considérables : tels sont, sous ce rapport, un grand nombre des départemens de la France.

Si l'on fait attention maintenant que de toutes les marchandises le cheval est celle qui est la plus sujette aux avaries graves, que c'est celle dont la conservation en bon état (par une bonne nourriture) exige le plus de dépenses; si l'on songe qu'outre ces premiers frais indispensables le marchand est obligé de payer comptant, qu'en conséquence il est obligé de retirer l'intérêt de l'argent qu'il avance et enfin qu'il doit être récompensé de son industrie et de son temps, on conçoit que le marchand est obligé de vendre les chevaux un prix beaucoup plus élevé que celui qu'il les achète. Pour les chevaux d'un bas prix, cette plus-value s'élève à un quart; pour les chevaux d'un prix moyen, elle s'élève à un tiers, et jusqu'à la moitié du prix primitif pour les chevaux de luxe.

Le particulier qui a besoin d'un ou de deux chevaux seulement, qui n'en a besoin qu'à des époques indéterminées, non fixes, ne peut se soustraire, il est vrai, à l'agence intermédiaire qui est entre lui et le nourrisseur; elle lui est même utile, en ce qu'elle met de suite à sa disposition l'animal dont il a besoin : s'il voulait acheter autrement, il paierait souvent les animaux plus chèrement ; mais un consommateur aussi grand que l'armée, dont les besoins sont annuels et peuvent être évalués d'une manière approximative en temps de paix comme en temps de guerre, doit tenter de se soustraire à cette agence intermédiaire. Il le devra même bien davantage si cette agence se procure les chevaux dans un pays étranger, par la raison qu'en cas de guerre avec ce pays cette même agence peut se trouver hors d'état de faire les approvisionnemens nécessaires, et laisser ainsi l'armée et l'état dans une position critique.

Les dépôts de remonte pour la cavalerie ont été institués pour remédier à ces inconvéniens, ils dépendent nécessairement du ministre de la guerre. Je crois cette institution si avantageuse sous le rapport de l'économie publique, qu'il me semble à désirer de la voir se consolider chez nous.

Ces dépôts sont placés dans les localités qu'on sait produire des chevaux, afin que l'armée aille pour ainsi dire prendre ces chevaux chez le nourrisseur, de manière à supprimer l'agence intermédiaire qui se trouve entre eux, agence qui pour l'armée est souvent double, puisqu'elle est le plus ordinairement composée, d'une part, des marchands qui achètent les chevaux chez les éleveurs, et d'autre part des fournisseurs, qui les achètent de ces marchands pour les revendre à l'armée. Ces dépôts vont donc, qu'on me pardonne l'expression, *faire la guerre* aux marchands jusqu'à l'endroit de la fabrication, et ils reçoivent la marchandise de la fabrique même avec diminution, par moitié pour eux et par moitié pour le fabricant ou le nourrisseur, de tout le gain que faisaient ces marchands.

Je suppose maintenant que le bénéfice n'existe pas pour l'armée, à cause des frais indispensables à l'entretien de ces dépôts de remonte et de ceux nécessaires pour conduire les chevaux aux régimens respectifs, il en résultera toujours que les nourrisseurs feront un bénéfice en vendant aux dépôts de remonte de préférence aux marchands. C'est ce qui a lieu en effet dans les lieux où se trouvent ces dépôts : les cultivateurs, tout en vendant souvent encore leurs chevaux aux marchands, leur disent: *Nous voulons vendre nos chevaux tel prix, parce que le dépôt des remontes nous les achetera au moins aussi cher.*

Alors s'élève l'importante considération que l'armée prenant les chevaux français à un prix qui augmente le bénéfice des éleveurs, ceux-ci se trouvent intéressés à en élever davantage, et, si le bénéfice est assez grand, à en élever assez pour que l'approvisionnement de l'armée soit assuré, même en temps de guerre.

La multiplication pourra-t-elle être portée sûrement à ce point ?

En calculant la quantité de cantons qui peuvent élever des chevaux en France avec avantage pour le cultivateur, et où celui-ci le fera certainement aussitôt qu'il trouvera un débouché assuré de ses chevaux, comme en trouvent actuellement, dans les foires, les cultivateurs de la plus grande partie de la Normandie, on pourra croire que la multiplication pourra être portée assez loin pour remplir ce but. On se convaincra même qu'il suffirait pour cela que les mauvais chevaux élevés actuellement en France fussent transformés en bons chevaux ; et c'est indubitablement ce qui arrivera aussitôt que l'éleveur sera stimulé par la possibilité de vendre ses élèves à l'âge de cinq ans. Cette assertion est tellement bien prouvée dans l'ouvrage de M. *de la Roche-Aymon*, que je ne m'y arrêterai pas davantage.

Comme toutes les grandes institutions qui changent des habitudes, qui créent de nouveaux intérêts, les dépôts de remonte pour la cavalerie ne peuvent pas produire des améliorations subites, ne peuvent pas porter tout à coup des fruits. Il faudra nécessairement plusieurs années pour que les cultivateurs s'accoutument à calculer les nouveaux intérêts qu'ils leur présentent, pour qu'ils se décident à élever des chevaux qui puissent remplir l'attente des employés des remontes. La persévérance est donc nécessaire pour de pareilles institutions ; il faut même penser qu'elles ne sont pas, dans les commencemens, sur les bases les plus propres à remplir leur but, et qu'il faut les étudier et souvent même les modifier avant de les porter à toute leur perfection. C'est dans ce but que je vais relater quelques uns des inconvéniens qu'elles présentent actuellement.

Les chefs de ces dépôts sont un officier et un vétérinaire, mais ces employés n'ont point l'habitude de traiter avec les cultivateurs; l'officier surtout les tient souvent à une distance sociale qui les éloigne des dépôts : les gens simples préfèrent vendre à un marchand, qui ensuite traite avec les employés. Il est vrai que les cultivateurs, qui savent le prix que le cheval sera vendu, ne le donnent qu'à un prix très peu au dessous de celui payé par le dépôt, et que le mal est petit; mais encore c'est un mal. Il s'établit une agence intermédiaire entre le dépôt et le nourrisseur, et quelque médiocres que puissent être ses bénéfices, elle en fait encore; et le but des dépôts doit être de les faire tourner entièrement au profit du cultivateur ou de l'armée.

Le caractère des employés des dépôts de remonte, ou plutôt leur manière de traiter avec les cultivateurs, souvent même avec les plus petits *paysans*, doit donc être pris en considération.

Ce n'est pas tout, si MM. les employés des dépôts ne doivent qu'examiner, à des heures fixes dans la journée, les chevaux qu'on leur présente pour les acheter ou les rejeter, je crois que l'institution des dépôts de remonte ne remplira jamais bien son but. Il me semble que les travaux des chefs doivent être plus importans; ils devraient, selon moi, être occupés à connaître tous les poulains de trois à quatre ans qui sont dans leur circonscription, et à engager les cultivateurs à les élever pour le dépôt. L'année devrait donc être partagée par eux en deux occupations: l'une, qui consisterait à recevoir ou rejeter les chevaux qui leur seraient présentés; l'autre, à parcourir les campagnes, surtout les fermes, pour connaître les cultivateurs, et pour acheter chez eux, *livrables à certaines époques*, les poulains qu'ils trouveraient bons pour la cavalerie. Quelques mois de l'année seraient employés à cette occupation, et des frais de tournées leur seraient alloués pour les indemniser.

Dans ces tournées, les employés s'occuperaient de persuader aux cultivateurs de cesser certaines méthodes qui sont extrêmement désavantageuses à l'acheteur ; par exemple, d'engraisser outre mesure avec une nourriture peu convenable les animaux : on sait combien dépérissent après l'achat et même à combien de maladies sont exposés ceux qui ont été soumis à cette malheureuse coutume ; ils engageraient, au contraire, les habitans de la campagne à mettre au régime de l'avoine et du foin les animaux destinés pour les dépôts. En parvenant à empêcher le mal pour le plus grand nombre des poulains, qu'ils auraient connus de cette manière à l'avance, ils diminueraient non seulement la mortalité qui affecte les chevaux de remonte, mais encore ils donneraient à l'armée des animaux moins impressionnables aux causes des maladies et beaucoup plus robustes.

Les jeunes animaux restent dans certains cantons presque toute l'année dehors, et ils s'habituent ainsi à supporter toutes les intempéries de l'air ; mais ils ne s'habituent point au séjour de l'écurie, mais ils ne s'habituent point à être attachés. Quand le jeune animal tiré des pâturages est enfermé à l'écurie, malgré la présence de ceux de son espèce, il devient presque tout à coup triste, sans appétit; il dépérit d'une manière rapide, et il est long-temps, plusieurs mois, sans pouvoir se faire au régime nouveau auquel il est soumis : heureux encore quand l'air mauvais qu'il respire dans ces mêmes écuries n'affecte pas d'une manière désastreuse ses poumons et ne produit pas des maladies de poitrine extrêmement graves! Cette influence, qui n'a pas été assez étudiée, est une des causes des maladies qui attaquent si fréquemment les poulains au moment où on les prépare au travail, et qui produisent tant de mauvais chevaux parmi notre belle race normande. Combien dans leurs tournées les employés des dépôts ne pourraient-ils pas s'éviter des peines tardives en indiquant cette cause de défaveur pour les chevaux, et en faisant aux cultivateurs presque une condition d'habituer les animaux au séjour de l'écurie avant de les amener au dépôt.

Il est encore un autre inconvénient grave que les employés pourraient contribuer à faire cesser, c'est celui d'une castration tardive : à l'article *Castration*, j'ai parlé de ces inconvéniens : je dirai seulement ici qu'ils sont bien plus graves pour les chevaux qui sont châtrés dans les dépôts de remonte et souvent envoyés de suite dans les régimens. Il est impossible que ces animaux soient traités en masse, aussi bien qu'ils le seraient individuellement ; il serait surtout bien extraordinaire qu'ils fussent bien soignés par des soldats qui n'ont aucun intérêt à ce qu'ils survivent, et qui ne leur donnent souvent, malgré la plus grande surveillance des officiers et du vétérinaire, que des demi-soins, plus dangereux que s'ils n'en donnaient point du tout.

Les employés des remontes pourraient encore exercer une influence salutaire, sous ce rapport, pendant leurs tournées dans les arrondissemens. Qu'on ne croie pas qu'ils seraient mal reçus des cultivateurs ; le but d'acheter des chevaux est un passe-partout très avantageux dans les campagnes, et les conseils d'un acheteur aussi grand qu'un dépôt de remontes sont assez bien goûtés : on fait assez généralement à la volonté de celui qui paie.

Il est encore un obstacle à la réussite des dépôts de remonte que je dois signaler, c'est l'espèce de défaveur qu'on jette dans beaucoup de régimens sur les chevaux qui en arrivent, et le peu de ménagement qu'on a pour eux. Les officiers supérieurs des régimens, qui n'ont aucune responsabilité à cet égard, puisque les chevaux n'ont été achetés ni par eux, ni par les officiers du corps, ne les ménagent pas autant que cela serait nécessaire : ces jeunes animaux éprouvent les mêmes fatigues que les anciens ; et si la remonte n'a pas été belle, si elle a déplu, c'est souvent une raison pour la ménager moins. Tout le monde sait combien les chevaux de remonte ont, au contraire, besoin d'attention et d'un régime doux.

Que l'Administration de la guerre continue à penser qu'en établissant des dépôts de remonte elle ne travaille pas pour le moment seulement, mais bien pour l'avenir ; que, de leur côté, les employés des remontes ne se dépêchent pas d'acheter un grand nombre de chevaux et qu'ils soient un peu sévères dans leurs choix.

Je ne crois donc pas que les inconvéniens que je viens d'énumérer puissent détourner l'Administration de la guerre de ce mode de remonte ; j'ai signalé, je crois, les plus sérieux. La difficulté de trouver de bons chefs de dépôt et de bons officiers pour l'achat des chevaux existera toujours, quel que soit le mode qu'on emploiera : ce n'est donc pas un inconvénient particulier aux dépôts, et c'est fort à tort qu'on le leur a attribué.

J'ai entendu, à Vienne en Autriche, M. le comte *Ardeck* se louer d'une institution à peu près semblable, qu'il était chargé de diriger, j'espère qu'il en sera de même en France dans quelques années. L'importance dont je crois ces dépôts de remonte pour l'encouragement de l'élève du cheval, pour l'agriculture, pour l'État, et même pour l'armée en temps de guerre, m'a seule engagé dans tous ces détails, dont, au reste, aucun n'est tout à fait étranger au but de cet ouvrage.

Quant aux dépôts destinés à élever des poulains que l'armée achèterait à l'âge d'un ou deux ans, pour les élever jusqu'à celui de quatre ans et demi ou cinq ans, et les envoyer ensuite dans les régimens de l'arme à laquelle ils seraient propres, je ne pense pas qu'ils puissent être avantageux. Les dépôts de poulains destinés à faire des étalons, n'ayant pu jusqu'à présent avoir d'avantages sous le rapport de l'économie, il n'est pas probable que des dépôts de poulains pour le service de l'armée puissent avoir cet avantage. Les causes qui s'opposent à ce qu'il y ait possibilité d'économie dans de pareils dépôts de l'État sont assez indiquées au chapitre *Des Haras militaires* pour que je n'en parle plus ici.

J'en étais à ce chapitre de l'impression de mon ouvrage lorsque la seconde partie de celui de M. *de la Roche-Aymon*, que j'ai cité déjà, m'est parvenue. Les personnes qui liront le mien après celui du noble Pair verront combien je diffère de son opinion sur beaucoup de points ; elle n'a point changé la mienne, pas même relativement aux dépôts de poulains. Les calculs n'ont pu me convaincre. Les mortalités et les accidens seront beaucoup plus considérables qu'ils ne sont évalués ; et, je le répète, si les animaux ne sont nourris qu'au vert et au foin, et s'ils restent dans les pâturages jusqu'à l'âge d'entrer au service de l'armée, ceux qui auront échappé aux accidens des premières années seront alors exposés à toutes les maladies que le régime de l'avoine, celui des écuries et du service ne peuvent manquer de développer. Si, pour éviter ces inconvéniens, on bâtit des écuries nombreuses ; si on établit des systèmes de culture des terres ; si on dresse les poulains dans ces dépôts ; si on construit tous les bâtimens nécessaires à loger les employés, il n'y a pas de doute que les intérêts du capital employé, les dépenses annuelles et les pertes ne rendent les poulains élevés dans ces dépôts beaucoup plus chers à l'État que s'il les avait achetés des cultivateurs à l'âge de quatre ou cinq ans et guéris des suites de la castration.

Cette institution serait néanmoins, il faut l'avouer, complétement dans l'intérêt de l'agriculture, et je voudrais me tromper dans le doute de ses avantages ; je ne serais même pas éloigné de la tenter, s'il était possible qu'elle le fût de manière que, si elle était mauvaise, elle pût être abandonnée. Mais quand on pense que toute institution tentée par l'État, quelque mauvaise qu'elle soit, est ensuite continuée malgré ses désavantages réels, apparens même, parce qu'elle crée des intérêts particuliers qu'on ne sait plus comment compenser, et qui, toujours sur leurs gardes, s'abusent souvent eux-mêmes sur l'utilité de la chose, et savent toujours abuser des administrateurs supérieurs, je ne crois pas qu'il soit prudent de tenter des dépôts de poulains pour le service de l'armée. A l'appui de la difficulté de modifier des institutions en vigueur, je ne citerai qu'un exemple bien remarquable, celui des haras parqués de l'État, qu'on conseille encore, quoiqu'on ne puisse leur découvrir que des inconvéniens.

Tant donc que, dans l'essai de pareilles institutions, on ne rendra pas tous les ans un compte public imprimé des *recettes* et des *dépenses*, comme dans l'Institution royale agronomique de Grignon, je ne pense pas qu'il faille songer à le faire.

CHAPITRE XV.

DES FOIRES DE CHEVAUX.

Une des opérations les plus importantes et les plus difficiles cependant, dans une exploitation, est celle de la distribution du travail, de manière que les animaux destinés au service aient de l'emploi toute l'année. On conçoit en effet qu'autrement le cultivateur est obligé ou de les nourrir à ne rien faire, ou de les vendre après les travaux (ce qu'il n'est souvent pas facile de faire sans perte), pour en racheter d'autres lorsque le moment des travaux les plus forts revient. Dans ce cas, si le cultivateur n'en trouve pas auprès de lui, il est obligé ou de négliger ses travaux, ou d'aller chercher au loin à grands frais les animaux dont il a besoin. Les foires de chevaux sont le moyen de parer à ces inconvéniens, elles rendent déjà d'immenses services à l'agriculture sous ce premier rapport, et par cela seul on ne saurait trop les multiplier.

Un second avantage très important dans les pays d'élève, c'est de fournir la même facilité pour avoir des poulains, ou pour se défaire, quand on le veut, de ceux que l'on a. Souvent le cultivateur n'a besoin d'un animal que pendant un certain temps pour consommer une quantité donnée de fourrages secs ou verts, qu'il ne pourrait faire consommer aussi avantageusement par tout autre bétail. De quelle importance n'est-il donc pas pour lui de trouver alors presque à volonté un poulain qu'il gardera pendant ce temps, et qui, par sa plus-value après cette époque, lui rapportera un bon prix du fourrage qu'il aura consommé?

Combien plus assuré sera cet avantage quand cinq ou six foires annuelles, dans divers cantons de ses environs, lui permettront d'acheter ou de vendre presque à sa fantaisie dans les momens qu'il jugera les plus convenables! C'est une observation qu'on fait à chaque instant en parcourant la Normandie: le nombre des foires de bestiaux, dont les chevaux font toujours partie, est très considérable; et s'il y a peu de grandes foires qui servent à l'exportation, pour ainsi dire, des chevaux que la province a élevés, il est une foule de petites foires où les cultivateurs échangent entre eux les poulains, selon qu'ils ont trop ou trop peu de fourrages, selon même qu'ils ont plus ou moins besoin d'argent. Ces foires sont des lieux où, sans intermédiaire de marchands, le cultivateur qui a un poulain de trop le vend à celui qui veut en élever un pendant un espace de temps. C'est par le moyen de ces foires encore que les cantons se divisent en cantons qui font des chevaux et en cantons qui les nourrissent seulement, et même, comme on a déjà pu le voir, en cantons qui ne les nourrissent que depuis un âge jusqu'à un autre âge, pour les revendre souvent encore à un autre canton, qui achève de les nourrir jusqu'à l'âge adulte.

Si ces foires de chevaux ont été amenées par les besoins du pays, elles n'en ont pas moins contribué à augmenter ensuite la multiplication des chevaux; et je ne doute pas que si elles ont été d'abord l'effet de la multiplication, elles n'aient été ensuite la cause d'une plus grande. Je ne doute pas, par cette raison, qu'il ne faille en établir ou en augmenter le nombre dans les pays où l'on voudra favoriser la branche de l'industrie agricole dont il est question.

Il paraîtra peut-être singulier d'entendre dire que les foires sont un moyen de faciliter la vente et le commerce des chevaux, dans un moment où ces institutions pour le commerce des autres denrées paraissent devenir de plus en plus inutiles : il ne me sera cependant pas difficile de faire voir que ce qui est vrai pour beaucoup de ces denrées n'est pas vrai pour les bestiaux.

Un journal, celui du commerce, je crois, a fait

voir qu'autrefois, où les lois et les usages étaient différens, où les transactions commerciales d'une province à l'autre étaient difficiles, où la production était inconnue à la consommation, où souvent les commerçans n'obtenaient de permis de passage pour leurs denrées que pour les rendre à des foires, celles-ci étaient presque indispensables; tandis qu'au contraire elles sont devenues presque inutiles à présent qu'une circulation libre, rapide entre toutes les provinces, que le moyen de s'entendre par lettres et de s'envoyer des échantillons, que la sûreté dans les expéditions, que l'uniformité des lois commerciales, sont autant de causes à la faveur desquelles les transactions peuvent se faire en sûreté à chaque instant entre toutes les parties d'un État, souvent même entre les États divers. Ne voyons-nous pas à présent, en effet, que, par ces causes, l'acheteur en peu de temps connaît tout ce qui existe dans le genre de denrées dont il a besoin, et que souvent même il le connaît d'avance sans peine, sans déplacement, par le soin et la facilité que la production a de s'offrir à la consommation?

Mais il n'en est pas ainsi pour les bestiaux et les chevaux, et on a déjà vu (page 408), d'une part, que le nourrisseur, qui est le fabricant de la denrée, ne pouvait la faire connaître à l'acheteur, parce que ses frais seraient beaucoup trop grands pour qu'il se hasardât à le tenter sans être sûr de vendre, et, d'une autre part, que, par la raison qu'il n'y avait que de petites fabriques, l'acheteur n'avait intérêt à se déplacer pour aller chercher sa marchandise que quand il pouvait espérer en trouver rassemblée sur un point la quantité dont il avait besoin.

Aussi fallait-il le besoin urgent d'un grand nombre d'animaux, et la certitude de les vendre ensuite un très bon prix, comme cela avait lieu dans le temps de nos dernières guerres, pour engager les marchands à adopter le mode d'envoyer des agens ou sous-traitans dans les campagnes, pour chercher le nombre de chevaux qui leur était demandé par l'armée.

Une foire, en réunissant un grand nombre d'acheteurs et de vendeurs sur le même point, évite tous ces inconvéniens. Le marchand de chevaux est sûr de s'y approvisionner en peu de temps; et le vendeur, en demandant le prix réel de sa marchandise, est presque certain de s'en débarrasser. Je ne vois aucun moyen de remplacer les avantages que les foires de chevaux présentent. Si quelques unes sont moins suivies, moins approvisionnées qu'autrefois, il ne faut pas en chercher la cause dans l'inutilité de l'institution, mais dans un changement de localité commerciale, ou seulement dans une diminution de la consommation des animaux qu'on y vendait.

A mesure donc que par une meilleure organisation sociale les foires deviennent généralement moins utiles pour presque toutes les sortes de denrées, elles restent, je dirai presque même qu'elles deviennent de plus en plus indispensables pour le commerce des bestiaux et des chevaux surtout, depuis que l'augmentation de la richesse accroît le besoin et la consommation de ceux-ci. Il me suffira, je pense, d'indiquer ces raisons sans les développer davantage, pour faire voir l'utilité de ces foires et pour engager les administrations locales à en instituer. Si, comme en Angleterre, elles pouvaient s'associer avec des *Assemblées agricoles* (1); si même elles pouvaient être le résultat de *Comices agricoles* semblables à ceux de *Châlons-sur-Marne* et de *Plœuc*, bientôt notre agriculture n'aurait plus rien à envier à l'agriculture anglaise.

---

(1) Voyez ma brochure déjà citée : *Des assemblées agricoles en Angleterre.*

CHAPITRE XVI.

DES CHEVAUX PROPRES AUX POSTES ET AUX CHARROIS.

Tous les chevaux propres au service de la selle et du carrosse, quand ils sont conformés pour être de bons chevaux, peuvent être employés au service du trait aussi bien que les chevaux de races communes. D'ailleurs tous ceux qui seront trop lourds, trop pesans ; ceux qui, sans avoir une mauvaise poitrine, ne pourront pas supporter un exercice rapide tel que le galop, comme cela arrive à quelques uns des chevaux des races les plus nobles ; enfin ceux qu'un service trop actif aura commencé à ruiner de bonne heure formeront forcément toujours une masse de chevaux pour le trait, même très bons, quoique impropres à la selle et au carrosse. On est donc sûr de ne pas manquer d'animaux de trait en faisant des chevaux nobles.

D'un autre côté, le manque momentané de chevaux communs ne peut pas compromettre l'indépendance d'un Etat comme le manque de chevaux de cavalerie : sous ces deux rapports, l'élève et l'amélioration des chevaux de trait deviennent un objet moins important que la multiplication des chevaux nobles, et que le Gouvernement pourrait abandonner à l'industrie des particuliers, comme il y abandonne tant d'autres branches de l'économie rurale. Ce n'est même peut-être qu'en France où le Gouvernement ait fait des tentatives pour améliorer ces races d'animaux, par la conviction qu'on ne saurait trop encourager tout ce qui a rapport à l'agriculture.

En effet, cette branche est encore importante, et malgré la quantité de gros chevaux de roulage boulonnais et francs-comtois que nous créons chaque année, la consommation des chevaux de cette espèce est assez grande pour que nous soyons obligés d'en faire venir un supplément des Pays-Bas et de la Suisse, et d'exporter aussi pour ces chevaux, comme pour ceux de luxe, un capital considérable.

Il en est de même des chevaux propres aux diligences et aux postes : malgré le nombre qui s'en fait annuellement dans les départemens de l'ouest de la France, et qui est rapidement enlevé, la consommation est encore plus grande que ce nombre, et le commerce va chercher en Suisse ceux qu'on trouve sur nos grandes routes d'une partie de l'est et du midi. Comment donc, malgré l'intérêt évident des cultivateurs à multiplier ces chevaux, ne s'en fait-il pas davantage?

Outre les raisons les plus connues qui empêchent dans les campagnes de s'adonner à cette branche d'industrie et qui sont le défaut d'instruction et les mauvaises méthodes agricoles, il en est une à laquelle on n'a pas pris garde assez et que j'ai déjà citée : c'est l'influence même des dépôts d'étalons, tels qu'ils sont actuellement organisés. On se rappelle l'inconvénient inhérent à ces établissemens, c'est à dire cette tendance des chefs, qu'on est dans l'habitude de regarder comme une qualité, à vouloir améliorer les races, comme l'on dit, et qui consiste à les changer par des métissages, par des croisemens avec des races plus nobles : c'est cette tendance qui contrarie les nourrisseurs dans leur disposition à élever telle ou telle race, qui est certainement une des raisons de ce qu'il ne se fait pas davantage et de plus beaux chevaux de postes et de diligences dans les pays qui en élèvent, particulièrement en Bretagne.

En effet, les chefs des dépôts d'étalons ne peuvent se résoudre à n'avoir que des chevaux de cette race, et il n'en est pas un qui n'ait obtenu d'avoir des chevaux de race de carrosse et de selle, pour faire marcher en même temps l'amélioration de toutes les espèces *et même pour changer les races communes en races nobles.* Il résulte de la présence de ces diverses sortes d'étalons dans le dépôt que, lorsqu'il se présente une belle jument de trait, on ne peut pas résister à l'espérance d'avoir un produit plus distingué, en donnant à cette jument un étalon d'une race plus noble. Cette espérance, qui serait bien fondée de la part des chefs s'ils pouvaient suivre une métisation progressive, est pardonnable peut-être; mais comme il est hors de leur pouvoir de mettre dans cette métisation la suite convenable, parce qu'ils ne peuvent changer ni les systèmes agricoles, ni les coutumes commerciales locales, ni diriger la manière de voir des nourrisseurs, il en résulte presque toujours un commencement de métissage inutile, puisqu'il a servi seulement à obtenir un individu qui, n'ayant point de formes bien caractérisées, et n'étant pas le résultat d'un système calculé d'avance et suivi par le propriétaire, est presque toujours vendu le premier, qu'il soit mâle ou femelle, et par conséquent retiré de la reproduction.

En parcourant les provinces où l'on élève des chevaux de cette espèce et en même temps des mulets, on est frappé de voir la plupart des cultivateurs préférer faire des mulets à des chevaux, et ceux qui prennent des étalons aux dépôts ne consentir à livrer quelques jumens aux étalons de race noble qu'à condition que leurs autres jumens seront saillies par les chevaux de trait. Malheureusement dans ce cas ce sont les jumens les plus belles, celles qui auraient servi à améliorer la race de trait qui sont choisies par les employés des dépôts, et qui, étant couvertes par les étalons de la race noble, donnent des produits qui sont enlevés les premiers à la reproduction et à la série des métissages nécessaires pour le changement de la race.

C'est cette tendance à changer les races de trait qui a fait mettre dans le dépôt d'étalons d'Abbeville des chevaux de race noble, et qui par là détruira ou diminuera certainement au moins le bien que fait cet établissement, si on n'y met obstacle en enlevant tous les chevaux nobles qui s'y trouvent. C'est cette tendance peu réfléchie, qui, au lieu de chercher à améliorer la race bretonne des chevaux de diligences et de postes, veut la changer sous prétexte d'y substituer des chevaux plus nobles, plus propres à remonter la cavalerie, et qui empêche de placer en Bretagne des dépôts uniquement composés d'étalons propres à faire les chevaux qu'on y préfère et qu'on y est habitué à vendre: voilà comme les dépôts d'étalons qui auraient pu faire du bien font certainement du mal à l'amélioration des races de chevaux de trait et en préviennent même la multiplication. Je ne doute pas que des soins, donnés pendant quelques générations à l'amélioration des races bretonnes qui fournissent des chevaux de postes et de diligences, ne fussent cause de la production de sous-races bien plus belles que la mère race et qui ne devinssent en peu de temps propres à la grosse cavalerie. J'ai déjà dit qu'il était probable qu'autrefois la race bretonne avait eu cette destination plus élevée, qu'elle avait remonté nos chevaliers et même servi dans nos manéges; sous Louis XIV, elle était en possession de monter en grande partie la cavalerie. Telle qu'elle est, elle monterait bien encore aujourd'hui nos équipages du train, si elle n'était pas aussi chère.

Il est très probable, si les deux dépôts d'étalons qui sont dans la Bretagne n'avaient contenu que des chevaux de cette race, qu'elle se serait améliorée, et que je n'aurais pas eu à lui faire le reproche d'avoir généralement des sabots et des paturons défectueux. On peut regarder comme certain que les cultivateurs, trouvant à leur disposition des étalons de leur choix, se livreraient davantage à l'élève du cheval; il est probable même que la France trouverait alors, dans peu d'années, dans ces départemens le nombre de chevaux de postes et de diligences dont elle a besoin pour sa consommation.

Cette mesure de mettre dans les dépôts d'étalons de trait quelques chevaux de race noble, si peu importante en apparence, a donc en réalité de très funestes conséquences dont on ne peut s'apercevoir qu'en parcourant les écuries des nourrisseurs, et en voyant la défaveur qui accueille chez eux les produits de ces croisemens, et par suite les résultats négatifs de ces tentatives de changement de races, si improprement appelées *tentatives d'amélioration.*

En vain dira-t-on que les cultivateurs ne se règlent pas tous les uns sur les autres, et qu'à côté de celui qui fait des chevaux de trait il en est un autre qui fait des chevaux de race noble; et que, sous ce rapport, il est bon d'avoir, dans le même dépôt d'étalons, des chevaux pour tous les cultivateurs. Je ne le pense pas, par les raisons importantes que je viens de rappeler, et parce que l'intérêt et quelquefois le désir seul mal entendus de quelques personnes disséminées sur une grande surface ne doivent pas empêcher une mesure qui est peut-être la seule capable de donner aux dépôts d'étalons actuels le complément des avantages qu'ils doivent présenter. D'ailleurs, le cultivateur qui voudra élever des chevaux d'une autre race que celle du dépôt ne le fera que quand cette volonté sera forte chez lui, qu'elle soit bien ou mal basée; et il saura bien alors trouver, hors du dépôt, des étalons de la race dont il aura fait choix : cette assertion n'est-elle pas prouvée par le peu de résultats obtenus, par l'Administration des haras, de la présence de chevaux nobles dans les localités où on ne veut que des chevaux de trait?

Si on craint que l'intérêt que les cultivateurs trouveront à créer de ces chevaux ne les détourne de faire des chevaux de race noble, que l'on considère que, dans les endroits où l'on élève de ces chevaux de trait, on peut en élever encore davantage sans diminuer l'élève des autres espèces de chevaux si elle y existe; que l'on considère que lorsqu'il y aura autant de beaux chevaux de trait que la consommation en demande, on cherchera à en faire de plus nobles;

Que l'on fasse attention, en outre, que la France possède beaucoup de provinces, qui, on peut dire, n'élèvent point de chevaux et où il serait avantageux d'en élever non seulement pour leur consommation, mais aussi pour en vendre à celles qui en font venir de l'étranger; et on conviendra peut-être alors qu'il y a possibilité de créer ou d'augmenter l'élève des chevaux de trait dans certaines provinces, en même temps que dans d'autres on pourra, par les courses, par des foires et par des dépôts d'étalons de chevaux nobles, augmenter la multiplication de ces derniers.

En résumant ma manière de voir sur l'élève des chevaux de trait, je pense que cette élève n'a pas besoin d'être aussi encouragée que l'élève des chevaux de race noble, et que les courses de chevaux étant inutiles sous ce rapport, les primes d'encouragement ayant les mêmes inconvéniens, à peu de chose près, que pour les races nobles, et les droits sur les chevaux importés de l'étranger donnant lieu à de funestes représailles toujours aussi nuisibles en dernier résultat aux particuliers qu'à l'État, le moyen presque seul au pouvoir de l'État pour aider cette industrie, s'il veut l'aider, ou pour la faire naître dans les cantons où le cultivateur peut avoir intérêt à l'exercer, est la création de quelques dépôts composés uniquement d'étalons destinés au service du trait; que ces dépôts ne pouvant point créer un intérêt pour le cultivateur à changer sa race, ils sont impuissans, sous ce rapport, tandis que sous celui d'améliorer les races existantes ils ont des avantages réels, incontestables; enfin que le mode ancien ou le système des gardes-étalons, par les raisons que j'ai déduites, est sans contredit le meilleur sous ce rapport.

CHAPITRE XVII.

CONCLUSIONS DE LA DEUXIÈME PARTIE.

En examinant chacune séparément les différentes institutions dont il est question dans cette seconde Partie, on est conduit à des résultats partiels déjà assez importans; mais en les examinant, comme nous venons de le faire, toutes successivement, on parvient à des résultats bien autrement concluans relativement aux moyens qui sont en France en la puissance de l'Administration pour faire faire des progrès à la multiplication et à l'amélioration des races de chevaux.

Une courte récapitulation de ceux que cette Administration a employés et qu'elle peut employer encore nous montrera clairement en effet quels sont ceux qui remplissent cette condition.

Les haras parqués de l'État font quelques beaux chevaux, mais en petit nombre et à un prix tel que le calcul de cette élève, fait par tout cultivateur, doit le détourner à tout jamais du désir d'élever de beaux chevaux. Quel autre résultat a-t-on pu obtenir de ces haras, heureusement en petit nombre, et qui n'existaient point dans l'ancienne Administration des haras? Aucun; et il n'est pas possible d'en obtenir avec une Administration composée de plusieurs personnes qui changent souvent. Quel intérêt général ces haras créent-ils d'ailleurs pour le cultivateur à élever des chevaux? Également aucun.

Peut-on espérer des dépôts actuels d'étalons les résultats qu'on s'en était promis? L'expérience est là pour dire s'ils ont été obtenus. Dans les dépôts d'étalons des races les plus précieuses, les conseils des employés créent-ils un intérêt pour le cultivateur à élever ces races? Font-ils que le commerce vienne chercher les nouveaux chevaux et les payer un prix plus élevé? Non. Tant qu'on voudra donc qu'ils servent à changer les races, leur résultat sera de faire des métissages dont les premiers produits, décousus, seront rebutés des cultivateurs, et seront éloignés avec soin par lui de la reproduction, parce qu'ils auront des formes différentes de celles que le consommateur et le commerce seront habitués à trouver dans les animaux du pays. Leur but paraît donc devoir être circonscrit à améliorer les races du pays au lieu de les changer. Les intérêts locaux semblent devoir être bien plus aptes à choisir les étalons qui leur conviennent qu'une Administration directrice, étrangère aux localités ; et l'ancien système des gardes-étalons devient évidemment préférable. Si l'on voulait néanmoins conserver les dépôts actuels, le seul moyen de les rendre peut-être propres à produire des résultats serait que les Chefs fussent mis dans l'impuissance de faire d'autres chevaux que ceux d'une race arrêtée définitivement, et pour arriver à ce but, que jamais des étalons d'une autre race, sous quelque prétexte que ce soit, fussent mis dans leur dépôt. Ces étalons, bien choisis, pourraient servir alors à la propagation de leur race, si par quelque autre moyen on donnait intérêt aux cultivateurs à élever cette race.

Les dépôts de poulains devraient, peut-on penser, créer un intérêt à élever certaine espèce de chevaux, en achetant ces chevaux au cultivateur à l'instant où celui-ci aurait besoin de les vendre : cet intérêt serait donc celui d'une vente facile et bonne ; mais il faudrait alors que ces dépôts en achetassent beaucoup, qu'ils en achetassent au moins de quoi remonter la cavalerie. Malheureusement alors l'élève dans ces dépôts deviendrait trop coûteuse pour que cela pût avoir lieu ; elle ramènerait à des *dépôts parqués de poulains* et à tous leurs inconvéniens. On a si bien senti que ces dépôts de poulains pour la cavalerie seraient trop coûteux, que ceux qui ont été formés ne l'ont été, on ne peut en disconvenir, que pour l'achat des poulains provenant des étalons royaux, afin d'exciter lès cultivateurs à se servir de ces étalons. Ils n'ont donc été établis, on peut le dire, qu'en désespoir d'une institution, celle des dépôts d'étalons, qui n'atteignait pas le but qu'on avait espéré lui voir atteindre. Mais alors ils se sont trouvés, sans qu'on y prenne garde, en contradiction avec le but des haras: et qu'on ne dise pas qu'il n'y a pas contradiction! On ne peut mettre en doute que plus il sera dépensé d'argent à élever des chevaux dans les haras de l'État, plus il en sera retiré à l'achat des poulains chez les nourrisseurs, et que moins d'effets seront produits par les dépôts actuels de poulains. Qu'on ne dise pas encore que cet argent sera employé à faire dans les haras des chevaux que les particuliers ne peuvent faire, des chevaux de pur sang, par exemple! Si MM. le duc *de Guiche*, le duc *d'Escars*, *de Staël*, *Rieussec*, *Bonvié*, *Émile Bouchotte*, *Neveu*, *Lecomte* et beaucoup d'autres ont élevé des chevaux anglais de premier sang, il n'y a pas de doute que le nombre de ces personnes ne doive augmenter en raison de l'intérêt qu'il y aurait à faire de pareils chevaux, en raison du grand nombre que les dépôts de poulains en achèteraient, et du prix élevé qu'ils en donneraient.

Les primes pour les poulains, pour les poulinières, le pensionnement annuel de celles-ci ont été tentés également pour créer un intérêt à élever des chevaux; mais quand on voit leur peu de résultats, les sommes qu'elles absorbent pour arriver à ces résultats; quand on voit surtout qu'ils sont compensés, au moins, par le découragement qu'elles produisent chez les cultivateurs qui ne les reçoivent point; que, dans beaucoup de lieux, elles ne sont bonnes, comme les dépôts de poulains, qu'à venir au secours des dépôts d'étalons; quand on voit enfin qu'elles tendent à amener un ordre de choses, la formation de beaux individus, au lieu de celle de bonnes races, ordre de choses contraire par conséquent au but qu'on doit se proposer, on ne peut disconvenir que ces institutions ne soient au moins inutiles.

Maintenant si nous passons aux courses de chevaux, un autre ordre de choses se présente: il est manifeste qu'elles sont puissantes pour créer un intérêt à avoir des haras domestiques: tous les vices reprochés aux autres institutions ont disparu, et celle-ci a l'effet inappréciable de ramener toujours les éleveurs dans une seule voie, celle de faire de bons chevaux, avant de songer à en faire de beaux. L'Administration ne pourra en faire une institution illusoire, inutile, que quand elle voudra y mettre des restrictions, comme elle l'a presque toujours fait dans ses Réglemens, et quand elle ne voudra pas abandonner aux intérêts locaux, sous ce rapport, le soin de se gouverner eux-mêmes. Cependant je ne proscrirai pas tout à fait son intervention. Quand l'expérience et le raisonnement ont prouvé que les courses sont nuisibles aux trop jeunes chevaux, et que, de cette manière, elles peuvent détruire une partie du bien qu'elles font, il serait ridicule que l'Administration ne vînt pas, autant que possible, empêcher cet effet de se produire; mais dans ce cas encore l'Administration locale sera aussi bon juge qu'une Administration centrale. Le mal est connu, il est bien apparent, bien signalé, il sera facile de l'empêcher. Il n'est pas probable qu'en France ces courses, comme en Angleterre, donnent naissance à cette foule de *grooms* et d'*entraîneurs* qui ne vivent que sur les dupes qu'ils font et dont quelques unes se rencontrent malheureusement parmi les cultivateurs: mais ce mal est encore bien connu, bien signalé; et s'il devait surgir en France de l'institution des courses, là encore l'intervention de l'Administration locale pourra, d'une manière efficace, empêcher le mal. Elle devra seulement bien prendre garde de pousser trop loin ses précautions et de gêner, par elles, les intérêts des éleveurs de chevaux, comme nos Réglemens sur la matière le font encore.

Nous avons vu que ce qui empêchait souvent les cultivateurs de faire des chevaux, c'était la difficulté qu'ils éprouvaient à s'en défaire à un prix convenable, quelquefois même à s'en défaire à quelque prix que ce fût. Combien donc ne leur serait-il pas avantageux de voir se lever pour eux cette difficulté. Les dépôts de remonte pour la cavalerie, placés dans les campagnes, ont l'immense avantage de remplir cette condition; le producteur et le consommateur, placés en présence, doivent nécessairement s'entendre, et si la morgue de quelques uns des officiers chargés de ces dépôts éloigne quelquefois le premier, un intermédiaire (le marchand de chevaux) ne tarde pas à les mettre d'accord; cet intermédiaire est néanmoins un vice que l'Administration de la guerre doit chercher à faire cesser et qu'elle fera cesser par un bon choix des personnes chargées de ces achats. Qu'elle persévère donc dans cette manière de faire ses remontes; qu'elle en éloigne peu à peu les inconvéniens qui accompagnent presque toujours une nouvelle organisation et que nous avons signalés, et elle ne tardera pas à recueillir pour elle et à faire partager à l'Etat les fruits de sa persévérance. Son intervention, de cette manière, dans l'élève des chevaux sera plus puissante que toutes les primes, que toutes les mesures que l'Administration supérieure des haras pourra jamais employer. Les dépôts de remonte n'ont point au reste l'inconvénient des dépôts de poulains, puisque l'animal est acheté à l'âge de servir immédiatement.

Quant aux haras militaires, en faisant voir qu'ils ne pouvaient être que des haras parqués ou des dépôts de poulains régis par l'Administration de la guerre, on les place nécessairement dans la même catégorie que ces deux institutions sans en diminuer les désavantages: ils ne présentent donc aucun bien réel. En indiquant l'organisation de quelques unes des autres institutions qu'on avait appelées de ce nom en Allemagne, j'en ai fait voir suffisamment les défauts pour croire qu'il n'en sera jamais question pour la France.

Si l'on avait été moins persuadé que l'Administration pouvait avoir des moyens directs d'encourager l'élève des chevaux, on se serait occupé davantage de ceux qui peuvent y contribuer d'une manière moins immédiate, et on en aurait trouvé, hors de l'Administration, dans ceux qui servent d'une manière générale à augmenter la richesse territoriale agricole en donnant un débouché aux produits du sol. On aurait vu probablement que les foires de bestiaux étaient un de ces grands moyens, et on aurait pu penser que celles de chevaux pouvaient être propres à en encourager l'élève. Je ne crois pas qu'on ait jamais songé à les considérer sous ce point de vue et qu'on leur ait attribué toute l'importance qu'elles ont réellement. Ce que j'en ai dit y rappellera désormais, j'espère, l'attention.

Enfin, par rapport aux chevaux de trait, il est évident que cette élève trouve dans la consommation un stimulant suffisant pour la porter successivement au plus haut point de perfection et d'extension dont elle est susceptible, et que si elle n'y est pas arrivée, l'institution des dépôts actuels d'étalons n'en ait été un peu la cause en poussant leurs employés à s'emparer des jumens les plus belles de ces espèces pour en faire des commencemens de métissages, qui ne pouvaient jamais avoir de suite, parce qu'ils étaient toujours en opposition avec les intérêts les plus prochains des cultivateurs.

En tirant de ces faits des conclusions, la principale qui en jaillit, celle à laquelle on ne peut se soustraire, c'est que l'Administration centrale des haras, en cherchant à intervenir d'une manière directe dans l'amélioration et la multiplication des chevaux, a été presque impuissante jusqu'à présent; et que fût-elle composée des hommes les plus instruits, elle ne peut que l'être toujours dans la même position, avec ses haras, ses dépôts d'étalons, ses primes, ses pensionnemens annuels, ses dépôts de poulains, parce que ces moyens ou ne donnent pas d'intérêt aux cultivateurs à avoir des haras domestiques, ou n'en donnent pas en raison de ce qu'ils coûtent; et parce que si on veut augmenter ceux qui paraissent donner cet intérêt, ils deviennent non seulement hors de proportion avec les revenus de l'État et avec les besoins des autres services, mais encore parce que ne pouvant être employés sans blesser un beaucoup plus grand nombre d'intérêts et d'amours-propres qu'ils n'en contentent, ils seront toujours une source de récriminations et de découragemens. La meilleure preuve de l'impuissance où est cette Administration, c'est la proposition, à laquelle elle revient souvent, de lois coercitives, pour empêcher l'emploi des étalons particuliers.

La seconde conséquence, c'est qu'en cherchant à faire faire aux cultivateurs directement, par l'emploi des étalons des dépôts, des races qu'ils ne sont point habitués à faire et qu'ils n'aiment point, parce que le commerce ne les leur demande point, on les détourne de s'occuper de celles qu'ils connaissent, et que leur intérêt le plus immédiat, celui d'une vente facile, les engage à multiplier ; qu'ainsi l'Administration les empêche réellement et contrairement à leurs intérêts, et je dirai même à celui de tous, de perfectionner les races.

Une troisième conséquence, c'est que, pour engager les cultivateurs à faire une espèce de chevaux, il faut leur donner le moyen de se défaire facilement et à un bon prix de ces chevaux; ou qu'au moins ces chevaux leur présentent la perspective d'un gain qu'il ne dépende pas de la volonté ou de l'ignorance des hommes de leur enlever ; qu'enfin les dépôts de remonte pour la cavalerie, les foires et les courses sont les vrais moyens que l'État ait en son pouvoir sous ce rapport.

Enfin, une dernière conséquence, c'est que l'Administration ne peut intervenir dans le développement de cette branche d'industrie agricole, comme dans le perfectionnement de la plupart des autres, que par des mesures qui lèvent des obstacles, et dont les Administrations locales, averties par les besoins ou les intérêts locaux, sont meilleurs juges qu'une Direction centrale, éloignée, étrangère à tous ces intérêts et ne pouvant même souvent s'y prêter.

Je dirai cependant que l'élève des chevaux a fait des progrès en France depuis quelques années : aussi quand on a voulu défendre l'Administration des haras, on n'a pas manqué de les lui attribuer. Mais si on fait attention que ces progrès datent de la paix, datent de l'instant où l'agriculture a été plus honorée, et où un plus grand nombre de personnes aisées et plus instruites ont commencé à s'en occuper ; si on fait attention surtout que la consommation des chevaux de toute espèce est devenue bien plus étendue en France ; que le prix des chevaux de luxe a beaucoup augmenté, et que tel cheval qu'on achetait mille cinq cents francs à Paris, en 1814, se vend actuellement trois mille francs ; enfin que les mérinos, qui avaient, à cette époque, une grande valeur, ont beaucoup diminué en nombre par la baisse du prix des laines, et ont laissé disponibles pour d'autres animaux les fourrages qu'ils consommaient, on en conclura peut-être que la multiplication plus grande des chevaux a été bien lente et loin encore d'être proportionnée aux autres progrès qu'ont faits les diverses branches de l'économie rurale. C'est donc bien à tort qu'on attribuerait aux institutions actuelles le peu de bien qui s'est fait et qu'elles n'ont pas produit.

Quand j'ai commencé à étudier les moyens

d'améliorer et de multiplier les races de chevaux, j'étais certainement loin de penser que j'arriverais aux conclusions que je viens d'émettre. Élevé dans l'idée que les haras, les dépôts d'étalons, les primes, etc., étaient des institutions très avantageuses à l'agriculture, j'aurais considéré comme une erreur de la regarder comme non basée; il a fallu, pour m'amener à une autre manière de penser, que des voyages en France et dans les pays étrangers, entrepris pour étudier ces diverses institutions, me fissent voir d'abord leurs vices, et ensuite m'amenassent à douter de leur utilité. Une fois ce doute arrivé, il ne me fut plus possible de m'en cacher les conséquences.

J'ai hésité néanmoins quelque temps à publier la seconde Partie de mon ouvrage; mais le désir de voir l'agriculture française acquérir tout le développement dont elle est susceptible, et la persuasion que tout ce qu'on pouvait écrire de meilleur sur la science d'élever de bonnes races de chevaux ne servirait à rien, tant que les institutions de l'État destinées à favoriser cette branche de l'agriculture auraient une direction vicieuse, m'ont décidé à vaincre la répugnance que j'éprouvais à émettre des idées qui pourront sembler en opposition avec celles reçues, et en apparence contraires à des intérêts particuliers.

En considérant néanmoins que l'organisation des courses de chevaux, celle des dépôts de remonte pour la cavalerie, celle des dépôts d'étalons suivant l'ancien système des gardes-étalons, et enfin celle des foires de chevaux offrent à l'Administration des haras le moyen de s'occuper très utilement des intérêts qui lui sont confiés et d'employer tout son personnel, on trouvera peut-être que mon ouvrage, au lieu de lui être contraire, lui aura donné les moyens de se tirer du discrédit où, avec sa marche actuelle, et même avec une augmentation de moyens d'agir, elle ne peut manquer de tomber de plus en plus, parce que plus on lui donnera de ressources et plus on exigera d'elle.

Au moment où se terminait l'impression de mon ouvrage, a paru le Rapport imprimé, présenté, le 1er. juin, à S. Ex. le Ministre de l'intérieur au nom de la Commission des haras, et dans lequel on lit (page 4), le passage remarquable suivant : « L'action de l'Administration, » bornée aux moyens de persuasion et de libé- » ralité auxquels on avait cru devoir d'abord la » limiter *restera toujours insuffisante* pour le » but qu'on se propose, *quelque extension* » *qu'on puisse donner à ces moyens, et quelque* » *bien combinés qu'ils soient, tant qu'ils ne*

» *seront pas appuyés par quelques mesures* » *répressives.* »

Une pareille opinion, relativement à l'insuffisance des moyens employés par l'Administration des haras ne pouvait être plus en rapport avec celle que j'ai émise, et plus clairement exprimée. Seulement la Commission en tire la conséquence que ces moyens ne pourront être efficaces que lorsqu'ils seront appuyés par des mesures répressives : d'où il résulte, ou la nécessité d'adopter des mesures répressives, ou la nécessité de changer les moyens employés par l'Administration.

Mais s'il était vrai, comme j'en suis intimement convaincu, que des mesures répressives amèneraient la perte de l'industrie qu'elles seraient appelées à protéger; mais s'il était vrai, ainsi que je crois l'avoir démontré, que l'exécution de mesures répressives était impraticable, il ne reste plus que la nécessité de changer les moyens employés par l'Administration, ou la faculté d'appliquer à l'extension des institutions réellement utiles les sommes employées actuellement à soutenir celles dont l'utilité est un problème, en mettant en fait que leur inutilité ou même leur nuisance ne soit pas suffisamment démontrée.

J'ai signalé, je crois, les plus efficaces pour

produire l'effet désiré, et je ne crains pas d'avancer qu'on n'en trouvera d'autres que parmi celles qui concourront d'une manière générale aux progrès de l'agriculture.

www.ingramcontent.com/pod-product-compliance
Ingram Content Group UK Ltd.
Pitfield, Milton Keynes, MK11 3LW, UK
UKHW012003240726
13965UKWH00001B/127

9 782013 442633